高等院校应用型人才培养规划教材

网络与信息安全实用教程

唐 华 主 编
夏 旭 副主编

电子工业出版社
Publishing House of Electronics Industry
北京·BEIJING

内 容 简 介

本书全面地介绍了计算机网络安全与信息安全技术。全书共 10 章，内容包括：网络安全概述、操作系统安全配置、密码学技术基础、VPN 技术、防火墙技术、恶意代码分析与防范、网络攻击与防范、入侵检测技术、应用服务安全和数据库安全等内容。每章都配有习题、详细的实训项目及思考题，从而有针对性地帮助读者理解本书的内容。

本书可作为本科院校、高等职业院校计算机及其相关专业"网络安全技术"类课程教材，也可供相关的技术人员参考。

未经许可，不得以任何方式复制或抄袭本书之部分或全部内容。
版权所有，侵权必究。

图书在版编目（CIP）数据

网络与信息安全实用教程/唐华主编．—北京：电子工业出版社，2014.1
高等院校应用型人才培养规划教材
ISBN 978-7-121-21955-9

Ⅰ．①网… Ⅱ．①唐… Ⅲ．①计算机网络－安全技术－高等学校－教材 Ⅳ．①TP393.08

中国版本图书馆 CIP 数据核字（2013）第 276800 号

策划编辑：吕　迈
责任编辑：王凌燕
印　　刷：北京京师印务有限公司
装　　订：北京京师印务有限公司
出版发行：电子工业出版社
　　　　　北京市海淀区万寿路 173 信箱　邮编　100036
开　　本：787×1 092　1/16　印张：22　字数：563.2 千字
版　　次：2014 年 1 月第 1 版
印　　次：2018 年 11 月第 5 次印刷
定　　价：39.80 元

凡所购买电子工业出版社图书有缺损问题，请向购买书店调换。若书店售缺，请与本社发行部联系，联系及邮购电话：（010）88254888，88258888。
质量投诉请发邮件至 zlts@phei.com.cn，盗版侵权举报请发邮件至 dbqq@phei.com.cn。
本书咨询联系方式：（010）88254569，QQ1140210769，xuehq@phei.com.cn。

前　言

随着互联网的飞速发展，尤其是这几年来移动互联网、社交网络及大数据应用的逐渐普及，计算机网络已经渗透到人们日常生活的方方面面，人们的工作与生活已经离不开网络了。在享受网络带来的便利的同时，网络的安全问题也日渐突出。例如，非法侵入计算机系统窃取机密信息、篡改和破坏数据、病毒、蠕虫、垃圾邮件、僵尸网络等。网络安全已关系到国家安全和社会稳定等重大问题。

本书是面向网络的安全教材，充分考虑了高职高专院校学生的特点。在编写本书时，作者注重贯穿能力和技能培养，针对网络信息安全的理论知识和工作原理介绍得较少一些，侧重理论联系实际与工程实践技能的培养，加大了网络安全技术的应用和相关操作技能方面的知识。

本书作者经过多年教学、产学研的实践，并融合了作者多年本门课程教学改革的成果，在编写中，通过引例引出该章实际待解决的问题，每章的内容力求反映最新的网络安全技术的现状及发展趋势。在每章后还增加了详细的实训内容，包括实训目的、实训要求、实训环境和详细的实训步骤等内容，使学生通过实训项目进一步引导对理论的学习。

为了加深对知识的理解和便于教学，在每章课后还安排了各种类型的习题以及实训思考题，使学生不仅能及时了解自己对相关理论知识的掌握程度，也能进一步熟悉和掌握相关网络安全技术的应用，及时消化吸收所学的知识。

本书由华南师范大学软件学院的唐华任主编，湖南安全技术职业学院的夏旭任副主编，其中唐华编写第 4 章和第 6 章至第 9 章，并对全书进行了统稿和审校；夏旭编写了第 1 章、第 2 章和第 10 章，并参与了其他部分章节的修改。湖南安全技术职业学院的罗危立和王磊老师分别编写了第 3 章和第 5 章。本书编委会成员有：杜瑛、许烁娜、胡绪英、易明珠、邓虹、杨桂芝、舒纲旭、梁艳、陈俊、吴千华、张倩华、冼广铭、杨洋、吴锐珍、杨滨、皱竞辉、邓惠、王路露、刘青玲、丁美荣。

为便于教学，本书提供 PPT 课件、习题解答及本书所涉及的相关软件。这些资源可在电子工业出版社的网站下载，也可联系作者。作者的电子邮箱是 karma2001@163.com，欢迎大家交流。

由于作者水平有限，加之网络安全技术发展变化快，书中不足之处在所难免，恳请读者提出宝贵意见，以帮助我们将此教材进一步完善。

编　者
2013 年 8 月

目 录

CONTENTS

第1章 网络安全概述 ……………………… 1
- 1.1 信息安全概述 …………………………… 2
  - 1.1.1 信息安全概述 …………………… 2
  - 1.1.2 信息安全的基本要求 …………… 3
  - 1.1.3 信息安全的发展 ………………… 4
- 1.2 网络安全概述 …………………………… 5
  - 1.2.1 网络安全模型 …………………… 6
  - 1.2.2 网络安全的防护体系 …………… 7
  - 1.2.3 网络安全的社会意义 …………… 9
- 1.3 网络安全的评价标准 …………………… 9
  - 1.3.1 国外网络安全标准与政策现状 …………………………… 10
  - 1.3.2 ISO7498-2 安全标准 …………… 12
  - 1.3.3 BS7799 标准 …………………… 13
  - 1.3.4 国内安全标准、政策制定和实施情况 ………………………… 15
- 1.4 网络安全的法律法规 …………………… 16
  - 1.4.1 网络安全立法 …………………… 16
  - 1.4.2 网络安全的相关法规 …………… 17
- 本章小结 ……………………………………… 18
- 本章习题 ……………………………………… 19
- 实训 1 VMWare 虚拟机配置及安全法律法规调查 …………………… 19

第2章 操作系统安全配置 …………………… 29
- 2.1 操作系统安全基础 ……………………… 30
  - 2.1.1 安全管理目标 …………………… 30
  - 2.1.2 安全管理措施 …………………… 31
- 2.2 Windows Server 2008 账号安全 ……… 32
  - 2.2.1 账号种类 ………………………… 32
  - 2.2.2 账号与密码约定 ………………… 33
  - 2.2.3 账户和密码安全设置 …………… 34
- 2.3 Windows Server 2008 文件系统安全 …………………………………… 38
  - 2.3.1 NTFS 权限及使用原则 ………… 38
  - 2.3.2 NTFS 权限的继承性 …………… 42
  - 2.3.3 共享文件夹权限管理 …………… 43
  - 2.3.4 文件的加密与解密 ……………… 44
- 2.4 Windows Server 2008 主机安全 ……… 46
  - 2.4.1 使用安全策略 …………………… 46
  - 2.4.2 设置系统资源审核 ……………… 52
- 本章小结 ……………………………………… 56
- 本章习题 ……………………………………… 56
- 实训 2 Windows Server 2008 操作系统的安全配置 ……………………… 57

第3章 密码学技术基础 ……………………… 60
- 3.1 密码学基础 ……………………………… 61
  - 3.1.1 密码学术语 ……………………… 61
  - 3.1.2 置换加密和替代加密算法 ……… 63
- 3.2 对称密码算法 …………………………… 66
  - 3.2.1 对称密码概述 …………………… 66
  - 3.2.2 DES 算法 ………………………… 67
  - 3.2.3 DES 算法的实现 ………………… 67
- 3.3 非对称密码算法 ………………………… 69
  - 3.3.1 非对称密码算法概述 …………… 69
  - 3.3.2 RSA 算法 ………………………… 70
  - 3.3.3 RSA 算法的实现 ………………… 71
- 3.4 数字签名技术 …………………………… 71
  - 3.4.1 数字签名概述 …………………… 71
  - 3.4.2 数字签名的实现方法 …………… 72
  - 3.4.3 其他数字签名技术 ……………… 73
- 3.5 密钥管理 ………………………………… 74

3.5.1 单钥加密体制的密钥分配……75
3.5.2 公钥加密体制的密钥分配……76
3.5.3 用公钥加密分配单钥体制的会话密钥……78
3.6 认证……78
3.6.1 身份认证……79
3.6.2 Kerberos 认证……80
3.6.3 基于 PKI 的身份认证……82
本章小结……83
本章习题……83
实训 3 SSH 安全认证……83

第 4 章 VPN 技术……88

4.1 VPN 技术概述……89
4.1.1 VPN 的概念……89
4.1.2 VPN 的基本功能……90
4.2 VPN 协议……91
4.2.1 VPN 安全技术……91
4.2.2 VPN 的隧道协议……92
4.2.3 IPSec VPN 系统的组成……97
4.3 VPN 的类型……98
4.4 SSL VPN 简介……101
4.4.1 SSL VPN 的安全技术……101
4.4.2 SSL VPN 的功能与特点……102
4.4.3 SSL VPN 的工作原理……102
4.4.4 SSL VPN 的应用模式及特点……103
本章小结……104
本章习题……104
实训 4 Windows Server 2008 VPN 服务的配置……105

第 5 章 防火墙技术……117

5.1 防火墙概述……118
5.1.1 防火墙的定义……118
5.1.2 防火墙的发展……119
5.2 防火墙的功能……121
5.2.1 防火墙的访问控制功能……121
5.2.2 防火墙的防止外部攻击功能……121

5.2.3 防火墙的地址转换功能……122
5.2.4 防火墙的日志与报警功能……122
5.2.5 防火墙的身份认证功能……123
5.3 防火墙技术……123
5.3.1 防火墙的包过滤技术……123
5.3.2 防火墙的应用代理技术……126
5.3.3 防火墙的状态检测技术……128
5.3.4 防火墙系统体系结构……129
5.3.5 防火墙的主要技术指标……132
5.4 防火墙的不足……133
5.5 防火墙产品介绍……135
5.5.1 Cisco 防火墙概述……135
5.5.2 NetST 防火墙概述……137
5.6 防火墙应用典型案例……138
5.6.1 背景描述……138
5.6.2 系统规划……139
5.6.3 功能配置……139
本章小结……141
本章习题……141
实训 5 Cisco PIX 防火墙配置……141

第 6 章 恶意代码分析与防范……145

6.1 恶意代码概述……145
6.1.1 恶意代码的发展简介……146
6.1.2 恶意代码的运行机制……147
6.2 计算机病毒……149
6.2.1 计算机病毒的特性……150
6.2.2 计算机病毒的传播途径……152
6.2.3 计算机病毒的分类……153
6.2.4 计算机病毒的破坏行为及防范……155
6.3 蠕虫病毒……158
6.3.1 蠕虫病毒概述……158
6.3.2 蠕虫病毒案例……160
6.4 特洛伊木马攻防……164
6.4.1 木马的概念及其危害……164
6.4.2 特洛伊木马攻击原理……165
6.4.3 特洛伊木马案例……168
6.4.4 特洛伊木马的检测和防范……170
本章小结……172

本章习题……172
实训 6　Symantec 企业防病毒软件的安装与配置……173

第 7 章　网络攻击与防范……184

7.1　网络攻防概述……185
  7.1.1　网络攻击的一般目标……186
  7.1.2　网络攻击的原理及手法……187
  7.1.3　网络攻击的步骤及过程分析……188
  7.1.4　网络攻击的防范策略……189
7.2　网络扫描……190
  7.2.1　网络扫描概述……190
  7.2.2　网络扫描的步骤及防范策略……191
  7.2.3　网络扫描的常用工具及方法……193
7.3　网络嗅探器……199
  7.3.1　嗅探器的工作原理……199
  7.3.2　嗅探器攻击的检测……202
  7.3.3　网络嗅探的防范对策……202
7.4　口令破解……203
  7.4.1　口令破解方式……203
  7.4.2　口令破解的常用工具及方法……205
  7.4.3　密码攻防对策……206
7.5　缓冲区溢出漏洞攻击……207
  7.5.1　缓冲区溢出的原理……207
  7.5.2　缓冲区溢出攻击示例……208
  7.5.3　缓冲区溢出攻击的防范方法……210
7.6　拒绝服务攻击与防范……211
  7.6.1　拒绝服务攻击的概念和分类……211
  7.6.2　分布式拒绝服务攻击……212
本章小结……215
本章习题……215
实训 7　使用 L0phtCrack 6.0 破解 Windows 密码……216

第 8 章　入侵检测技术……222

8.1　入侵检测系统概述……223
  8.1.1　入侵检测系统概述……223
  8.1.2　入侵检测技术分类……229
8.2　入侵检测系统产品选型原则与产品介绍……231
  8.2.1　IDS 产品选型概述……231
  8.2.2　IDS 产品性能指标……235
8.3　入侵检测系统介绍……236
  8.3.1　ISS RealSecure 介绍……236
  8.3.2　Snort 入侵检测系统介绍……239
本章小结……245
本章习题……245
实训 8　入侵检测系统 Snort 的安装与使用……246

第 9 章　应用服务安全……261

9.1　Web 服务的安全……262
  9.1.1　Web 服务安全性概述……262
  9.1.2　IIS Web 服务器安全……264
  9.1.3　浏览器的安全性……268
  9.1.4　Web 欺骗……272
9.2　FTP 服务的安全……275
  9.2.1　FTP 的工作原理……275
  9.2.2　FTP 的安全漏洞机器防范措施……276
  9.2.3　IIS FTP 安全设置……277
  9.2.4　用户验证控制……278
  9.2.5　IP 地址限制访问……278
  9.2.6　其他安全措施……279
9.3　电子邮件服务的安全……279
  9.3.1　E-mail 工作原理及安全漏洞……280
  9.3.2　安全风险……282
  9.3.3　安全措施……283
  9.3.4　电子邮件安全协议……284
  9.3.5　IIS SMTP 服务安全……286
本章小结……290

本章习题 290
实训 9　Symantec Encryption Desktop 加密及签名实验 291

第 10 章　数据库安全 300

10.1　数据库系统安全概述 301
　　10.1.1　数据库系统的安全威胁和隐患 301
　　10.1.2　数据库系统的常见攻击手段 303
　　10.1.3　SQL 注入攻击及防范 303
　　10.1.4　数据库系统安全的常用技术 306
10.2　Microsoft SQL Server 2008 安全概述 307
　　10.2.1　Microsoft SQL Server 2008 安全管理新特性 307
　　10.2.2　Microsoft SQL Server 2008 安全性机制 308
　　10.2.3　Microsoft SQL Server 2008 安全主体 309
10.3　Microsoft SQL Server 2008 安全管理 310
　　10.3.1　Microsoft SQL Server 2008 服务器安全管理 310
　　10.3.2　Microsoft SQL Server 2008 角色安全管理 318
　　10.3.3　Microsoft SQL Server 2008 构架安全管理 327
　　10.3.4　Microsoft SQL Server 2008 权限安全管理 332
本章小结 336
本章习题 336
实训 10　SQL 注入攻击的实现 336

参考文献 343

第1章 网络安全概述

【知识要点】

通过对本章的学习，理解信息安全和网络安全的基本概念，初步了解网络安全的防护体系、评价标准及法律法规。本章主要内容如下：
- 信息安全定义
- 网络安全定义
- 网络安全防护体系

【引例】

生活在今天的人们，常常能听到关于黑客的故事，而且都具有传奇的色彩：一位少年黑客通过互联网闯入美国五角大楼，窃取原子弹核心技术资料，引起恐慌；一名黑客将美国司法部主页上的"美国司法部"改成了"美国不公正部"。

最近发生的具有代表性的黑客事件是2013年2月6日，美联储发布声明称其内部网站被入侵。一个名为匿名者（Anonymous）的黑客组织在周日侵入了美联储网站，得到了4000余位银行高管的个人信息并将其公布在网上。匿名者黑客组织的典型形象如图1.1所示。

图 1.1 匿名者（Anonymous）黑客组织

2013年4月24日，美联社的官方推特（Twitter）账号遭黑客入侵并发布白宫发生两起爆炸、奥巴马总统受伤的假新闻，这条假消息令美股盘中大幅波动，美股在稳定上涨的情况下猛然下挫，道指2分钟重挫140余点。

事实上，这些网络入侵事件只是实际所发生的事件中非常微小的一部分，相当多的网络入侵并没有被人们发现，可以说，在现在的互联网上，没有任何事情可以绝对相信，即使是收到的一封邮件，也有可能不是真实的。

今天，网络和主机是否容易遭受攻击，已经成为网络世界最关注和时髦的话题。网络安全不仅仅是研究者讨论的课题，也是全球互联网建设者和使用者所关心的话题。

1.1 信息安全概述

在席卷全球的信息化浪潮中，信息技术作为推动社会发展的强有力因素，已经成为世界经济增长的重要动力。随着信息网络覆盖面的扩大，信息安全问题所造成的影响与后果也随之增大。目前，信息的获取、处理和安全的保障能力已经成为一个国家综合国力的重要组成部分。信息安全事关国家安全和社会稳定，因此，必须采取措施确保我国的信息安全。

1.1.1 信息安全概述

随着信息化的发展，有关"信息安全"的定义，日益引起争议。在2001年11月的第56届联大会议中，曾呼吁所有会员国就"有关信息安全的各种基本概念的定义"向秘书长进行通报，其目的就是旨在消除概念上的混乱，更好地促进信息安全的国际性合作，然而，到目前为止，国际上仍没有一个权威、公认的有关"信息安全"的标准定义。

国际上信息安全的英文有 Information Security 和 Cyber Security 两种表述方式，在不同的信息化发展阶段及从不同的认识角度出发，有多种对信息安全的定义，以下列举三种常见的定义。

定义1：维基百科中，信息安全是指为保护信息及信息系统免受未经授权的进入、使用、披露、破坏、修改、检视、记录及销毁。

定义2：美国国家安全电信和信息系统安全委员会（NSTISSC）定义信息安全是对信息、系统及使用、存储和传输信息的硬件的保护，是所采取的相关政策、认识、培训和教育及技术等必要手段。

定义3：这种定义将信息安全所涉及的内容具体化，认为信息安全是确保存储或传送中的数据不被他人有意或无意地窃取和破坏，这种定义将信息安全分解为4个方面，分别是信息设施及环境安全、数据安全、程序安全及系统安全。

总的来说，信息安全的概念是在不断变化、发展和完善的。其内涵所涉从最初的军事领域和军队等特定群体迅速扩展到信息化时代社会生活的各个方面。

需要注意的是，信息安全这一术语，与计算机安全和信息保障（Information Assurance）等术语经常被不正确地互相替换使用。事实上，这些领域的确相互关联，并且拥有一些共同的目标——保护信息的机密性、完整性和可用性，但是，它们之间仍然有一些微妙的区别。

其区别主要在于达到这些目标所使用的方法及策略，以及所关心的领域。信息安全主要涉及数据的机密性、完整性、可用性，而不管数据的存在形式是电子的、印刷的还是其他的形式。

信息安全的领域在最近这些年经历了巨大的成长和进化。它提供了许多专门的研究领域，包括安全的网络和公共基础设施、安全的应用软件和数据库、安全测试、信息系统评估、企业安全规划及数字取证技术等。

1.1.2 信息安全的基本要求

虽然，目前仍然没有信息安全的标准定义，但是，由于信息安全的最根本属性是防御性的，因此，信息安全的基本要求主要是数据的保密性（Confidentiality）、完整性（Integrity）和可用性（Availability），即 CIA，如图 1.2 所示。其含义如表 1.1 所示。

图 1.2 信息安全的基本要求

表 1.1 信息安全基本要求的含义

基本要求	含　义	举　例
保密性	确保信息在存储、使用、传输过程中不会泄露给非授权用户或实体	事件 1：你不希望别人知道在银行有多少存款 事件 2：你不希望竞争对手知道你这次项目的报价
完整性	确保信息在存储、使用、传输过程中不会被非授权用户篡改，防止授权用户或实体不恰当地修改信息，保持信息内部和外部的一致性	事件 1：你不希望突然有一天发现钱变少了 事件 2：你不希望你的项目报价数目突然被篡改了
可用性	确保授权用户或实体对信息及资源的正常使用不会被异常拒绝，允许其可靠而及时地访问信息及资源	事件 1：你肯定希望自己能随时使用这笔钱 事件 2：你肯定希望自己能随时获取项目的所有资料

以上三要素又被称为信息安全的"金三角"。为了保障信息的保密性，常用的技术包括：信息加密、物理保密和信息隐形等；为了保障信息的完整性，常用的技术包括：数字签名、数字印章和密码校验等；为了保障信息的可用性，常用的技术包括：双机热备、数据备份和恢复等。

除了 CIA，信息安全的基本要求还包括信息的可控性和可审查性。可控性指可以对授权范围内的信息进行审计、跟踪、检测和控制；可审查性指采用审计、监控等安全机制，使得信息使用者的行为有证可查，并可以对出现的网络安全问题提供调查的依据和手段。

1.1.3 信息安全的发展

信息安全的概念和技术是随着人们的需求，随着计算机、通信与网络等信息技术的发展而不断变化的。大体可以分为数据安全、网络信息安全和交易安全三个阶段，如图 1.3 所示。

1. 数据安全阶段

这一阶段是计算机的基本安全要求，依赖的基本技术是密码。

早在几千年前，人类就会使用加密的办法传递信息。1988 年，美国康奈尔大学学生罗伯特·莫里斯研制了世界上第一个蠕虫，如图 1.4 所示。在"蠕虫"事件发生以前，信息保密技术的研究成果主要包括两类，一类是发展各种密码算法及其应用；另一类是计算机信息系统保密性模型和安全评价准则。主要开发的密码算法有：1977 年美国国家标准局采纳的分组加密算法 DES（数据加密标准）；双密钥的公开密钥体制 RSA，该体制是根据 1976 年 Diffie 和 Hellman 在"密码学新方向"开创性论文中提出来的思想，由 Rivest、Shamir 和 Adleman 三人创造的；1985 年 N.koblitz 和 V.Miller 提出了椭圆曲线离散对数密码体制（ECC），该体制的优点是可以利用更小规模的软件、硬件实现有限域上同类体制的相同安全性；另外，还创造出一批用于实现数据完整性和数字签名的杂凑函数，如数字指纹、消息摘要（MD）、安全杂凑算法（SHA——用于数字签名的标准算法）等，其中有的算法是 20 世纪 90 年代提出的。

图 1.3 信息安全的发展

图 1.4 第一个蠕虫病毒制造者 Robert Morris

2. 网络信息安全阶段

这是网络时代最基本安全要求，依赖的基本技术是防护技术。

由于互联网的开放性及快速普及，使得信息暴露在更多用户面前。信息安全问题日益严重，此时，不仅需要考虑信息系统本身的安全问题，还需要考虑可能来自网络环境的攻击造成的问题。1988 年 11 月 3 日，莫里斯"蠕虫"造成 Internet 几千台计算机瘫痪的严重网络攻击事件，引起了人们对网络信息安全的关注与研究，并在 1989 年成立了计算机紧急事件处理小组负责解决 Internet 的安全问题，从而开创了网络信息安全的新阶段。在该阶段中，除了采用和研究各种加密技术外，还开发了许多针对网络环境的信息安全与防护技术，这些防护技术是以被动防御为特征的。其主要包括以下几种技术。

（1）安全漏洞扫描器：用于检测网络信息系统存在的各种漏洞，并提供相应解决方案。

（2）安全路由器：在普通路由器的基础上增加更强的安全性过滤规则，增加认证与防瘫痪性攻击的各种措施。安全路由器完成在网络层与传输层的报文过滤功能。

（3）防火墙：在内部网与外部网的入口处安装堡垒主机，在应用层利用代理功能实现对信息流的过滤功能。

（4）入侵检测系统（IDS）：根据已知的各种入侵行为的模式判断网络是否遭到入侵的系统，一般也同时具备告警、审计与简单的防御功能。

（5）各种防网络攻击技术：其中包括网络防病毒、防木马、防口令破解、防非授权访问等技术。

（6）网络监控与审计系统：监控内部网络中的各种访问信息流，并对指定条件的事件做审计记录。

当然在这个阶段中还开发了许多网络加密、认证、数字签名的算法和信息系统安全评价准则（如 CC 通用评价准则）。这一阶段的主要特征是对于自己部门的网络采用各种被动的防御措施与技术，目的是防止自身内部网络受到攻击，保护内部网络的信息安全。

3. 交易安全阶段

这是网络电子交易时代最基本的安全要求，以可信性为主，实施的是自愿型保障策略。

交易安全阶段也可以称为信息保障阶段，信息保障（IA）这一概念最初是由美国国防部长办公室提出来的，后被写入命令《DoD Directive S-3600.1:Information Operation》中，在 1996 年 12 月 9 日以国防部的名义发表。在这个命令中信息保障被定义为：通过确保信息和信息系统的可用性、完整性、可验证性、保密性和不可抵赖性来保护信息系统的信息作战行动，包括综合利用保护、探测和反应能力以恢复系统的功能。1998 年 1 月 30 日，美国国防部批准发布了《国防部信息保障纲要》（DIAP），纲要中认为信息保障工作是持续不间断的，它贯穿于平时、危机、冲突及战争期间的全时域。信息保障不仅能支持战争时期的国防信息攻防，而且能够满足和平时期国家信息的安全需求，如电子商务的安全交易。

信息保障（IA）依赖于人、技术及运作三者去完成任务，还需要掌握技术与信息基础设施。要获得健壮的信息保障状态，需要通过组织机构的信息基础设施的所有层次的协议去实现政策、程序与技术。

1.2 网络安全概述

由于互联网所具有的开放性、国际性和自由性，在实现信息资源最大程度共享的同时，安全问题也日渐凸显。如何保护内部机密信息不受黑客和工业间谍的入侵，已成为政府机构、企事业单位信息化健康发展所必须考虑的重要问题。

网络安全是指网络系统的硬件、软件及其系统中的数据受到保护，不受偶然的或恶意的原因而遭到破坏、更改、泄露，系统连续可靠正常地运行，网络服务不中断。

需要注意的是网络安全和信息安全的区别，信息安全涵盖的范围更广，包括了网络安全、系统安全、数据安全及物理安全等所有和信息相关的安全问题，而网络安全则仅是信息安全中与网络相关的一部分安全问题，两者区别如表 1.2 所示。

表 1.2 信息安全与网络安全的区别

名　称	涵　盖　范　围	区　别
信息安全	网络安全、系统安全、数据安全、物理安全及和安全管理相关的策略管理、业务管理、人员管理、安全法律法规等	信息安全更为宏观，包括了网络安全。信息安全是包括人员、技术和管理三要素的系统工程，而网络安全更偏重网络层面的安全
网络安全	网络设备安全、连接线路安全等	

1.2.1 网络安全模型

网络安全模型是动态网络安全过程的抽象描述。为了达到安全防范的目标，需要建立合理的网络安全模型。目前，网络安全领域存在较多的安全模型，各模型各有侧重，被应用到不同的领域，本节将介绍网络安全领域的基本模型、P2DR 模型和 PDRR 模型。通过学习网络安全模型，构建合理的网络安全防护体系。

1. 基本模型

在网络信息传输中，为了保证信息传输的安全性，需要构建一个值得信任的第三方，负责向源节点和目的节点进行秘密信息的分发，同时当发送方和接收方发生争执时，可以进行仲裁。图 1.5 为网络安全基本模型的示意图。可以通过以下实例对该模型进行说明：

用户 A 将产品卖给不认识的用户 B，B 希望通过支票付款，但是用户 A 不知道支票的真假，同样，用户 B 也不相信用户 A，在没有获得产品所有权时，不愿意将支票交给用户 A，此时，两位用户可以通过双方都信任的第三方机构或个人进行交易，用户 A 将产品交给第三方，用户 B 将支票交给用户 A，用户 A 在银行兑现支票，在支票兑现无误后，由第三方将产品交给用户 B，如果支票在规定时间内无法兑换，用户 A 将出示证据给第三方，第三方将产品退还给用户 A。

2. P2DR 模型

P2DR 模型是最先发展起来的一个动态安全模型，该模型由美国国际互联网安全系统公司 ISS 提出，即 Policy（策略）、Protection（防护）、Detection（检测）和 Response（响应）。根据 P2DR 模型的观点，一个完整的动态安全体系，不仅需要恰当的防护（例如，操作系统访问控制、防火墙、加密技术等），而且需要动态的检测机制（例如，入侵检测、漏洞扫描等），在发现问题时还需要及时响应，这样的体系需要在统一的、一致的安全策略指导下实施，形成一个完备的、闭环的动态自适应安全体系。该模型可以用图 1.6 表示。

在 P2DR 模型中，恢复（Recovery）环节是包含在响应（Response）环节中的，作为事件响应之后的一项处理措施，不过，随着人们对业务连续性和灾难恢复愈加重视，尤其是"9·11"恐怖事件发生之后，人们对 P2DR 模型的认识也就有了新的内容，于是，

PDRR 模型就应运而生了。

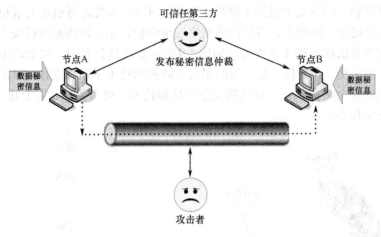

图 1.5 网络安全基本模型

3．PDRR 模型

PDRR 模型与 P2DR 模型唯一的区别就是将恢复环节单独列出。在 PDRR 模型中，安全策略、防护、检测、响应和恢复共同构成了完整的安全体系，如图 1.7 所示。

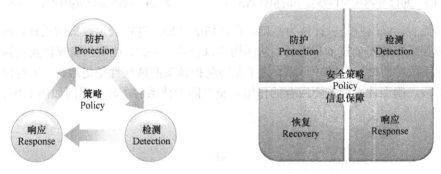

图 1.6　P2DR 模型　　　　　　　图 1.7　PDRR 模型

防护、检测、响应和恢复这 4 个阶段并不是孤立的，构建信息安全保障体系必须从安全的各个方面进行综合考虑，只有将技术、管理、策略、工程过程等方面紧密结合，安全保障体系才能真正成为指导安全方案设计和建设的有力依据。

PDRR 也是基于时间的动态模型，其中，恢复环节对于信息系统和业务活动的生存起着至关重要的作用，各企业及机构只有建立并采用完善的恢复计划和机制，其信息系统才能在重大灾难事件中尽快恢复并延续业务。

1.2.2　网络安全的防护体系

根据艾瑞咨询 2012 年对网民调研的结果显示，越来越多的网民已经意识到网络安全的重要性，70%的网民对网络安全表示担心，其中 33.3%持非常担心态度，调研结果如图 1.8 所示。因此，需要构建完善的网络安全防护体系。

通过对网络安全模型的了解，可以发现网络安全是一项系统工程，它不是一些网络安全产品的简单堆叠，网络安全包括了硬件、软件、网络、人及之间相互关系和接口等多个组成部分。本节提出一种动态、多层次的网络安全防护体系，该体系包括安全政策、安全技术、安全管理和法律法规4个部分，如图1.9所示。在该体系中，安全政策是中心，安全管理是落实的关键，安全技术是实现网络安全防范的技术手段和支撑，国家法律法规是后盾，可见网络安全防护体系不仅包括安全产品和技术，更重要的是需要建立包括政策、管理在内的安全体系。

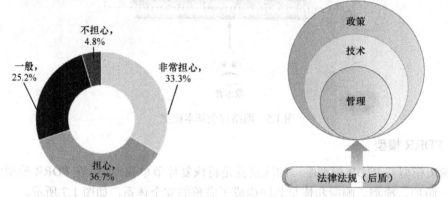

图1.8　2012年网民对网络安全的担忧情况　　　　图1.9　网络安全防护体系示意图

具体而言，该模型是以评估为基础，在评估的基础上进行安全政策的设计，然后，可以确定需要采用的安全技术和工具，从而构成以评估、防护、检测、响应和恢复为技术支撑和实现手段的网络安全防护体系，为了保障防护体系的持续性稳定运行，需要使用合理的管理手段，确保体系能发挥应有的作用。整个防护体系的逻辑关系图如图1.10所示。

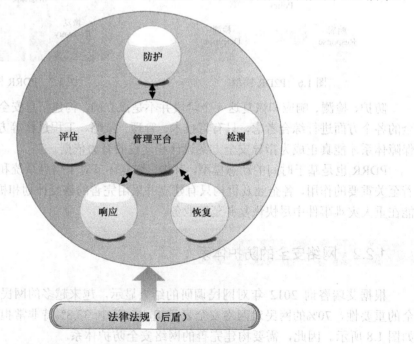

图1.10　网络安全防护体系逻辑关系图

各个环节所对应的典型网络安全产品如表 1.3 所示。

表 1.3 网络安全防护体系对应典型产品

防护体系环节	对应典型产品
评估	隐患扫描、安全调查
防护	防火墙、防病毒、系统安全配置
检测	入侵检测
恢复	双机热备、还原备份
响应	阻断、反攻击

安全不是产品，更不是结果，而是一个过程，它有很多的组成部分，包括了硬件、软件、网络、人及之间相互关系和接口等，这些部分必须相互匹配。所以可以说安全是一个链条，它由许多链接构成，它们中的每一个都是影响链条强度的关键因素，整个安全的强度是由最弱的那个链接的强度决定的。

1.2.3 网络安全的社会意义

根据中国互联网络信息中心发布的《第 31 次中国互联网络发展状况统计报告》，截止 2012 年 12 月，中国网民规模已达到 5.64 亿，互联网普及率攀升至 42.1%。

根据赛门铁克 2013 年 4 月 18 日发布的第十八期《互联网安全威胁报告》，2012 年针对性攻击的数量较上一年激增了 42%，100%的被调查企业曾出现过数据丢失问题，75%的企业遭受过网络攻击。其中 250 人规模以下的企业遭受针对性攻击数量的增幅最大，基于网站的攻击数量也增长了 30%，很多攻击的源头都是被黑客入侵的中小型企业网站，攻击者侵入这些网站后，会将其用于大规模的网络攻击和"水坑式攻击（Watering Hole Attacks）"。另外，制造业取代政府部门成为攻击者发动行业攻击的首选目标，手机恶意软件的数量比上年增长了 58%，而 32%的手机恶意软件会窃取 E-mail 地址和电话号码等用户信息。除此之外，61%的恶意网站实际上是遭受恶意代码攻击和感染的合法网站。由此可见，随着人们的生活和工作越来越依赖于网络，网络安全已经成为一个关系国家安全和主权、社会的稳定、民族文化的继承和发扬的重要问题。其重要性正随着全球信息化步伐的加快而变得越来越重要。

1.3 网络安全的评价标准

随着信息技术的发展，政府、军队和各行各业的信息化程度越来越高，对网络的依赖性逐渐增强，相应的网络安全问题也日益严重。针对日益严峻的网络安全形势，许多国家和标准化组织纷纷出台了相关的安全标准，我国也制定了相应的安全标准。

1.3.1 国外网络安全标准与政策现状

国际上许多组织和机构很早就开始了对安全体系的研究,如 ISO、DOD、Open Group、BSI/DISC/2 信息安全管理委员会等,并制定了相应的安全体系结构标准。国际安全标准的发展历程如图 1.11 所示。

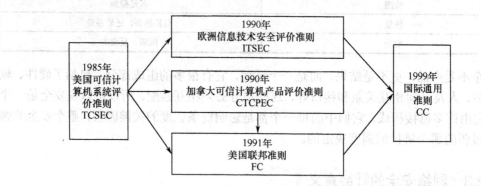

图 1.11 国际安全标准的发展历程

由于各个组织和机构对安全体系结构的描述防范缺乏统一的认识,因此,形成了不同的一系列标准,大致介绍如下。

国际性的标准化组织主要包括:国际标准化组织(ISO)、国际电器技术委员会(IEC)和国际电信联盟(ITU)所属的电信标准化组织(ITU-TS)。

ISO 是一个总体的标准化组织,涵盖了各个领域,而 IEC 则是在电工与电子技术领域相当于 ISO 的位置。1987 年,ISO 的 TC97 和 IEC 的 TCs47B/83 合并成为 ISO/IEC 联合技术委员会(JTC1)。而 ITU-TS 是一个联合缔约组织。这些组织在安全需求服务分析指导、安全技术机制开发、安全评估标准等方面制定了一些标准草案,但尚未正式执行。另外,还有许多的标准化组织,它们也制定了不少安全标准。例如,IETF 就有 9 个功能组:认证防火墙测试组(AFT)、公共认证技术组(CAT)、域名安全组(DNSSEC)、IP 安全协议组(IPSEC)、一次性密码认证组(OTP)、公开密钥结构组(PKIX)、安全界面组(SECSH)、简单公开密钥结构组(SPKI)、传输层安全组(TLS)和 Web 安全组(WTS)等,都制定了相关的标准。

1. 美国 TCSEC(橘皮书)

该标准是美国国防部制定的。它将安全分为 4 个方面:安全政策、可说明性、安全保障和文档。在美国国防部"虹系列"(Rainbow Series)标准中有详细的描述。该标准将以上 4 个方面分为 7 个安全级别,从低到高依次为 D、C1、C2、B1、B2、B3 和 A1 级,如表 1.4 所示。7 个级别中,数字越大,表示的安全性越好。D 级系统的安全程度最低,通常为无密码保护的个人计算机系统。A1 级别最高,用于军队计算机。至今美国已研究出达到 TCSEC 要求安全系统的产品 100 多种。

表 1.4　TCSEC 7 层结构定义的内容

组	安全级别	定　义
1	A1	可验证安全设计。提供 B3 级保护，同时给出系统的形式化隐秘通道分析，非形式化代码一致性验证
2	B3	安全域。该级的 TCB 必须满足访问监控器的要求，提供系统恢复过程
2	B2	结构化安全保护。建立形式化的安全策略模型，并对系统内的所有主体和客体实施自主访问和强制访问控制
2	B1	标记安全保护。对系统的数据加以标记，并对标记的主体和客体实施强制存取控制
3	C2	受控访问控制。实际上是安全产品的最低档次，提供受控的存取保护，存取控制以用户为单位
3	C1	只提供了非常初级的自主安全保护，能实现对用户和数据的分离，进行自主存取控制，数据的保护以用户组为单位
3	D	最低级别，保护措施很小，没有安全功能

2. 欧洲 ITSEC

ITSEC 与 TCSEC 不同，它并不把保密措施直接与计算机功能相联系，而是只叙述技术安全的要求，把保密作为安全增强功能。另外，TCSEC 把保密作为安全的重点，而 ITSEC 则把完整性、可用性与保密性作为同等重要的因素。ITSEC 定义了从 E0 级（不满足品质）到 E6 级（形式化验证）7 个安全等级，对于每个系统，安全功能可分别定义。ITSEC 预定义了 10 种功能，其中前 5 种与橘皮书中的 C1～B3 级非常相似。

3. 加拿大 CTCPEC

该标准将安全需求分为 4 个层次：机密性、完整性、可靠性和可说明性。

4. 美国联邦准则 FC

该标准参照 CTCPEC 和 TCSEC，其目的是提供 TCSEC 的升级版本，同时保护已有投资，但 FC 有很多缺陷，它只是一个过渡标准，后来结合 ITSEC 发展为联合公共准则。

5. 联合公共准则 CC

CC 的目的是想把已有的安全准则结合成统一的标准，20 世纪 90 年代初，英、法、德、荷 4 国针对 TCSEC 准则只考虑保密性的局限，联合提出了包括保密性、完整性、可用性概念的"信息技术安全评价准则"（TISFC），但是该准则中并没有给出综合解决以上问题的理论模型和方案。此后，六国七方（美国国家安全局和国家技术标准研究所、加、英、法、德、荷）共同提出了"信息技术安全评价通用准则"（CC for ITSEC）。1999 年 5 月，国际标准化组织和国际电联（ISO/IEC）通过了将 CC 标准作为国际标准 ISO/IEC15408 信息技术安全评估准则的最后文本。CC 结合了 FC 和 ITSEC 的主要特征，强调将安全的功能与保障分离，并将功能需求分为 9 类 63 族，将保障分为 7 类 29 族。

6. ISO 安全体系结构标准

在安全体系结构方面，ISO 制定了国际标准 ISO7498-2-1989《信息处理系统—开放系统互联—基本模型　第 2 部分：安全体系结构》。该标准为开放系统互联（OSI）描述了基本参考模型，为协调开发现有的与未来的系统互联标准建立起一个框架。其任务是提供安全服务与有关机制的一般描述,确定在参考模型内部可以提供这些服务与机制的位置。

7. SSE-CMM

由美国国防部支持研究的系统安全工程能力成熟模型(SSE-CMM),定义了系统安全集成过程中的一系列规范,SSE-CMM 模型本身不是安全技术,但它可指导安全工程经历一个能力成熟的过程,从单一的安全设备设置配置向系统地解决安全工程的管理、组织和设计、实施、验证等问题。该模型通过定义安全工程的过程属性,对各过程予以明确地定义、管理、测量和控制,它包括了一系列的具体实施,分为能力方面、领域方面和评价方法。

近 20 年来,人们一直在努力发展安全标准,并将安全功能与安全保障分离,制定了复杂而详细的条款。但真正实用、在实践中相对易于掌握的还是 TCSEC 及其改进版本。在现实中,安全技术人员也一直将 TCSEC 的 7 级安全划分作为默认标准。

1.3.2 ISO7498-2 安全标准

ISO7498 从体系结构的角度描述了 ISO 基本参考模型之间的安全通信必须提供的安全服务及安全机制,并说明了安全服务及其相应机制在安全体系结构中的关系,从而建立了开放互联系统的安全体系结构框架,如图 1.12 所示。

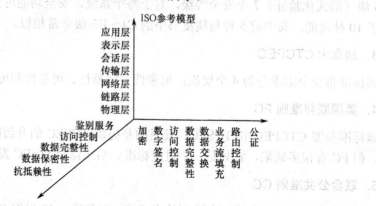

图 1.12 ISO7498-2 安全体系框架

ISO7498-2 提供了以下 5 种可选择的安全服务。

1. 身份认证

身份认证即鉴别服务,它是访问控制的基础。身份认证必须做到准确无误地将对方辨别出来,同时还应该提供双向的认证,即互相证明自己的身份。网络环境下的身份认证更加复杂,主要是要考虑到验证身份的双方一般都是通过网络交互而非直接交互,像指纹认证等手段就无法应用。同时大量的黑客随时都可能尝试向网络渗透,截获合法用户密码冒名顶替,因此必须利用高强度的密码技术来进行身份认证,比较著名的有 KERTESOS、PGP 等方法。

2. 访问控制

访问控制是指控制不同用户对信息资源的访问权限,对访问控制的要求主要有以下几方面。

（1）一致性，也就是对信息资源的控制没有二义性，各种定义之间不冲突。
（2）统一性，对所有信息资源进行集中管理，安全政策统一贯彻。
（3）审计功能，对所有授权有记录并可以核查。
（4）尽可能地提供细粒度的控制。目前很多系统的访问控制实际上还是基于 UNIX 文件系统的模式，不能很好地满足安全需求。

3．数据保密性

对数据进行加密是大家所熟知的保证安全通信的手段。由于计算机技术的发展，传统通信加密算法被不断破译，促使更高强度的加密算法问世。目前加密技术主要有两大类：一类是基于对称密钥的加密算法，也称私钥算法；另一类是基于非对称密钥的加密算法，也称公钥算法。这两种加密算法都已经达到一个很高的强度。具体到加密手段，一般分软件加密和硬件加密两种，软件加密成本低而且使用灵活，更换也方便；硬件加密效率高，本身安全性高。用户可以根据不同需要采用不同的方法。密钥管理包括密钥产生、分发、更换等，是数据保密的重要一环。目前如何实现密钥完全自动管理还有待于进一步研究。

4．数据完整性

数据完整性是指信息在存储、传输和使用中不被篡改和泄密。显然，金融信息网络传输的信息对传输、存储和使用的完整性要求很高，需采用相应的安全措施来保障数据的传输安全，以防被篡改或泄密。

5．抗抵赖性

接收方要对方保证自己收到的信息是发送方发出的信息而不是被中间人冒名、篡改过的信息。发送方要求对方不能否认已经收到的信息。对金融电子化系统来说，电子签名的主要目的就是防止抵赖，给仲裁提供证据。

1.3.3　BS7799 标准

BS7799 标准最早于 1993 年由英国贸易工业部立项，并于 1995 年首次出版，经过多次修订，最新的 BS7799 标准颁布于 2005 年，其内容框架如表 1.5 所示。

表 1.5　BS7799：2005 内容框架

安全策略 Security policy			
信息安全组织 Organization of information security			
资产管理 Asset management			
人力资源安全 Human resource security	物理与环境安全 Physical and environmental	通信与操作管理 Communications and operations	信息系统获取、开发和维护 Information systems acquisition, development and maintenance
访问控制 Access control			
信息安全事件管理 Information security incident management			
业务持续性管理 Business continuity management			
符合性 Compliance			

BS7799 标准具体由以下 10 个独立的部分组成，其中每一部分都覆盖不同的主题和区域，更全面的内容可以参考相关的标准。

1. 安全策略

本部分为信息安全提供管理方向和支持。一个组织的管理者应该制定一套清晰的信息安全指导方针，这个方针表明该组织对自己单位的总安全策略。管理者应该在组织内正式地发布所制定的方针，说明这些方针的作用与意义，并明确保证对实现这些方针的支持与承诺。制定信息安全方针的目的是为信息安全管理提供总的指导思想。

2. 信息安全组织

本部分的目标是在组织内部建立信息安全管理体系。为此应在组织内部建立安全管理整体框架，并根据框架的要求实施对信息安全的控制。信息安全管理必须组织落实，应该建立具有实权的信息安全管理委员会来批准信息安全方针、分配安全职责和协调组织内部信息安全的实施。如果有必要最好能够成立信息安全专家小组，提出安全建议并能使之有效。应建立和外部安全专家的联系，以便跟踪行业趋势，监督执行安全标准和安全评估，在处理安全事故时提供必要的联系渠道。此外，应鼓励多学科的信息安全方法的发展，如经理人、用户、行政人员、应用软件设计者、审计人员和保安人员及行业专家（例如，保险和风险管理领域）之间的协作。

3. 资产管理

本部分的目标是为了保护组织内部信息资产的安全。它对资产责任和信息资产分类做出了规定。对于组织内的重要信息资产都要给出说明并指定相应责任者。对资产进行清点有利于保护工作的执行，所有的重要资产都要确定责任者并赋予责任，从而确定适当的维护控制措施。

4. 人力资源安全

本部分的目标是减少误操作、入侵、盗用等人为造成的风险。它包括岗位安全责任和人员任用安全要求、用户培训、安全事件与故障处理等条款。设置岗位安全职责和人员任用条款的目的是降低人为错误、盗窃、诈骗和误用设备的风险。在聘用人员时应该利用合同形式明确其安全职责，在聘用期内应该进行监督检查。在聘用前应该对相关人员进行充分地审核，尤其对那些从事敏感工作的人员。所有使用信息处理设备的员工和第三方用户都应该签署保密协议。

5. 物理与环境安全

本部分的目标是防止电子商务和信息的未经许可的介入、损伤和干扰。它包括安全区域、设备安全和常规控制等条款。其中安全区域条款的作用是防止对业务所在地（例如，办公室、敏感房间和敏感设施所在地）和信息的未授权的访问。为了确保信息安全，关键性或敏感性业务信息处理设备应该放置在安全区域中，对安全区域应该规定其安全边界，设置适当的安全屏障和进口控制进行保护。在物理上应该防止未授权的访问、破坏和干扰，当然所提供的保护与所确定的风险要相当。建议采用清桌（清理桌面）和清屏等方式去降低对文件、媒体和信息处理设备的未授权访问或破坏的风险。

6．通信与操作管理

本部分的目标是保证通信和操作设备的正确使用和安全维护。它包括操作程序和责任、系统规划和验收、恶意软件的防范、日常管理、网络管理、媒体处理、信息和软件交换等条款。

7．访问控制

本部分的目标是控制对信息的访问。它包括访问控制的业务需求、用户访问管理、用户职责、网络访问控制、操作系统访问控制、应用系统访问控制、系统访问与使用的监控、移动计算和远程工作等条款。

8．信息系统获取、开发和维护

本部分的目标是保证在信息系统中建立安全设置。它包括系统安全需求、应用系统安全、加密控制、系统文件安全、开发过程和支持过程的安全等条款。

9．业务持续性管理

本部分的目标是防止商务活动中断及保护关键商务过程不受重大失误或灾难事故的影响。它通过预防与恢复的控制性措施，可以使连续性运营管理过程在遭受灾难或安全故障时所产生的破坏减少到可以接受的程度。应该分析灾难、安全事故和服务丢失所产生的后果，应该制订和实施偶然事故计划，确保商业过程可以在所要求的时间内迅速恢复。商业持续性管理应该包括识别和减少风险，限制破坏性事件的后果，确保主要操作的及时迅速恢复，保护关键的商业过程免受主要的故障或灾难的影响。

10．符合性

本部分的目标是避免任何违反法令、法规、合同约定及其他安全要求的行为。它包括符合法律要求、安全策略和技术符合性的评审及系统审核的考虑事项等条款。

1.3.4　国内安全标准、政策制定和实施情况

我国一直高度关注网络与信息安全标准化工作，从 20 世纪 80 年代就开始网络与信息安全标准的研究，现在已正式发布相关国家标准 60 多个。2012 年 12 月 28 日，全国人大审议通过了《关于加强网络信息保护的决定》，首次专门为网络信息保护立法，明确规定国家保护能够识别公民个人身份和涉及公民个人隐私的电子信息，为互联网用户的个人信息保护奠定了重要基石。

目前，制定我国网络安全标准、政策的机构主要包括：全国信息安全标准化技术委员会、公安部信息系统安全标准化技术委员会及中国通信标准化协会网络与信息安全技术工作委员会，这些标准和政策的制定和实施，为推动网络与信息安全技术在各行业的应用和普及发挥了积极的作用。

1.4 网络安全的法律法规

1.4.1 网络安全立法

随着互联网在社会的迅速普及，计算机犯罪案件也呈迅猛增长的态势，各国纷纷加快计算机犯罪的立法，以保障网络的安全，避免巨大的社会损失。

世界上第一例有案可查的涉及计算机犯罪的案例于 1958 年发生在美国的硅谷。我国第一例涉及计算机的犯罪（利用计算机贪污）的案例发生于 1986 年，而被破获的第一例纯粹的计算机犯罪（制造计算机病毒案）则是发生在 1996 年 11 月 2 日。随着计算机技术的飞速发展，计算机在社会中应用领域急剧扩大，对人类社会生活逐渐渗透，从首例计算机犯罪被发现至今，涉及计算机的犯罪无论从犯罪类型还是领域及发案率来看都在不断地增加和扩展，逐渐开始由以计算机为犯罪工具的犯罪向以计算机信息系统为犯罪对象的犯罪发展。计算机犯罪作为一种高智能型犯罪不断呈现出新态势，其造成的损失也相当惊人。

有统计认为，全球每年因为计算机犯罪而蒙受的损失高达 500 亿美元之巨。在我国，计算机技术的发展起点比较高，计算机产业也在飞速发展，国内计算机正在普及，网络规模呈几何型扩大，计算机犯罪的潜在危险不容忽视。计算机犯罪不仅影响计算机系统的正常运行，更主要的是还造成严重的社会后果。国际计算机安全专家认为，计算机犯罪社会危害性的大小，取决于计算机信息系统的社会作用，取决于社会资产计算机化的程度和计算机普及应用的程度，其作用越大，计算机犯罪的社会危害性也越大。计算机犯罪的危害性远非一般传统犯罪所能比拟，不仅会造成财产损失，而且可能危及公共安全和国家安全。据美国联邦调查局统计测算，一起刑事案件的平均损失仅为 2000 美元，而一起计算机犯罪案件的平均损失高达 50 万美元。因此应该加强计算机犯罪的立法，更有效地防止计算机犯罪，更好地发挥计算机在各个领域的有效功能。

由此可见，法律在解决网络安全问题中起着非常重要的作用，它是一种强制性的规范体系，它是信息网络安全的制度保证，它可以有效地对信息网络安全技术和管理人员进行约束。即使有再完善的技术和管理手段，如果失去了法律的保障，也是无法保证网络安全的。信息网络安全法律告诉人们哪些网络行为不可为，如果实施了违法行为就要承担法律责任，构成犯罪的还应承担刑事责任。一方面，它是一种预防手段；另一方面，它也以其强制力为后盾，为信息网络安全构筑起最后一道防线。

同时，法律也是实施各种信息网络安全措施的基本依据。信息网络安全措施只有在法律的支持下才能产生约束力。法律对信息网络安全措施的规范主要体现在：对各种计算机网络提出相应的安全要求；对安全技术标准、安全产品的生产和选择做出规定；赋予信息网络安全管理机构一定的权利和义务，规定违反义务的应当承担的责任；将行之有效的信息网络安全技术和安全管理的原则规范化等。

1.4.2 网络安全的相关法规

1. 国外的相关法律法规

面对汹涌而来的计算机犯罪，各国纷纷加快这方面的立法。自1973年瑞典率先在世界上制定第一部含有计算机犯罪处罚内容的《瑞典国家数据保护法》，迄今已有数十个国家相继制定、修改或补充了惩治计算机犯罪的法律，这其中既包括已经迈入信息社会的美、欧、日等发达国家，也包括正在迈向信息社会的巴西、韩国、马来西亚等发展中国家。

根据英国学者巴雷特的归纳，各国对计算机犯罪的立法，分别对不同情形采取了不同方案：一是那些非信息时代的法律完全包括不了的全新犯罪种类如黑客袭击，对此明显需要议会或国会建立新的非常详细的法律；二是通过增加特别条款或通过判例来延伸原来法律的适用范围，以"填补那些特殊的信息时代因素"，如将"伪造文件"的概念扩展至包括伪造磁盘的行为，将"财产"概念扩展至包括"信息"在内；三是通过立法进一步明确原来的法律可以不做任何修改地适用于信息时代的犯罪，如盗窃（但盗窃信息等无形财产除外）、诈骗、诽谤等。在第一种方案里（有时也包括第二种方案的部分内容），又主要有两种不同的立法模式：一是制定计算机犯罪的专项立法，如美国、英国等，二是通过修订刑法典，增加规定有关计算机犯罪的内容，如法国、俄罗斯等。

此外，世界各国还纷纷采取相应的对策。例如，1998年5月22日，美国政府颁发了《保护美国关键基础设施》总统令（PDD-63），围绕"信息保障"成立了多个组织，其中包括全国信息保障委员会、全国信息保障同盟、关键基础设施保障办公室、首席信息官委员会、联邦计算机事件响应能动组等10多个全国性机构。1998年美国国家安全局（NSA）又制定了《信息保障技术框架》（IATF），提出了"深度防御策略"，确定了包括网络与基础设施防御、区域边界防御、计算环境防御和支撑性基础设施的深度防御战略目标。2000年1月，美国又发布了《保卫美国的计算机空间——保护信息系统的国家计划》。该计划分析了美国关键基础设施所面临的威胁，确定了计划的目标和范围，制定出联邦政府关键基础设施保护计划（其中包括民用机构的基础设施保护方案和国防部基础设施保护计划）及私营部门、州和地方政府的关键基础设施保障框架。

再如俄罗斯，1997年出台的《俄罗斯国家安全构想》，2000年普京总统批准了《国家信息安全学说》，为提供高效益、高质量的信息保障创造条件，明确界定了信息资源开放和保密的范畴，提出了保护信息的法律责任；明确提出"保障国家安全应把保障经济安全放在第一位"，而"信息安全又是经济安全的重中之重"；明确了联邦信息安全建设的目的、任务、原则和主要内容。第一次明确指出了俄罗斯在信息领域的利益是什么、受到的威胁是什么及为确保信息安全首先要采取的措施等。

欧盟、日本、韩国等发达国家也都制定相关法律，采取有效手段保护网络信息安全。

2. 国内的相关法律法规

我国现行的信息网络法律体系框架分为4个层面。

（1）一般性法律规定。如宪法、国家安全法、国家秘密法、治安管理处罚条例、著作权法、专利法等。这些法律法规并没有专门对网络行为进行规定，但是它所规范和约束的对象中包括了危害信息网络安全的行为。

例如，《中华人民共和国人民警察法》第六条第十二款明确规定，公安机关的人民警察依法"履行监督管理计算机信息系统的安全保护工作"职责。

（2）规范和惩罚网络犯罪的法律。这类法律包括《中华人民共和国刑法》、《全国人大常委会关于维护互联网安全的决定》等。其中刑法也是一般性法律规定。这里将其独立出来，作为规范和惩罚网络犯罪的法律规定。

例如，2000年12月通过的《全国人大常委会关于维护互联网安全的决定》是我国第一部关于互联网安全的法律。该法律从保障互联网的运行安全；维护国家安全和社会稳定；维护社会主义市场经济秩序和社会管理秩序；保护个人、法人和其他组织的人身、财产等合法权利4个方面，共15款，明确规定了对构成犯罪的行为，依照刑法有关规定追究刑事责任。

（3）直接针对计算机信息网络安全的特别规定。这类法律法规主要有《中华人民共和国计算机信息系统安全保护条例》、《中华人民共和国计算机信息网络国际联网管理暂行规定》、《计算机信息网络国际联网安全保护管理办法》、《中华人民共和国计算机软件保护条例》等。

例如，2010年1月，工业和信息化部发布了《通信网络安全防护管理办法》，该《办法》一是确立了通信网络单元的分级保护制度，规定通信网络运行单位应当对本单位已正式投入运行的通信网络进行单元划分，并按照各通信网络单元遭到破坏后可能对国家安全、经济运行、社会秩序、公众利益造成的危害程度等因素，由低到高分别划分为5级；二是确立了符合性评测制度，规定通信网络运行单位应当落实与通信网络单元级别相适应的安全防护措施，并进行符合性评测；三是建立了安全风险评估制度，规定通信网络运行单位应当组织对通信网络单元进行安全风险评估，及时消除重大网络安全隐患；四是建立了通信网络安全防护检查制度，规定电信管理机构要对通信网络运行单位开展通信网络安全防护工作的情况进行检查。该《办法》的制定，将有利于提高通信网络安全防护能力和水平。

（4）具体规范信息网络安全技术、信息网络安全管理等方面的规定。这一类法律主要有《商用密码管理条例》、《计算机信息系统安全专用产品检测和销售许可证管理办法》、《计算机病毒防治管理办法》、《计算机信息系统保密管理暂行规定》、《计算机信息系统国际联网保密管理规定》、《电子出版物管理规定》、《金融机构计算机信息系统安全保护工作暂行规定》等。

本 章 小 结

本章讲述了信息安全与网络安全的含义和基本属性，简要介绍了网络攻击技术和网络防御技术，对网络安全的防护体系、层次体系进行了阐述，概括总结了网络安全国际标准和规范的要点。

本 章 习 题

一、填空题

1. 信息安全有三大要素，分别是_____、_____、_____。
2. 信息的完整性包括两方面，分别是_____和_____。
3. 网络安全防护体系的技术支撑手段主要包括_____、_____、_____、_____、_____。
4. 网络安全防护体系的核心是_____。
5. 美国橘皮书（TCSEC）分为___个等级，它们是_____。
6. 我国现行的信息网络法律体系框架分为4个层面，它们是_____。

二、简答题

1. 什么是信息安全？它和计算机安全有什么区别？
2. 什么是网络安全？网络中存在哪些安全威胁？
3. 黑客攻击的要素包括哪些？分别有什么含义？
4. 黑客攻击的过程包括哪些步骤？
5. 网络安全的防护体系包括哪些部分？分别有什么功能？

实训 1　VMWare 虚拟机配置及安全法律法规调查

一、实训目的

1. 了解虚拟机的特点，掌握 VMware 虚拟机的安装、配置和使用方法。
2. 了解当前信息安全、电子商务方面的法律法规。

二、实训要求

1. 熟悉 VMware Workstation 9.0 的安装和配置方法。
2. 熟悉 VMware Workstation 9.0 的常见操作方法。
3. 能使用虚拟机配置虚拟网络。
4. 能利用网络搜索当前国内外信息安全现状及相关法律法规的制定情况。

三、实训环境

- PC：标准的 X86 兼容的 PC、400MHz 或速度更快的 CPU（推荐 500MHz 以上），安装有 Windows XP 或 Windows 7 的操作系统。

- 内存：最小 128MB，推荐 256MB 以上。如果在主机上运行多台虚拟机，则根据运行的虚拟机操作系统与同时运行的虚拟机的个数来判断需要的内存大小。
- 显卡：推荐使用 16 位或 32 位显卡。
- 硬盘：最少 150MB 的剩余磁盘空间，支持最大 950GB 的 IDE 或 SCSI 硬盘驱动器。在 VMware Workstation 中安装和使用虚拟机时，还需要额外的磁盘空间。
- 软件：VMware Workstation 9 软件、Windows Server 2008 等操作系统安装光盘。

四、相关知识

虚拟机（Virtual Machine）是一台虚拟出来的计算机，是通过在真实的计算机上仿真模拟各种计算机功能来实现的。一台虚拟机就是一台独立的计算机，拥有独立的操作系统。

所谓虚拟机软件就是可以在一台计算机（宿主机）上模拟出若干台虚拟的计算机（虚拟机），且每台虚拟计算机都可以运行单独的操作系统而互不干扰，在宿主机上模拟出来的每一台计算机就被称为虚拟机。虚拟机完全就像真正的计算机那样进行工作，如可以安装操作系统、安装应用程序、访问网络资源等。

目前流行的虚拟机软件有 VMware 和 Virtual PC，两者都可以在 Windows 系统上虚拟出多台计算机，用于安装 Linux、OS/2、FreeBSD 等其他操作系统。微软在 2003 年 2 月收购 Connectix 后，发布了 Microsoft Virtual PC 2004。但是，新发布的 Virtual PC 2004 已不再明确支持 Linux、FreeBSD、NetWare、Solaris 等操作系统，只保留了 OS/2，如果要虚拟一台 Linux 计算机，只能自己手工设置。因此，相对而言，VMware 无论是在多操作系统的支持上，还是在执行效率上，都比 Virtual PC 2004 明显高出一筹。

VMware 实际上就是一种应用软件，其特别之处在于，由它创建的虚拟机与真实的计算机几乎一模一样，不但虚拟有自己的 CPU、内存、硬盘、光驱，甚至还有自己的 BIOS。在这台虚拟机上，可以安装 Windows、Linux 等真实的操作系统及各种应用程序，因此，它非常适合于网络安全攻防等各种实验。

使用虚拟机有如下好处：

（1）安装 Linux，不需要重新分区，就像安装 Office 软件一样，直接在原有的 Windows 操作系统中安装。

（2）可以组建虚拟的局域网，轻松学习网络管理、网络安全知识，进行各种网络实验，不需要购买交换机、网线等网络设备。

（3）可以反复练习 PQmagic、Fdisk 等软件的使用而无需担心破坏实际的计算机系统。

（4）可以让一台计算机虚拟成三、四台，同时运行多个操作系统。完成操作系统的系统卸载只需要删除一个文件夹即可。

本书将以 VMware Workstation 9.0 for Windows 为基础介绍 VMware Workstation 虚拟机软件的使用。读者可用从 http://www.vmware.com 网站下载 VMware Workstation 的最新试用版。

五、实训步骤

1．利用虚拟机安装

（1）安装 VMware 软件。

(2) 运行 VMware 程序，其主界面如图 1.13 所示。

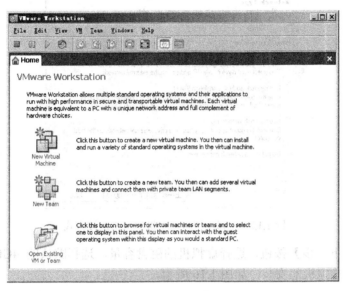

图 1.13　VMware 主界面

(3) 单击主窗口中的【New Virtual Machine】按钮，出现【新建虚拟机】向导，直接单击【下一步】按钮。

(4) 选择【Typical】，单击【下一步】按钮。

(5) 选择【Microsoft Windows】单选按钮，在【Version】下拉列表中选择需要安装的 Windows Server 2008 版本，如图 1.14 所示。

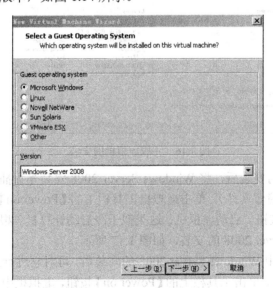

图 1.14　选择需要安装的操作系统

(6) 单击【下一步】按钮，选择虚拟机名称及安装所在路径。

(7) 单击【下一步】按钮，选择虚拟机与主机的网络连接方式。对于网络连接方式在这里选择【Use bridged networking】，如图 1.15 所示。

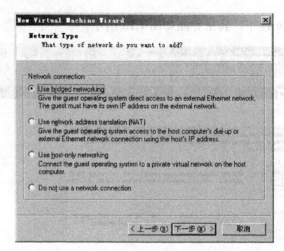

图 1.15 选择虚拟机与主机的网络连接方式

（8）单击【下一步】按钮，选择虚拟机的磁盘容量，选择默认的 4GB，单击【下一步】按钮，完成虚拟机的安装，如图 1.16 所示。

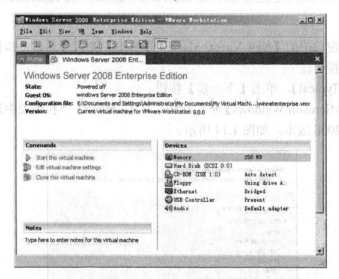

图 1.16 完成虚拟机的安装

（9）完成虚拟机的安装后，将 Windows Server 2008 安装光盘插入光驱（也可以通过【VM】菜单挂接 ISO 镜像文件），单击虚拟机工具栏上的【Power on】或主窗口中的【Start this virtual machine】按钮，启动虚拟机，这类似于冷启动计算机。根据提示完成虚拟机中操作系统 Windows Server 2008 的安装，如图 1.17 所示。

（10）完成虚拟机中 Windows Server 2008 的安装后，可对它进行适当的配置，如桌面、网络等。要启动虚拟机，单击工具栏上的【Power on】按钮，虚拟机中 Windows Server 2008 启动后将看到如图 1.18 所示的界面。

（11）为了提高虚拟机的性能，在安装操作系统后，最好安装 VMware Tools。安装方法为：选择【VM】|【Install VMware Tools...】命令，在弹出的菜单中单击【Install】按钮，根据提示安装即可。

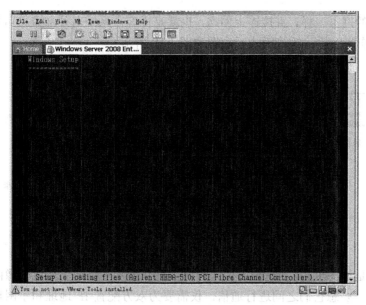

图 1.17　虚拟机中操作系统的安装

图 1.18　虚拟机启动后的画面

2．配置虚拟机的网络

仅仅有虚拟机是不够的，还需要使用虚拟机与真实主机及其他的虚拟机进行通信，如本书的大部分网络实训，均可以通过在主机中安装虚拟机，然后使主机和虚拟机互相通信来实现。虚拟机与主机的通信主要有三种模式：桥接模式、NAT 模式和 Host-only 模式。

1）桥接模式（Bridge）

如果真实主机在一个以太网中，这种方法是将虚拟机接入网络最简单的方法。虚拟机就像一个新增加的、与真实主机有着同等地位的一台计算机。在桥接模式下，VMware 模拟一个虚拟的网卡给客户系统，主机系统对于客户系统而言相当于是一个桥接器。客户系统好像有自己的网卡一样,直接连上网络,也就是说客户系统对外部直接可见。桥接方式使用 VMnet0 作为网桥。桥接模式示意图如图 1.19 所示。

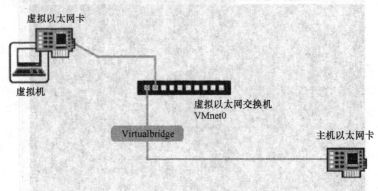

图 1.19 桥接示意图

桥接模式是最简单的,使用桥接模式后虚拟机和真实主机的关系就好像两台接在一个 Hub 的计算机。要想它们之间进行通信,仅需要为双方配置 IP 地址和子网掩码。例如,将虚拟机 Windows Server 2008 的 IP 地址配置为 192.168.0.1/24,将主机 Windows Server 2008 的 IP 地址配置为 192.168.0.2/24,相互之间即能访问。

注意:如果主机有多块网卡,应选择主机与虚拟机桥接所用的网卡(即 IP 地址配置为 192.168.0.2 的网卡),相互之间才能访问。设置方式为:选择【Edit】|【Virtual Network Settings…】命令,选择【Host Virtual Network Mapping】选项卡,在【VMnet0】下拉列表框中选择主机中 IP 地址配置为 192.168.0.2 的网卡,单击【确定】按钮即可,如图 1.20 所示。

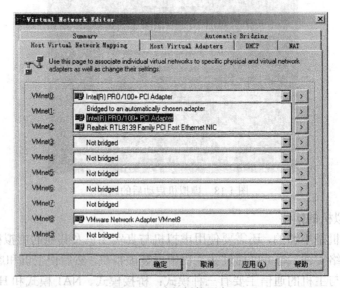

图 1.20 选择桥接网卡

2)NAT 模式

NAT(Network Address Translation,网络地址转换)模式可以理解为方便地使虚拟机连接到公网。客户系统不能自己连接网络,而必须通过主机系统对所有进出网络的客户系统收发的数据包做地址转换。在这种方式下，客户系统对外部不可见。凡是选用 NAT 结构的虚拟机，均由 VMnet 8 提供 IP 地址、网关、DNS 服务器等网络信息。NAT 模式如图 1.21 所示。

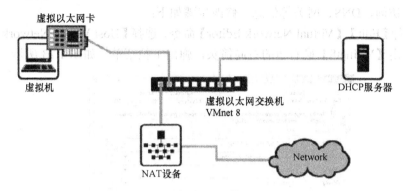

图 1.21　NAT 模式

要实现 NAT 模式，运行【VM】|【Settings】命令，在【Hardware】选项卡下选择虚拟机网卡，然后选择【NAT】，单击【OK】按钮即可，如图 1.22 所示。

设置为 NAT 模式后，主机上的 VMware Network Adapter VMnet8 及虚拟机上的网卡将分别从 VMware Workstation 内置的 DHCP 服务器上获得一个 IP 地址。

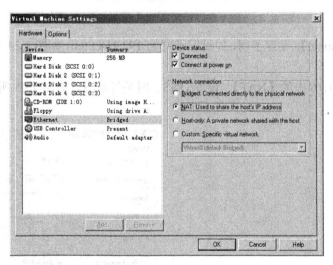

图 1.22　设置 NAT 模式

VMware Workstation 内置的 DHCP 服务器只为连接到 VMnet1 和 VMnet8 的虚拟机分配 IP 地址，对其他如 VMnet0 或主机网卡无效。也就是说，在虚拟机的网卡设置使用 NAT 方式或 Host-only 方式时有效。而当虚拟机网卡设置为其他方式，如 VMnet0 桥接到一个网络时，VMware Workstation 内置的 DHCP 服务器不会为虚拟机分配 IP 地址。

对于 NAT 模式，DHCP 服务器分配 IP 地址的规则如下（假设网段是 192.168.50.0/24）：

（1）第一个地址（192.168.50.1）：静态地址，分配给主机。

（2）第二个地址（192.168.50.2）：静态地址，分配给 NAT 设备使用。

192.168.50.3～192.168.50.127：静态地址，保留。

192.168.50.128～192.168.50.254：DHCP 作用域地址，分配给虚拟机使用。

（3）最后一个地址（192.168.50.255）：广播地址。

DHCP 服务器所采用的地址范围是在安装 VMware Workstation 时自动产生的，用户可以修改地址访问、DNS、网关等信息。修改步骤如下：

（1）运行【Edit】|【Virtual Network Editor】命令，选择【Host Virtual Network Mapping】选项卡，单击【VMnet8】最右边的右向箭头，弹出下拉菜单，如图 1.23 所示。

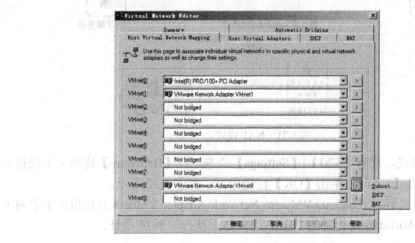

图 1.23　设置 NAT 的子网等

（2）选择【Subnet】，设置子网，如设置子网为 192.168.80.0，如图 1.24 所示，单击【OK】按钮。

（3）选择图 1.16 中的【NAT】，设置 DNS、网关等信息，如图 1.25 所示。单击【OK】按钮返回。

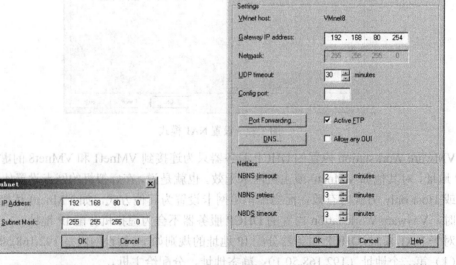

图 1.24　设置 NAT 的子网　　　　　　图 1.25　设置 NAT 的 DNS、网关等

（4）需要重新启动 NAT 服务，单击【NAT】选项卡，单击【STOP】|【应用】按钮；

单击【Start】|【应用】按钮启动 NAT 服务，如图 1.26 所示。这时 NAT 所使用的 DHCP 地址范围、DNS 服务器、网关等信息即可生效。

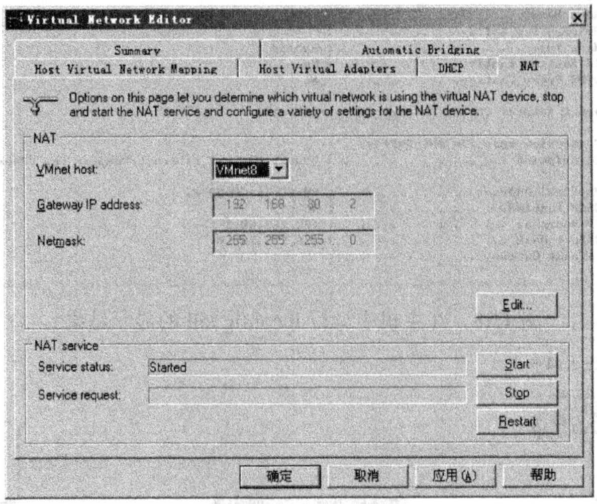

图 1.26 重新启动 NAT 服务

注意：如果客户端没有及时更新 DHCP 信息，那么请使用 ipconfig/release 及 ipconfig/renew 命令重新获取 DHCP 信息。如果更改 NAT 配置后，应重新启动 NAT 服务（VMnet8）。

配置完成后在虚拟机中运行 ipconfig /all，结果如图 1.27 所示。

图 1.27 虚拟机运行 ipconfig /all 的显示结果

在主机中运行 ipconfig/all，结果如图 1.28 所示。

3）Host-only 模式

该模式用来建立隔离的虚拟机环境，在这种方式下，主机系统模拟一个虚拟的交换机，所有的客户系统通过这个交换机进出网络。在这种方式下，如果主机使用公网 IP 连接 Internet，那么，客户系统只能使用私有 IP。只有同为 Host-only 模式下且在一个虚拟交换机的连接下客户系统才可以互相访问，外界无法访问。Host-only 模式只能使用私有 IP，IP 地址等网络信息都由 VMnet1 来分配。Host-only 模式如图 1.29 所示。

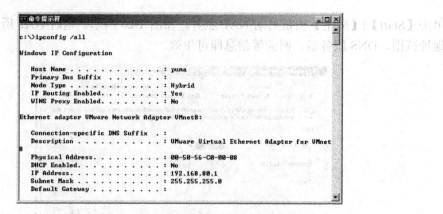

图 1.28 在主机中运行 ipconfig /all 的显示结果

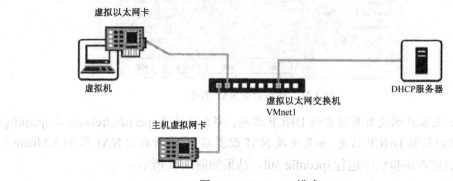

图 1.29 Host-only 模式

Host-only 的网络设置与 NAT 模式类似，只不过 Host-only 模式设置的是 VMnet1 而不是 VMnet8。

VMware Workstation 还可以设置更复杂的网络，从而满足在一台计算机上搭建复杂网络的需求。有关配置方法，请读者参考 VMware Workstation 的相关帮助信息。

3. 利用搜索引擎等工具调查国内外信息安全现状及相关法律法规的制定情况

注：要求列出近两年国内外发生的重大信息安全事件及产生的后果，适用何种法律法规进行处理，并分析这些重大安全事件发生的原因，如何利用网络安全防护体系进行防护。

六、思考题

1. 简述 VMware Workstation 9 的三种联网模式。
2. 简述当前国内外信息安全现状及相关法律法规的制定情况。

第2章 操作系统安全配置

【知识要点】

通过对本章的学习,能够认识操作系统的安全配置在网络信息安全中的重要性,熟练运用 Windows Server 2008 账户安全管理技术,掌握文件系统安全和计算机主机安全的基本原理和操作技能。本章主要内容如下:

- 账户安全管理
- 文件系统的安全
- 主机的安全配置

【引例】

操作系统的安全是网络信息安全的基础,因此,了解各类操作系统的安全级别是非常必要的。上一章已经对 TCSEC 的 7 个安全级别进行了介绍,对于操作系统,它所对应的级别如表 2.1 所示。

表 2.1 操作系统所对应的 7 个安全级别

组	安 全 级 别	对应操作系统
1	A1	Honeywell 公司的 SCOMP、波音公司的 MLS LAN OS
2	B3	HFS 公司的 UNIX XTS-2000 STOP3.1E
2	B2	Honeywell 公司的 MULTICS、TIS 公司的 Trusted XENIX 3.0 4.0
2	B1	AT&T 的 SYSTEM V、IBM 的 MVS/ESA
3	C2	部分 UNIX、LINUX 和 VMS
3	C1	多数 UNIX、LINUX 和 Windows NT
3	D	MS-DOS、Windows 3.2 和 MOS

2007 年 7 月,我国发布并实施保护操作系统技术的安全标准 GA/T388_2002,即《计算机信息系统安全等级保护操作系统技术要求》,该标准根据 GB17859 将操作系统的安全划分为 5 个等级。第一级:用户自主保护级;第二级:系统审计保护级;第三级:安全标记保护级;第四级:结构化保护级;第五级:访问验证保护级。并对其中每一个安全等级的安全功能需求做了详细的规定。一般常用的操作系统进行安全维护后可以达到第三级。这是我国在维护操作系统安全上做出的重大举措。

2.1 操作系统安全基础

操作系统是用户与计算机之间进行交互的一个界面，控制和管理计算机系统的软件和硬件资源，用户对计算机所做的任何操作都必须经过操作系统。可以说操作系统是计算机系统的核心，操作系统的安全是整个计算机系统安全的基础。目前针对操作系统的弱点进行攻击和入侵的花样在不断翻新，这给使用操作系统的个人和企业带来了很大的麻烦。

2.1.1 安全管理目标

在操作系统中存在各种不同权限的用户，为了阻止非法用户或非法进程对操作系统产生危害，必须对操作系统实施安全管理。操作系统的安全管理包括了对硬件、软件及数据等相关资源的保护。保障这些资源不会因为偶然或是恶意的行为而受到破坏，操作系统能够持续可靠地运行。操作系统安全管理的目标是：通过操作系统的安全技术保障信息在存储、传输和交换的过程中的可用性、完整性、保密性、可靠性、不可抵赖性和可控性。

1. 可用性

可用性保障被授权的用户或进程能够正常使用操作系统的资源。例如，使用身份认证的技术确认用户权限，给用户分配相应权限的资源。

2. 完整性

完整性保障数据或信息不被没有授权的用户或进程进行修改。数据在存储和传输的过程中，不会被非法用户任意添加或删除，保证信息的真实有效。

3. 保密性

保密性保障操作系统下的资源不会泄漏给非授权的用户。例如，操作系统的加密技术对信息进行加密，可以防止敏感信息被非法用户掌握。

4. 可靠性

可靠性是指在一定的环境和时间里，操作系统的功能能够正常的实施。例如，提高操作系统的平均无故障时间，可以增加系统的可靠性。

5. 不可抵赖性

操作系统在进行信息交互时，参与者不可能否认或抵赖曾经进行过的操作。

6. 可控性

可控性是对信息的传输及内容具有的控制能力，保证信息接收的内容、顺序是真实有效的。例如，验证接收信息是否为重复发送，对发送方的身份进行鉴别。

可用性、完整性和保密性是操作系统安全管理至关重要的目标，是整个操作系统能否正常运行的关键因素。

2.1.2 安全管理措施

操作系统除了自身存在漏洞等不安全因素以外，用户缺乏操作系统安全管理的意识，也是造成系统脆弱易受攻击的重要原因。

1．及时清理系统

操作系统在运行时，经常会产生很多临时文件。这些文件长时间积累在系统中，会影响系统的整体性能。要定期清理系统中的临时文件，释放硬盘的空间。对不是经常使用的组件或程序，应该及时卸载。

2．维护注册表

操作系统通过注册表来获得信息从而运行程序和控制设备，同时响应用户的请求。一旦注册表被破坏，将直接导致程序或硬件运行失效，甚至操作系统将无法正常启动。维护注册表对系统的稳定运行是非常重要的。应及时清理注册表，删除注册表中冗余数据。对注册表进行备份，一旦操作系统遭受破坏，可以通过备份注册表恢复过来。

3．数据备份

数据的备份和恢复是一项必不可少也是极为重要的工作。如果数据丢失，操作系统的安全则无从谈起，更无法稳定运行。对分区表、系统文件和应用程序应及时做好备份工作，并保障备份文件的安全。便于系统发生故障后进行恢复。

4．系统升级

系统在开发的时候，不可避免的会出现一些漏洞。为了避免这些漏洞影响系统的正常运行，在日常的维护工作中，应对操作系统和运行在操作系统下的软件进行及时升级。这样可以增强系统的安全性，减少被攻击的可能性。

5．身份验证

通过对用户身份的识别和验证，可以防止非法用户入侵操作系统对系统资源进行访问。这也是操作系统最基本的防护手段，如果失效则整个系统将失去保障。通常采用口令认证、有保密功能的认证和数字证书等方式进行身份认证。

6．访问控制

访问控制的目的是只授权给合法用户访问操作系统的资源，减少非法用户对文件进行操作的机会。操作系统中提供了用户账户管理功能，合理设置用户的访问控制权限可以有效保护系统资源。

7．审计

安全审计可以追踪和记录用户在系统中所做的各项操作，并能够追查违反系统安全的操作，分析非法入侵的行为。操作系统中"审计"、"安全记录"可以有效监管用户的各项行为。

以上是操作系统最基本的安全措施，同时用户在使用操作系统的过程中，注意病毒的防范和操作的规范也是提高操作系统安全的良好习惯。

2.2 Windows Server 2008 账号安全

操作系统对用户账号的管理很大程度决定了网络系统的安全。Windows Server 2008 通过建立账户（包括用户账户和组账户）并赋予账户恰当的权限来保障网络和计算机资源的合法性，确保数据访问、存储和交换符合安全需求。保证 Windows Server 2008 账号安全性的主要方法有：

（1）严格定义各种账号权限、阻止用户可能进行具有危害性的操作。
（2）使用组规划用户权限，简化账号权限的管理。
（3）禁止非法计算机连入网络。
（4）利用安全策略和组策略制定更详细的安全规则。

2.2.1 账号种类

用户账户是计算机的基本安全组件，也是访问系统资源的依据。在 Windows Server 2008 中每一个用户账户都会分配一个唯一的安全标识符（Security Identifier，SID），用于授予资源访问的权限。账户一旦被删除，SID 也将不复存在。即使新建一个相同用户名的账户，SID 也会不同。因此也就不能够获得之前账户所拥有的权限。在命令行提示符下使用"whoami/logonid"命令，可以查询当前用户账户的 SID 号。用户账户主要用于以下两方面。

（1）身份验证：用户账户用于验证用户的身份，通过后可以登录到计算机或域。每个用户都应该有自己唯一的用户账户和密码，应该避免多个用户共享一个账户。

（2）访问控制：在验证用户身份之后，用户账户被允许或拒绝访问系统的资源。

1．本地用户账户

本地用户账户只能由创建该账户的计算机来验证，也就是说本地用户账户仅允许用户登录并访问创建该账户的计算机，并且本地用户账户在本地计算机中不允许相同。本地用户账户存在于 Windows Server 2008 在"工作组"中或域的成员服务器时，用户账户存储在本地安全数据库（Security Accounts Manager，SAM）中，位于%Systemroot%\system32\config 文件夹下。本地用户账户的信息不会被复制到域控制器中，作用范围仅限于访问本机的资源。

2．域用户账户

用户使用域用户账户可以登录到域或其他的计算机上来获取网络资源。域用户账户在域中必须是唯一的。域用户账户的信息保存在域控制器上，保存域用户账户信息的安全账户管理器（SAM）位于域控制器上的\%systemroot%NTDS\NTDS.DIT 文件中。如果域中存在多个域控制器，则域控制器将会把建立在本机上的域用户账户信息复制到其他域控制器上，以确保无论用户在域中的任何一个计算机登录都可以通过域中的一台域控制器的验证。同时域用户账户拥有比本地用户账户更多的属性。

3．内置用户账户

在 Windows Server 2008 安装成功后，系统默认存在 Administrator 和 Guest 账户。这些由操作系统默认存在的账户称为内置用户账户或默认账户。这些账户已经拥有了一些权限，具体内容如下。

（1）Administrator 账户。Administrator 账户具有最高的访问控制权限，能够对整个计算机或者域进行访问、配置和管理。例如，在这个账户下可以管理其他用户账户、给用户分配访问资源的权限、设置操作系统的安全策略、进行审核、建立安全日志等。Administrator 账户可以更改名字，但不能够被删除。在域环境下，Administrator 账户在建立第一个域控制器时被创建。

（2）Guest 账户。Guest 账户类似匿名账户，无需特殊的用户账户就可登录到 Windows Server 2008。一般用作临时用户的账户，用它访问网络和计算机的资源。Guest 账户也不能够被删除，同样可以更名。Guest 账户虽然权限有所限制，但仍可以从 Everyone 组获取对资源的访问控制权限。所以对安全要求较高的网络，建议禁用 Guest 账户。

2.2.2 账号与密码约定

在 Windows server 2008 操作系统上创建用户账号时，要遵循一些必要的账户命名约定和设置密码的原则，这样可以增强操作系统的安全性能，提高维护和管理操作系统的效率。

1．命名约定

（1）账户名必须唯一：域用户账户的用户登录名在域中必须唯一，本地用户账户在创建该账户的本地计算机上必须唯一。

（2）账户名不能包含以下字符："/\[]:;|=,+*?<>@。

（3）账户名最多可以包含 20 个字符。

（4）账户名不能只由句点(.)或空格组成。

2．密码原则

密码是用来验证用户身份的基本手段，对于作为服务器的 Windows Server 2008 而言，强密码可以提高计算机和网络的安全性。

（1）Administrator 账户必须设置一个密码，防止他人随意使用。

（2）不同的用户账户的密码要不同，可以避免其他人对其进行控制。

（3）一个密码使用的时间不宜太长。修改密码时，尽量与先前的密码不相同。

（4）确定密码控制权是属于管理员还是用户自己。也可以由管理员设置初始密码，用户在第一次登录的时候修改自己的密码。一般用户的账户密码由用户自己控制。

（5）密码要足够复杂。密码过于简单容易被破解，尽量采用不带有明显意义的大小写字母、数字或合法的非字母数字的组合。

（6）密码要长短合适。密码最长可以设置128个字符，推荐采用8～12个字符作为密码。

2.2.3 账户和密码安全设置

对用户账户和密码进行安全设置有两种方式：
（1）设置用户账户的属性，为用户分配适当的权限。
（2）通过安全策略设置账户策略。

1．设置用户账户属性

1）设置账户的登录名

在管理工具下的"Active Directory 用户和计算机"中打开要设置的用户账户的属性对话框。在【账户】选项卡中，可以为用户设定登录到域中的用户登录名，如图2.1所示。

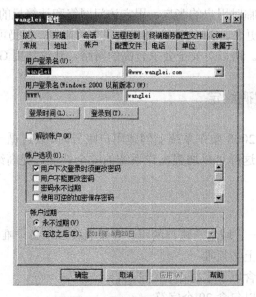

图2.1 【账户】选项卡

2）设置账户选项

每个 Active Directory 用户账户都有许多账户选项，如图2.1所示，这些选项用来确定如何对使用这个账户登录网络的用户进行身份验证。

用户下次登录时须更改密码：强制用户在下次登录网络时更改自己的密码。
用户不能更改密码：防止用户更改自己的密码。
密码永不过期：防止用户的密码过期。密码安全性较高时可启用此项。
用可还原的加密来储存密码：允许用户从 Apple 计算机登录到 Windows 网络。
账户已禁用：防止用户使用选定的账户进行登录。

交互式登录必须使用智能卡：要求用户拥有智能卡才能以交互方式登录到网络。

账户可以委派其他账户：允许在此账户下运行的服务代表网络上的其他用户账户执行操作。

敏感账户，不能被委派：如果无法将账户（例如，Guest 或临时账户）分配给其他账户进行委派，则可以使用此选项。

此账户需要使用 DES 加密类型：提供对数据加密标准（DES）的支持。

不要求 Kerberos 预身份验证：提供对 Kerberos 协议备用实现的支持。

3）设置账户的登录时间

如图 2.1 所示，在【账户】选项卡中，单击【登录时间】按钮，打开用户的【登录时间】对话框，在该对话框中可以设置什么时间用户可以登录到域。白色的格子代表拒绝用户登录的时间段，默认情况下账户可以在任意的时间内登录到域中，如图 2.2 所示。

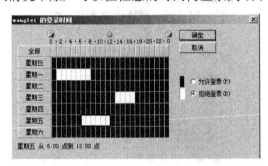

图 2.2　用户的【登录时间】对话框

若要为多个用户修改登录时间，按住 Ctrl 然后单击各个用户，或者右键单击选定的用户，然后单击【属性】。在【账户】选项卡上，单击【登录时间】，然后为用户设置允许或拒绝登录的时间。

4）指定用户登录的计算机

在如图 2.1 所示的【账户】选项卡中，单击【登录到】按钮，打开【登录工作站】对话框，如图 2.3 所示，在该对话框中可以设置允许用户从哪台计算机登录到域，默认情况下为所有计算机。

图 2.3　【登录工作站】对话框

例如指定用户从计算机名为"student1"的计算机上登录到域,可选中【下列计算机】单选按钮,然后在【计算机名称】文本框中输入允许用户登录的计算机名"student1",单击【添加】按钮将计算机加入到计算机列表中。若要删除用户可以登录的计算机,则在列表中选中该计算机并单击删除。

5) 设置账户过期时间

用户账户在默认情况下是永久有效的。设置账户过期时间可以给用户设定只在一段时期内是合法登录的时间。例如,一个临时用户使用的账户,可以在其完成工作任务后自动失效,无需管理员手动删除,方便管理。

在如图 2.1 所示的【账户】选项卡中,选中【在这之后】单选按钮,然后打开下拉列表,在日历中选择该账户的失效日期,如图 2.4 所示。

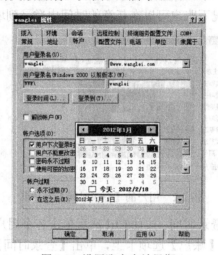

图 2.4 设置账户失效日期

注意:账户过期时间只在用户账户重新登录时才会生效,也就是说如果用户账户一直处于登录状态,则该设置到期也不会生效。

2. 设置账户策略

账户策略是组策略中的一部分,控制用户对本地计算机或域的访问。在 Windows Server 2008 中有三种账户策略:密码策略、账户锁定和 Kerberos 策略。每一种策略都可以提高用户账户的安全性。

(1) 密码策略。密码策略用来设置密码的安全要求,提供本地计算机或域处理用户账户密码的策略。该策略可以有效设置密码方案保护密码的安全性,如图 2.5 所示。

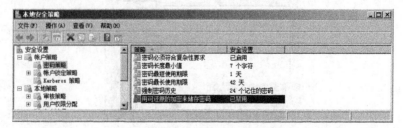

图 2.5 密码策略

密码必须符合复杂性要求：用户账户设置的密码不得少于 6 位，不得使用用户名或全名的一部分，必须由数字、符号、小写字母和大写字母其中的三种字符来组成。这是为了防止黑客通过扫描或字典破解工具获取得到管理员的密码。

密码长度最小值：规定用户账户密码的长度，一般设置 6 位左右较为适宜。

密码最短使用期限：用户账户在重新修改密码之前必须要使用原密码的最短时间。

密码最长使用期限：用户账户在重新修改密码之前可以使用原密码的最长时间。例如，有效期被设置为 42 天，一个密码在使用了 42 天后，必须重新设置。

强制密码历史：防止用户重复使用相同的字符来组织密码，确保旧密码不被连续使用。系统会记录用户设置过的密码，当用户修改的密码与原来相同时将会被系统拒绝。若要维护密码历史的有效性，还要同时启用密码最短使用期限安全策略设置，不允许在密码更改之后立即再次更改密码。

用可还原的加密来储存密码：确定操作系统是否使用可还原的加密来储存密码。使用可还原的加密储存密码与储存纯文本密码在本质上是相同的。因此，除非应用程序需求比保护密码信息更重要，否则绝不要启用此策略。

（2）账户锁定策略。默认情况下 Windows Server 2008 没有对账户锁定策略进行设置。对账户设置锁定策略可以防止黑客采用自动登录工具、密码猜测字典和暴力破解等攻击方式。此安全设置确定在某次登录尝试失败之后所应做的操作，如图 2.6 所示。

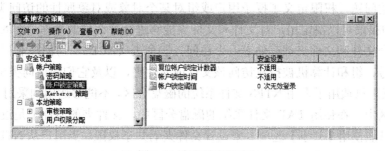

图 2.6　账户锁定策略

复位账户锁定计数器：设定在重置错误登录计数之前两次失败的登录尝试之间必须间隔的时间（分钟）。有效范围是 1~99 999 分钟。如果设置了账户锁定阈值，则复位账户锁定计数器应小于等于账户锁定时间。

账户锁定时间：用户账户被系统锁定后，将在设定时间之后解除锁定。一般将时间设置为 30 分钟，可以延迟黑客持续尝试登录系统的时间。若时间设定为 0 分钟，则账户自动锁定，必须由系统管理员进行解锁。通常与账户锁定阈值配合使用。

账户锁定阈值：允许登录失败的次数，超过则系统锁定账户。系统默认为 0 次，一般取值为 5 次左右。该值只在初始登录系统时有效，不被运用在屏幕保护程序或桌面锁定上。

（3）Kerberos 策略。Kerberos 是一种网络认证协议，是一种采用可信任的第三方认证服务提供的密钥系统的认证服务。该认证过程的实现不依赖于主机操作系统的认证，无需基于主机地址的信任，不要求网络上所有主机的物理安全。Kerberos 策略只能应用于域中的计算机中，用于确定与 Kerberos 相关的设置，如票证的有效期限和强制执行。

2.3 Windows Server 2008 文件系统安全

文件系统是指操作系统在计算机的磁盘上存储文件的方法和数据结构，文件和文件夹都是计算机系统组织数据的集合。用户建立文件，存入、读出、修改、转储文件所有对文件和文件夹的操作都是通过文件系统来完成的。

Windows Server 2008 提供了非常强大的文件安全管理系统，提供了两种文件和文件夹的访问控制技术：NTFS（New Technology File System）文件权限和加密文件系统（EFS）。NTFS（New Technology File System）是从 Windows NT 开始使用的文件系统，也是 Windows Server 2008 推荐使用的文件系统。NTFS 文件系统能够比 FAT 文件系统提供更安全的保障功能，可以控制用户对文件和文件夹的访问。加密文件系统（EFS）可以保障文件免受脱机攻击。

2.3.1 NTFS 权限及使用原则

在计算机的安全中最重要的就是权限，计算机管理员首先要解决的问题就是对用户授予何种权限的问题。权限定义了授予用户或组对某个对象或对象属性的访问类型。

NTFS 的权限可以决定用户对文件和文件夹能够进行什么样的操作。在 NTFS 磁盘分区上的每一个文件和文件夹都存储着一个访问控制列表（ACL）。访问控制列表中记录了哪些用户账号、组和计算机被授权访问该文件或文件夹，以及它们的访问类型。

NTFS 权限只适用于采用 NTFS 文件系统的磁盘分区，不能够运用到采用 FAT 文件系统的磁盘分区中。在使用 FAT 文件系统的磁盘分区中，文件夹的属性中是没有【安全】选项卡的。只能使用【共享】选项卡来设置文件夹的共享权限。当用户从 NTFS 卷移动或复制到 FAT 卷时，NTFS 文件系统权限和其他特性都会丢失掉。

1. NTFS 的权限类型

NTFS 的权限不光可以对文件夹设定权限，还可以对单个的文件设定权限。

（1）NTFS 文件夹权限。对文件夹设置权限，来控制对文件夹和包含在这个文件夹中的文件和子文件夹的访问。如表 2.2 所示是可以授予的标准 NTFS 文件夹权限和各个权限提供给用户的访问类型。

表 2.2 NTFS 文件夹权限

NTFS 文件夹权限	允许访问的类型
完全控制（Full Control）	用户可以查看文件或文件夹的内容，更改现有文件和文件夹，创建新文件和文件夹及在文件夹中运行程序
修改（Modify）	用户可以更改现有文件和文件夹，但不能创建新文件和文件夹
读取且执行（Read & Execute）	遍历文件夹，用户可以查看现有文件和文件夹的内容，并可以在文件夹中运行程序

(续表)

NTFS 文件夹权限	允许访问的类型
列出文件夹内容（List Folder Contents）	查看文件夹中的文件和子文件夹的名
读取（Read）	用户可以查看文件夹中的文件和子文件的内容，并可打开文件和文件夹
写入（Writer）	用户可以创建新文件和文件夹，并对现有文件和文件夹进行更改

这里要注意的是，"只读"、"隐藏"、"归档"和"系统文件"这些都是文件夹的属性，并非是 NTFS 权限。

（2）NTFS 文件权限。对文件设置权限，控制对文件的访问。如表 2.3 所示是可以授予的标准 NTFS 文件权限和各个权限提供给用户的访问类型。

表 2.3 NTFS 文件权限

NTFS 文件权限	允许访问的类型
完全控制（Full Control）	用户可以查看文件的内容，更改现有文件。允许执行其他所有的 NTFS 文件权限
修改（Modify）	修改和删除文件，并执行"写入"权限和"读取且执行"权限
读取且执行（Read & Execute）	运行应用程序，并执行"读取"权限
读取（Read）	用户可以查看文件和文件属性及拥有人和权限
写入（Writer）	用户可以对一个文件进行写入覆盖及修改属性，并执行"读取"权限

注意：无论使用什么权限保护文件，被授予对文件夹的"完全控制"权限的组或用户都可删除该文件夹中的任何文件。尽管"列出文件夹内容"和"读取且执行"看起来有相同的特殊权限，但是这些权限在继承时却有所不同。"列出文件夹内容"可以被文件夹继承而不能被文件继承，并且它只在查看文件夹权限时才会显示。"读取且执行"可以被文件和文件夹继承，并且在查看文件和文件夹权限时始终会出现。

（3）NTFS 特殊权限。前面介绍的是 NTFS 对文件和文件夹的标准 NTFS 权限。还有特殊 NTFS 权限，特殊 NTFS 权限包含了在各种情况下对资源的访问权限，其规定约束了用户访问资源的所有行为。特定的几个特殊 NTFS 权限组合成标准的 NTFS 权限。

2．NTFS 权限使用原则

在实际操作中，用户可能属于一个或多个组，而每一个组对文件或文件夹会有不同的权限。多个 NTFS 权限组合在一起，就存在一些权限有效性的原则。

（1）累积原则。当一个用户同时属于多个组，而这些组又有可能被某种资源赋予了不同的访问权限，则用户对该资源最终有效权限是在这些组中权限的组合，即累积原则，将所有的权限累积在一起即为该用户的权限。例如，用户 User1 即属于 Group1 组又属于 Group2 组中，Group1 组对文件夹 Folder 有"写入"的权限，Group2 组对文件夹 Folder 有"读取"权限，则用户 User1 对文件夹 Folder 就有"写入"和"读取"两种权限。

（2）文件权限超越文件夹权限原则。用户对文件的最终权限是用户被赋予访问该文件的权限，即文件权限超越文件的上级文件夹的权限。例如，某个用户对某个文件有"修改"的权限，即使包含这个文件的上级文件夹只有"读取"的权限，那么最终用户对这个文件还是有"修改"的权限，不受文件夹权限的限制。

（3）拒绝权限超越其他权限原则。当拒绝用户访问特定的文件或文件夹时，就授予"拒绝"权限给这个用户。即使这个用户属于某个组，而这个组具有对该文件或文件夹的访问权限，也因为用户被授予了"拒绝"权限从而使任何其他权限也被阻止了。因此，可以看出"拒绝"权限是不运用权限的"累积原则"的。

用户被授予对文件和文件夹的权限时，有两种方式：一种是"允许"，一种是"拒绝"。在 NTFS 权限的设置中，不允许用户有某种访问权限和拒绝用户的访问权限是有区别的。不允许某个用户访问某个文件，仅仅是用户没有被授予相应的权限，但用户还可以从其他的组中累积得到。而"拒绝"权限则是在 NTFS 文件系统的访问控制列表（ACL）中添加了拒绝规则而实现的。

例如，用户 User1 同时属于 Group1 和 Group2 组，在文件夹 Folder 下有两个子文件 File1 和 File2。User1 对 Folder 有"读取"权限。Group1 对 Folder 有"读取"和"写入"权限，Group2 被授予"拒绝"对文件夹 Folder 进行"写"操作。那么 User1 的最终权限是什么？

最终，用户 User1 对 Folder 和 File1 具有"读取"和"写入"的权限，对 File2 只有"读取"权限。

3．设置标准 NTFS 权限

（1）打开 Windows 资源管理系统，右击要设置权限的文件夹，如文件夹 Folder。在弹出菜单中选择【属性】命令，在随后出现的【属性】对话框中单击【安全】选项卡，可以在如图 2.7 所示的选项卡上进行 NTFS 权限设置。

默认的权限是从父文件夹（或磁盘分区）继承来的，如图中的"Administrators"用户的权限中显示为灰色阴影，就是继承而来的权限。在创建文件或文件夹后，Windows 会向该对象分配默认权限。

（2）单击【编辑】按钮打开【Folder 的权限】对话框，如图 2.8 所示，可以设置、查看、更改或删除文件和文件夹权限都是围绕着用户或组来进行的，所做的操作是授予用户或组对文件或文件夹的访问控制权限。不同的用户或组对同一个文件或文件夹会有不同的访问控制权限。

图 2.7 【安全】选项卡

图 2.8 设置 Folder 的权限

(3) 执行下列操作之一。
- 要设置未显示在【组或用户名】框中的组或用户的权限，则单击【添加】按钮。键入要为其设置权限的组或用户的名称，然后单击【确定】按钮，如图 2.9 所示。

如果希望以选取的方式添加用户和组账户名称，可以单击【高级】按钮，在如图 2.10 所示的对话框中单击【对象类型】按钮缩小搜索账户类型的范围，然后单击【位置】按钮指定搜索账户的位置，最后单击【立即查找】按钮。

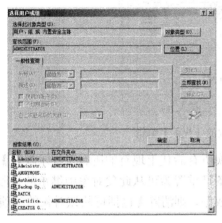

图 2.9　选择用户或组　　　　　　图 2.10　查找选择用户或组

- 若要更改或删除现有组或用户的权限，则单击该组或用户的名称。

(4) 执行下列操作之一。
- 若要允许或拒绝权限，则在【Folder 的权限】对话框中选择【允许】或【拒绝】复选框。
- 若要从【组名或用户名】框中删除用户或组，则单击【删除】按钮。

4．设置 NTFS 特殊权限

通常标准 NTFS 权限可以提供足够的安全访问控制能力，如果需要设置更加精确的安全权限可以使用 NTFS 特殊权限。

(1) 右键单击对其设置高级或特殊权限的对象，以文件夹 Folder 为例。单击【属性】，然后单击【安全】选项卡。单击【高级】按钮，然后单击【更改权限】，弹出如图 2.11 所示对话框。

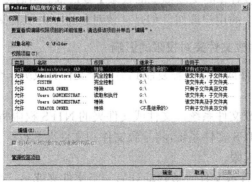

图 2.11　高级安全设置的【权限】选项卡

(2) 在【权限项目】框中选择用户或组，而后单击【编辑】按钮。在【添加】中可以加入需要授予权限的用户或组，在【编辑】中设置用户或组的权限。删除现有组或用户及其特殊权限可以单击【删除】按钮，如图 2.12 所示。

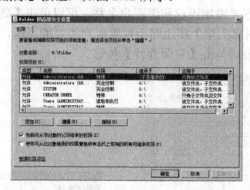

图 2.12 高级安全设置的【权限】编辑

如果选中【使用可从此对象继承的权限替换所有后代上现有的所有可继承权限】复选框，则所有子文件夹和文件都会将其所有权限条目重置为可从此父对象中继承的权限。若要配置安全，使子文件夹和文件无法继承这些权限，则清除【包括可从该对象的父项继承的权限】复选框。

2.3.2 NTFS 权限的继承性

1. NTFS 权限的继承性

继承权限是从父对象传播到对象的权限。也就是说授予父文件夹的任何权限也将作用于包含在该文件夹下的文件和子文件夹。继承权限可以减轻管理权限的任务，并且确保给定容器内所有对象之间的权限一致性。如果访问控制用户界面各个部分中的【允许】和【拒绝】权限复选框在您查看对象的权限时显示为灰色，则该对象具有从父对象继承的权限。如果想要对象不同于父对象的权限，有以下三种方式可对继承权限进行更改。

- 对明确定义权限的父对象进行更改，然后子对象将继承这些权限。
- 选择"允许"权限替代继承的"拒绝"权限。
- 清除【包括可从该对象的父项继承的权限】复选框。然后便可对权限进行更改或删除"权限"列表中的用户或组。但是，该对象将不再从其父对象继承权限。

2. 移动和复制文件或文件夹对权限的影响

（1）复制操作。当文件或文件夹被复制到另一个文件夹或另一个磁盘分区中，对 NTFS 权限产生的影响如下：

复制目的地是 NTFS 文件系统，文件或文件夹的 NTFS 权限将被保留。

复制目的地是非 NTFS 文件系统，将导致文件和文件夹的权限丢失。这是因为非 NTFS 文件系统不支持 NTFS 权限。

（2）移动操作。当文件或文件夹被移动到另一个文件夹或另一个磁盘分区中，对 NTFS 权限产生的影响如下：

复制目的地是 NTFS 文件系统，此文件和文件夹会保留在原位置的一切 NTFS 权限。因为移动操作实际就是将文件复制到新位置，而后删除原来的文件。

复制目的地是非 NTFS 文件系统，文件或文件夹丢失它们的 NTFS 权限。

2.3.3 共享文件夹权限管理

网络发展的原动力就是共享资源，当 NTFS 磁盘分区上的资源共享到网络中时，NTFS 权限和共享权限都会影响用户获取网上资源的能力。应利用共享文件夹的权限和 NTFS 权限进行组合，提供更加安全的访问控制。

共享文件夹权限经常用于管理具有 FAT32 文件系统的计算机或其他不使用 NTFS 文件系统的计算机。共享权限和 NTFS 权限是独立的，不能彼此更改。对共享文件夹的最终访问权限是考虑共享权限和 NTFS 权限条目后确定的。然后，才应用更为严格的权限。

共享文件夹权限具有以下特点：

（1）共享文件夹权限只针对于文件夹，不应用于单独的文件。

（2）共享文件夹权限仅应用于通过网络访问资源的用户。这些权限不会应用到在本机登录的用户。

（3）在 FAT/FAT32 文件系统中网络资源被安全访问的唯一方法是共享文件夹权限。

（4）默认的共享文件夹权限是读取，被授予 Everyone 组，如图 2.13 所示。

图 2.13　Everyone 的权限

共享文件夹权限的含义如表 2.4 所示。

表 2.4　共享文件夹权限

权　限	允许访问的类型
读取	读取权限是指派给 Everyone 组的默认权限。查看文件名和子文件夹名、查看文件中的数据和属性、运行程序文件
更改	添加文件和子文件夹、修改文件中的数据和属性、删除子文件夹和文件，以及执行"读取"权限所允许的操作
完全控制	完全控制权限是指派给本机上的 Administrators 组的默认权限。完全控制权限除允许全部读取权限外，还具有更改权限。与 NTFS 权限一样，如果赋予某用户或用户组拒绝的权限，该用户或用户组的成员将不能执行被拒绝的操作

共享权限只对通过网络访问的用户有效。当一个共享文件夹设置了共享权限和 NTFS 权限后，从网络访问的用户就要受到两种权限的控制，有效权限是最严格的权限（也就是两种权限的交集）。如果两个权限有冲突问题，如共享权限为"只读"，NTFS 权限是"写入"，那么最终权限是完全拒绝，这是因为两个权限的组合权限是两个权限的交集。

也可以将 Everyone 组的共享权限设置为"完全控制"，完全依赖 NTFS 权限来限制访问。

2.3.4 文件的加密与解密

加密文件系统（EFS）是 Windows 的 NTFS 文件系统下的一项功能，用于将信息以加密格式存储在硬盘上。加密是 Windows 所提供的保护信息安全的最强的保护措施。

Windows Server 2008 操作系统中包含的加密文件系统（EFS）是以公钥加密为基础的，每个文件都是使用随机生成的文件加密密钥进行加密的，此密钥独立于用户的公钥/私钥对，该私钥是基于用户的，即该私钥只属于进行加密操作的用户，其他用户的私钥是无法解密该文件的。即使其他用户改变了文件的权限或属性，或者得到了文件的所有权也无法将文件解密，加密后的文件不能被共享使用。无论是本地驱动器中存储的文件，还是远程文件服务器中存储的文件，都可以使用 EFS 进行加密和解密。

EFS 的一些重要功能：

（1）操作十分简单，只需选中文件或文件夹属性中的复选框即可启用加密。如果不再希望对某个文件实施加密，清除该文件的属性中的复选框即可。

（2）在系统的后台运行，对于用户和程序是透明的。

（3）可以控制被授权的用户才能够读取这些文件。

（4）EFS 自动解密文件。在关闭文件时文件即被加密，但是当打开这些文件时，文件将会自动处于备用状态。

（5）数据恢复功能。加密密钥的列表文件被"恢复代理"的公共密钥再次加密，可以有多个恢复代理，每一个恢复代理都有不同的公共密钥，但至少需要一个恢复代理，用以恢复加密文件。

1. EFS 加密文件或文件夹

具体操作过程如下：

（1）选择需要加密的文件或文件夹，右键单击该文件夹，单击【属性】选项。在弹出的【属性】对话框中单击【高级】按钮。

（2）在弹出的【高级属性】对话框中，选择【加密内容以便保护数据】，然后单击【确定】按钮，如图 2.14 所示。

（3）出现【确认属性更改】对话框，如图 2.15 所示。选择【仅将更改应用于此文件夹】，系统将只对文件夹加密，里面的内容并没有经过加密，但是在其中创建的文件或文件夹将被加密。选择【将更改应用于此文件夹、子文件夹和文件】，文件夹内部的所有内容被加密。

（4）单击【确定】按钮，文件夹颜色会以彩色显示，完成加密。

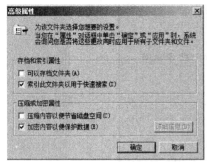 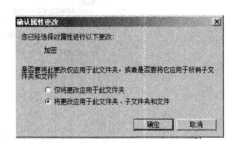

图 2.14　利用 EFS 加密文件　　　　图 2.15　确认属性更改

注意：加密和压缩属性不可同时选择。文件的解密与加密操作一样。

2．备份文件加密证书和密钥

当用户重新安装操作系统，或者由于其他原因文件加密证书和密钥丢失了，则用户将再也无法访问原来加密的文件了。这就需要事先备份好用户的密钥，当需要打开加密文件时，只将备份的密钥导入系统即可。

（1）在【开始】|【运行】中输入"certmgr.msc"打开证书控制台对话框，如图 2.16 所示。

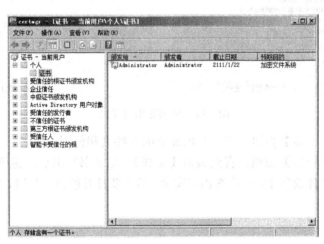

图 2.16　证书控制台对话框

（2）在【证书—当前用户\个人\证书】对话框中展开【个人】|【证书】。这时可以看到右侧的窗口中出现当前用户名命名的证书。这个证书只有在使用 EFS 加密过文件后才会产生。选择该证书，单击右键，在弹出菜单中选择【所有任务】，并且【导出】。

（3）弹出【证书导出向导】对话框后单击【下一步】按钮，选择【是，导出私钥】，单选按钮如图 2.17 所示。

（4）单击【下一步】按钮，进入【导出文件格式】对话框。单击【个人信息交换—PKCS#12（.PFX）】单选按钮，再单击【下一步】按钮，指定要导出的文件名，如图 2.18 所示。

（5）单击【下一步】按钮，设置在导入证书时需要的密码。如果密码丢失，将无法导入证书。

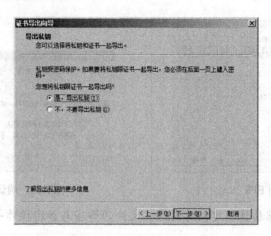

图 2.17 证书导出向导一

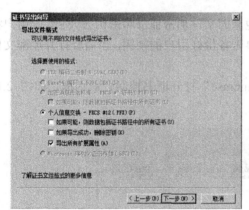 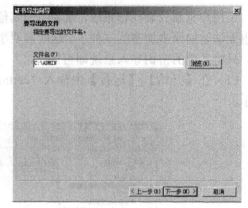

图 2.18 证书导出向导二

（6）单击【下一步】按钮，设置导出证书的文件名和位置。

（7）单击【下一步】按钮，直到最后【完成】。将证书导出后，建议将它保存在安全的磁盘或可移动媒体设备上，保障密钥的安全。当需要打开解密文件时，可以将证书导入。

2.4 Windows Server 2008 主机安全

2.4.1 使用安全策略

Windows server 2008 安全策略是一组预先定义好的，用来保护计算机资源和信息资源的系统行为。所以安全策略非常类似于日常生活中的法律法规。安全策略保护用户合法地使用计算机资源，防止非法用户给系统带来恶劣的破坏。

这里主要阐述 Windows server 2008 安全策略中本地安全策略的设置和基于域安全策略的设置。

1．本地安全策略

本地安全策略设置仅应用于本地计算机及登录到该计算机的所有用户。本地计算机指的就是用户登录执行 Windows Server 2008 的计算机，计算机在没有活动目录集中管理的情况下本地管理员必须为计算机设置本地安全。系统管理员可以通过设置地安全策略，保证 Windows Server 2008 计算机的安全。

Windows Server 2008 在【管理工具】对话框中通过设置【本地安全策略】控制台，可以集中管理本地计算机的安全设置原则，如图 2.19 所示。

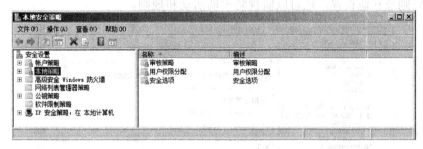

图 2.19　本地安全策略设置对话框

（1）【用户权限分配】是 Windows Server 2008 指派用户账户或组账户管理计算机中某项任务，如图 2.20 所示。系统管理员可以利用【用户权限分配】单独为用户账户或组指派权限。例如，将用户或组加入【从网络访问此计算机】，则该用户和组可以通过网络连接到计算机。相反的设置是【拒绝从网络访问此计算机】，此安全设置确定要防止哪些用户通过网络访问计算机。如果用户账户同时属于这两个设置，则禁止访问权限大于允许访问权限。

图 2.20　用户权限指派策略设置

（2）【安全选项】提供给用户日常工作中经常需要的系统安全的配置，如图 2.21 所示。

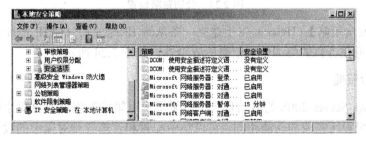

图 2.21　安全选项设置

(3)【高级安全 Windows 防火墙】高级安全性的 Windows 防火墙结合了主机防火墙和 IPSec 的特点。与边界防火墙不同，Windows 防火墙在每台运行 Windows Server 2008 的计算机上运行，并对可能穿越外围网络或源于组织内部的网络攻击提供本地保护。它还提供计算机到计算机的连接安全，可以对通信要求身份验证和数据保护。

高级安全性的 Windows 防火墙使用两组规则配置其如何响应传入和传出流量。防火墙规则确定允许或阻止哪种流量。连接安全规则确定如何保护此计算机和其他计算机之间的流量。如图 2.22 所示，通过使用防火墙配置文件（根据计算机连接的位置应用），可以应用这些规则及其他设置，还可以监视防火墙活动和规则。

图 2.22　高级安全性的 Windows 防火墙

(4)【公钥策略】用来管理 NTFS 中 EFS 非对称加密体系。它主要的任务有：计算机中的证书的请求、创建和发布证书信任列表、建立常见的受信任的根证书颁发机构和添加加密数据恢复代理，如图 2.23 所示。

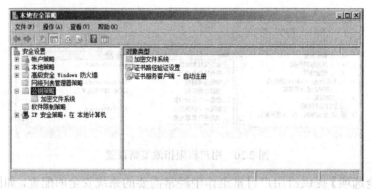

图 2.23　公钥策略设置

(5)【IP 安全策略】（IPSec）用于建立一条从源 IP 地址到目标 IP 地址安全可信的通信通道。计算机在各自的终端处理信息的安全性，如图 2.24 所示。

2．域安全策略

在 Windows Server 2008 的活动目录中，采用"组策略"规定用户和计算机的使用环境，与注册表配置所完成的功能相同。可以集中配置和管理各种对象中的设置，非常方便灵活且功能强大。

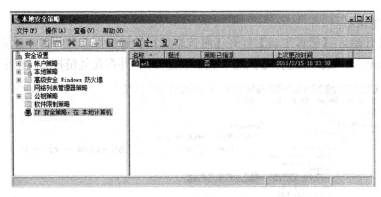

图 2.24　IP 安全策略设置

组策略的设置加强了整个域或网络共同的策略。组策略不仅应用于用户账户、组、计算机和组织单位，还应用于成员服务器、域控制器及管理范围内的其他计算机。一个对象可能有多个组策略来创建动态环境。

组策略对整个计算机或用户的设置涉及面很广，是计算机或用户的安全设置的集合。例如，组策略设置定义了系统管理员需要管理的用户桌面环境的各种组件，为特定用户组创建特殊的桌面配置、开始菜单选项、应用程序的自动分发和安装、用户账户和组的权限设置等。同时 Windows Server 2008 提供了一些安全性模板，即可以针对计算机所处的角色来实施，也可以自己定制安全模板。

可在控制台（MMC）中加入组策略编辑器创建组策略对象，组策略对象又与选定的活动目录对象相关联，如图 2.25 所示。

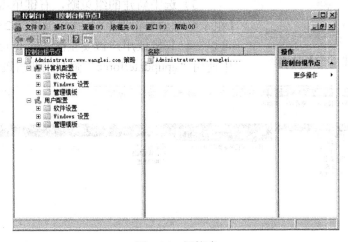

图 2.25　组策略

组策略包括两个部分：用户和计算机。
- 用户配置策略：所有有关用户账户的策略，当用户登录和刷新组策略时生效。用户从域中任何一台计算机上使用该账户登录，其安全策略的配置都是相同的。
- 计算机配置策略：所有有关计算机的策略，当计算机重新启动或刷新组策略时生效。任何一个用户账户登录到该计算机上，其安全策略的配置都是相同的。

1)创建组策略

(1)在【开始】|【管理工具】打开【组策略管理】对话框,选择需要建立组策略的组织单位,student,右击鼠标选择【在这个域中创建 GPO 并在此处链接】,如图 2.26 所示。

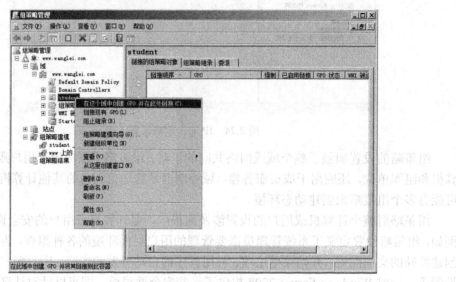

图 2.26 【组策略管理】对话框

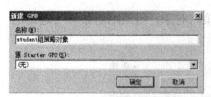

图 2.27 【新建 GPO】对话框

(2)在打开的对话框中给新建的组策略命名,如图 2.27 所示。

(3)选中新建的组策略,右键单击【编辑】打开【组策略管理编辑器】对话框,如图 2.28 所示。在这里可以对计算机或用户做安全配置。也可以在【运行】中使用"gpupdate/force"强制刷新组策略。

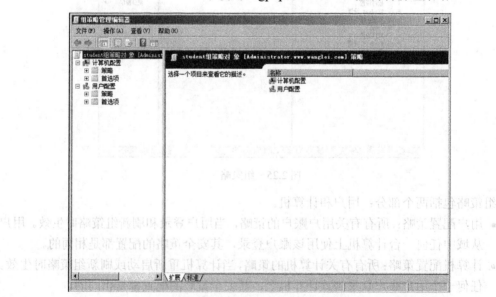

图 2.28 【组策略管理编辑器】对话框

2）删除组策略

当不需要原先设置的组策略时，可以在【组策略管理】对话框中，右击要删除的组策略，在弹出的选项中选择【删除】，如图 2.29 所示。

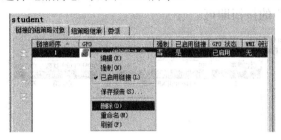

图 2.29　删除组策略

3）设置组策略选项

（1）组策略继承。在一个对象上可以建立多个组策略，组策略之间是有继承关系的。下层的组策略继承上层组策略，这样能够减少管理员统一设置组策略的任务，也可以保持组策略的一致性。如果要保留单独的组策略，也可以在对象上阻止继承关系，如图 2.30 所示。

图 2.30　组策略的继承关系

（2）组策略禁用。对于暂时不需要的组策略可以选择禁用的方式，若有需要时可以重新链接，在【组策略管理】中选择需要禁用的组策略，选择【详细信息】，选择【GPO 状态】为【已禁用所有设置】，如图 2.31 所示。

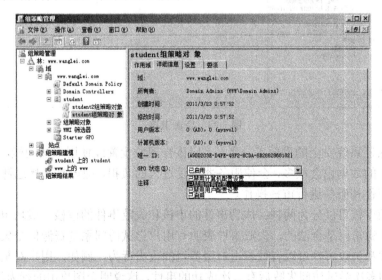

图 2.31　设置 GPO 状态

（3）组策略优先级的调整。一个对象上设置了多个组策略时，最好每个组策略都是定义不同的安全策略。如果有相同的策略，将会执行优先级高的组策略。在图 2.32 中选中组织单元 OU，如 student。在【链接的组策略对象】选项卡中选择需要调整的组策略，单击"向上"或"向下"的按钮即可。

图 2.32　调整组策略的优先级

2.4.2　设置系统资源审核

在 Windows Server 2008 中提供了审核功能，是安全策略的组成部分，用于收集和追踪各种信息和特定的事件，监视和分析有无入侵和攻击的现象。审核事件的数据有利于保护操作系统的安全性和对故障进行排除，如图 2.33 所示。

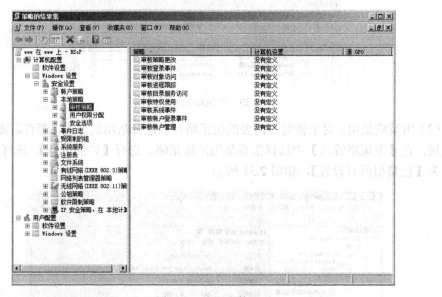

图 2.33　资源审核

审核是保证系统安全的重要工具之一，应该合理地设置或使用审核功能，否则审核的事件过多产生的数据也会很多，会使服务器承受过大的负担。应该有选择地针对关键的用户、文件、事件和服务进行审核操作。

对事件的审核可以分为两种：成功事件的审核和失败事件的审核。成功事件标志着用户对计算机资源访问是合法的，失败事件表明有用户尝试访问系统资源但是失败了。综合分析成功事件和失败事件可以有效查出对服务器的攻击行为。例如，用户对某个计算机资源超乎寻常的多次尝试访问失败后有一次成功的事件，这说明企图攻击的行为最后成功了。

1. 审核策略对象

审核监视被审核对象对某项任务的操作是成功的还是失败的。系统管理员应关注这些操作的类型，这有利于了解用户对系统的安全所做的各种行为。

Windows Server 2008 允许设置的审核策略包括以下几项。

审核策略更改：审核用户权限或审核策略的更改。

审核登录事件：审核用户登录或注销计算机的每个事件。

审核对象访问：审核用户访问对象的时间及访问的类型。例如，审核对文件、文件夹、注册表项、打印机等访问的事件。使用文件系统对象【属性】对话框中的【安全】选项卡，可以在该对象上设置审核功能。

审核进程跟踪：审核事件的详细跟踪信息，如程序激活、进程退出、句柄复制及间接对象访问。

审核目录服务访问：审核用户访问 Active Directory 对象的事件。

审核权限使用：审核用户执行用户权限的每个实例。

审核系统事件：审核用户重新启动或关闭计算机时或者在发生影响系统安全或安全日志的事件。

审核账户登录事件：审核用户登录或注销另一台计算机（用于验证账户）的每个实例。

审核账户管理：审核计算机上的每个账户管理事件。例如，创建、更改或删除用户账户；重命名、禁用或启用用户账户；设置或更改密码。

2. 设置资源审核

设置资源审核可以了解系统资源的使用情况。另外，为了让事件监视器的安全日志记录资源的使用行为，就必须在审核策略中打开对"审核对象访问"的审核，安全日志才记录资源审核的结果（只能在 NTFS 分区上设置资源审核，FAT 文件系统不支持审核）。

对文件或文件夹设置资源审核的操作如下：

（1）打开【Windows 资源管理器】对话框。右击需要设置审核的对象，如 c:\Folder 文件夹。

（2）在弹出菜单中选择【属性】选项，并打开【安全】选项卡，而后单击【高级】选项。

（3）在出现的【高级安全设置】对话框中，单击【审核】选项卡。在【审核】选项卡中，单击【编辑】按钮，如图 2.34 所示。

（4）单击【添加】按钮，在出现的【选择用户、计算机或组】对话框中，选择要审核的用户、计算机或组，如"Administrator"，单击【确定】按钮，如图 2.35 所示。

（5）在系统打开【审核项目】对话框中列出了可审核的事件，选择对该资源的不同操作的成功事件或失败事件的审核，如图 2.36 所示。

（6）定义完对象的审核策略后，单击【确定】按钮，审核立即开始。

3. 查看安全记录

安全记录记录被审核的事件，通过事件查看器可以查看每一条安全记录。

执行【开始】|【程序】|【管理工具】|【事件查看器】命令，也可以在命令行对话框中输入"eventvwr.msc"，打开【事件查看器】查看安全记录，如图 2.37 所示。

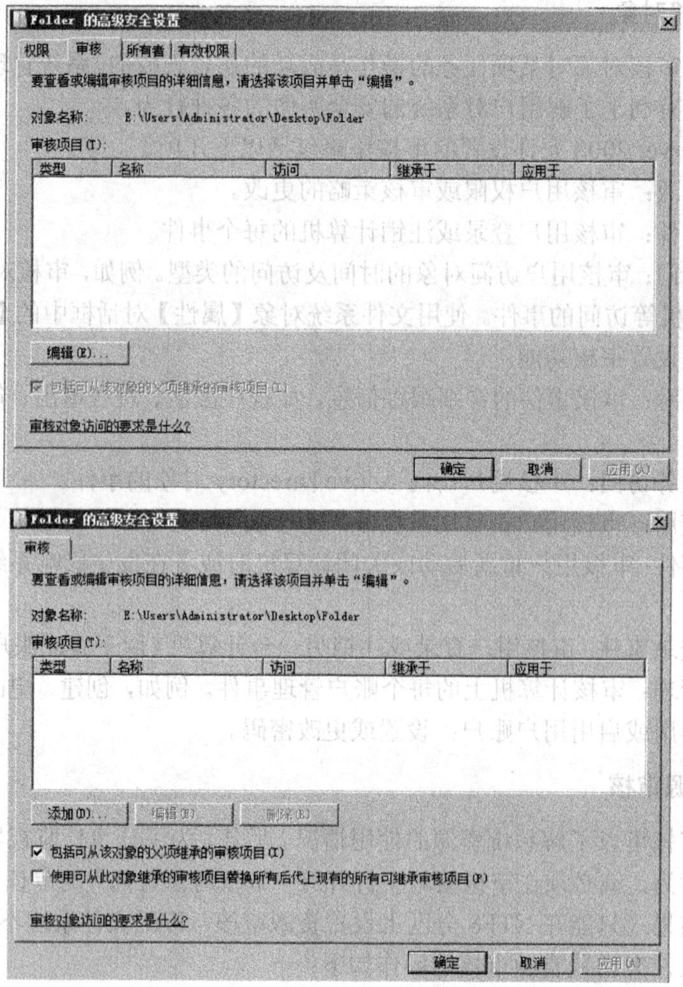

图 2.34 【审核】选项卡

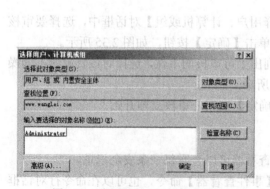

图 2.35 选择用户、计算机或组

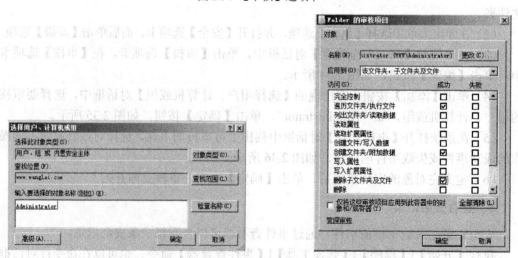

图 2.36 审核项目

图 2.37 事件查看器

安全记录中常见的事件属性，如图 2.38 所示。

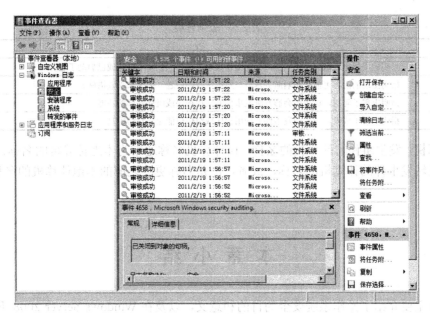

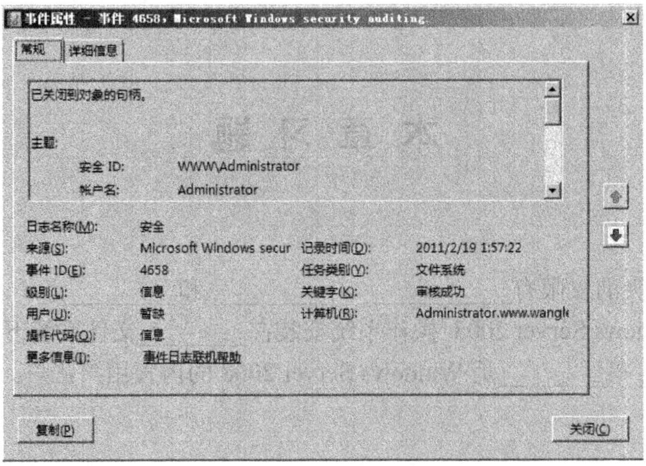

图 2.38 事件属性

来源：记录事件的软件。可以是程序名（如 "SQL Server"），也可以是系统或大型程序的组件（如驱动程序名）。

事件 ID：标识特定事件类型的编号。

级别：事件严重性的分类。

用户：事件发生所代表的用户的名称，如表 2.5 所示。

记录时间：记录事件的日期和时间。

任务类别：用于表示事件发行者的子组件或活动。

关键字：可用于筛选或搜索事件的一组类别或标记。示例包括"网络"、"安全"或"未找到资源"。

表 2.5 级别分类

级别	事件
信息	指明应用程序或组件发生了更改,如操作成功完成、已创建了资源或已启动了服务
警告	指明出现的问题可能会影响服务器或导致更严重的问题(如果未采取措施)
错误	指明出现了问题,这可能会影响触发事件的应用程序或组件外部的功能
关键	指明出现了故障,导致触发事件的应用程序或组件可能无法自动恢复

计算机:发生事件的计算机的名称。该计算机名称通常为本地计算机的名称,但是它可能是已转发事件的计算机的名称,或者可能是名称更改之前的本地计算机的名称。

本章小结

本章主要介绍了操作系统安全的目的和意义,以及在 Windows Server 2008 下用户账户的安全设置、文件系统的安全属性配置和访问控制、文件的加密与解密、操作系统主机的安全策略和审核的操作。

本章习题

一、填空题

1. 共享文件夹的权限有_____、_____和_____。
2. 推荐 Windows Server 2008 操作系统安装在_____文件系统下。
3. _____和_____是 Windows Server 2008 的内置用户账户。

二、简答题

1. 简述 NTFS 文件系统的特点?
2. 如何阻止文件权限的继承。
3. 在 NTFS 文件系统中移动或复制文件时,权限有什么变化?
4. 保护 Windows Server 2008 文件系统的安全措施有哪些?
5. 如何审核用户操作文件的事件?
6. 阐述在 Windows Server 2008 中如何设置用户的密码,确保密码的安全性。
7. 用户 user 同时属于 group1 和 group2 组,而 group1 和 group2 组对共享文件夹 Folder 的 NTFS 权限和共享权限如表 2.6 所示。

请回答:

(1) user 从网络访问时获得的权限是什么?
(2) user 从本地访问时获得的权限是什么?

表 2.6　group1 和 group2 的权限

权　　限	用户（组）	group1（user）	group2（user）
共享权限		读取	更改
NTFS 权限		完全控制	读取
本地访问权限		完全控制	读取

实训 2　Windows Server 2008 操作系统的安全配置

一、实训目的

1．掌握本地安全策略的设置。
2．掌握域安全策略的配置。
3．掌握审核策略的配置，能够查看安全性日志。

二、实训要求

1．实现基本账户策略。
2．设置安全选项。
3．审核用户对文件的操作。

三、实训环境

局域网环境下，在安装有 Windows Server 2008 的 PC 上完成本实训。

四、实训步骤

1．打开本地安全策略

在 Windows Server 2008 计算机中，执行【开始】|【管理工具】|【本地安全策略】命令打开本地安全策略，如图 2.39 所示。

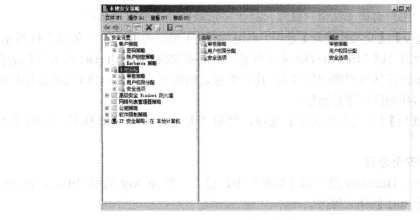

图 2.39　本地安全策略

2. 实现基本的用户账户策略

（1）启用"密码必须符合复杂性要求"。选择【账户策略】|【密码策略】选项，启用"密码必须符合复杂性要求"，如图 2.40 所示。测试此安全策略是否有效。在【计算机管理】|【本地用户和组】中，添加一个用户账户 stu1，并设置简单密码，如"abc"。系统会提示：不符合密码复杂性要求。按照本章节讲述的复杂密码的原则，设置一个符合要求的复杂密码。

（2）设定"账户锁定阈值"。选择【账户锁定策略】|【账户锁定阈值】选项，将阈值设置为 3 次，如图 2.41 所示。同时设置 "复位账户锁定计数器"和"账户锁定时间"，为快速验证效果设置值为 1 分钟。用 stu1 账户登录，故意输入错误密码来测试该策略是否符合设定要求。

图 2.40　启用"密码必须符合复杂性要求"

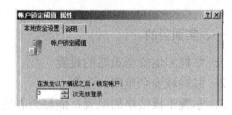

图 2.41　设置"账户锁定阈值"

3. 设置用户账户安全选项

通过设置安全策略来提高用户账户的安全，增加入侵的难度。

（1）禁止使用 Gust 账户，对 Administrator 账户进行更名。

选择【安全选项】|【账户】选项，禁用"来宾用户账户"，如图 2.42 所示，同时"重命名系统管理员账户"，如图 2.43 所示。

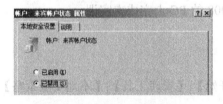

图 2.42　禁用"来宾用户账户"

图 2.43　"重命名系统管理员账户"

（2）防止用户账户名被非法用户获取，禁止显示最后登录的用户名称。

选择【安全选项】|【交换式登录】选项，启用"不显示最后的用户名"，如图 2.44 所示。

（3）强制使用组合键 Ctrl+Alt+Del 才能登录，不是必须按 Ctrl+Alt+Del 就可以登录会使用户易于受到企图截获用户密码的攻击。用户登录之前需按 Ctrl+Alt+Del 可确保用户输入其密码时通过信任的路径进行通信。

选择【安全选项】|【交换式登录】选项，禁用"无须按 Ctrl+Alt+Del"，如图 2.45 所示。

4. 计算机的安全设置

（1）在"Active Directory 用户和计算机"中，建立一个 student 的组织单元，在该组织单元下建立一个 stu1 的用户账户。

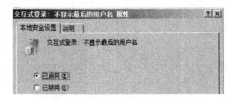
图 2.44　启用"不显示最后的用户名"

图 2.45　禁用"无须按 Ctrl+Alt+Del"

（2）为 student 设置组策略。参照本章"域安全策略"中介绍的"组策略"的设置方法，给 student 组织单元创建一个组策略，选择【用户配置】|【管理模板】|【"开始"菜单和任务栏】选项，如图 2.46 所示。

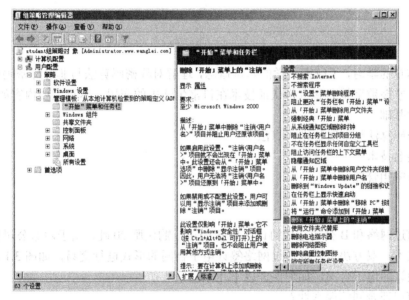

图 2.46　设置组策略

（3）启用【删除「开始」菜单上的"注销"】。
（4）在域中使用 stu1 账户登录，检查该配置是否生效。

5．文件的操作

（1）开启审查策略，选择【审核策略】|【审核对象访问】选项，审核成功和失败的事件类型。
（2）在 NTFS 文件系统下的分区中，选择需要审核的文件。
（3）对文件的操作进行审核，本章在 "设置资源审核"介绍了该操作。
（4）记录"Administrator"用户写入该文件"成功"和"失败"操作信息的功能。
（5）最后在【事件查看器】中查看审核的结果。

五、思考题

1．本地安全策略和域安全策略的效果有什么样的区别？
2．可以审核的事件还有哪些？
3．事件查看器如何使用？
4．用户账户与安全策略的关系是什么？哪些账户可以设置和管理安全策略？

第3章 密码学技术基础

【知识要点】

通过对本章的学习，了解密码学的基本概念，理解对称密码算法与非对称密码算法中的典型算法，掌握数字签名和身份认证技术在日常生活中的应用。本章主要内容如下：

- 密码学基础
- 对称密码算法与非对称密码算法
- 数字签名技术
- 认证与密钥管理

【引例】

A 公司通过网络和 B 公司达成协议，从 B 公司订购化肥 20 吨，由于两家公司相隔较远，为节省成本，双方决定采取通过网络签订电子合同的形式进行交易，如图 3.1 所示。但问题是，签订的电子合同，如何保证以下几点：

（1）如何保证合同的保密性？

（2）如何保证签订电子合同双方身份的真实性？

（3）如何保证签订的电子合同在网络传输过程中，不会被篡改，即接收方收到的电子合同与发送方发来的合同是一模一样的？

（4）如何保证电子合同上的电子签名，具有和手写签名相同的效果，而且双方事后都不能反悔和抵赖？

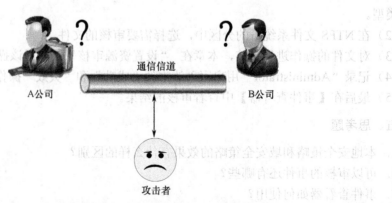

图 3.1 无法保障安全的 A 公司和 B 公司的交易过程

最后，双方公司通过可信任的第三方电子商务平台，使用数字签名和身份认证技术解决了以上问题，双方顺利签订合同，交易很成功，而且节约了很多费用，如图 3.2 所示。

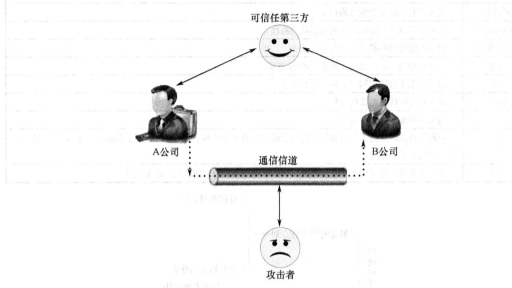

图 3.2 有可信任第三方的 A 公司和 B 公司的交易过程

在以上的案例中，电子合同签订可能存在哪些安全问题？A 公司和 B 公司是如何保证电子合同的保密性、双方身份的确定性、合同的完整性和不可抵赖性的？试述你所了解的在网络应用中数据加密的一些例子。

3.1 密码学基础

密码学是一门既古老又新兴的学科，它研究计算机信息加密、解密及其变换，通过各种手段将可识别的信息转变为无法识别的信息，是数学和计算机的交叉学科。随着计算机网络和计算机通信技术的发展，密码学得到前所未有的重视并迅速普及和发展起来。

3.1.1 密码学术语

密码学（Cryptology）一词是由希腊字根"隐藏"和"信息"组合而成的。现在泛指所有与保密通信相关的研究。

密码学包括密码编码学和密码分析学。密码编码学的主要内容是密码体制的设计，密码分析学的主要内容是密码分析技术。密码编码技术与密码分析技术相互依存、相互支持并且密不可分。如表 3.1 所示是密码学中常见的术语。

密码算法的分类多种多样，常见的有按密钥的特点、按明文处理方式进行分类，如图 3.3 所示。

表 3.1 密码学中常见的术语

术 语	含 义
密码学	研究信息系统安全保密的科学
密码编码学	研究对信息进行编码，实现对信息的隐藏
密码分析学	研究加密消息的破译或消息的伪造
明文	可以识别的文本，又称为消息，用 M 表示
密文	被加密无法直接识别的文本，用 C 表示
加密	用某种方法伪装明文的过程
解密	将密文转变为明文的过程
算法	即密码算法，是用于加密和解密的数学函数，通常包括两个函数，一个用于加密，用 E 表示；另一个用于解密，用 D 表示
密钥	是一种参数，是在加密算法函数或解密算法函数中所输入的数据，用 K 表示

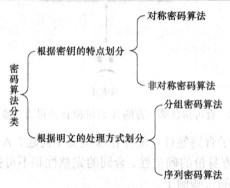

图 3.3 密码算法的分类

其中对称密码算法是指加密和解密使用相同密钥的算法，其加密和解密过程如图 3.4 所示，其典型代表算法为 DES 算法；非对称密码算法是指加密和解密使用不同密钥的算法，两个密钥之间很难相互推导，其中一个密钥是公开的，称为公开密钥，简称公钥，另一个密钥必须保密，称为私人密钥，简称私钥，其加密和解密过程如图 3.5 所示，其典型代表算法为 RSA 算法。

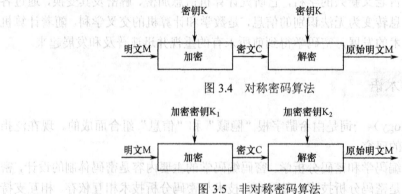

图 3.4 对称密码算法

图 3.5 非对称密码算法

分组密码算法是将明文分成固定长度的组，用同一密钥和算法对每一块加密，输出固定长度的密文；序列密码算法又称流密码算法，与分组密码算法不同的是，该算法每次仅对 1bit 或 1byte 的明文进行加密。

密码学的发展大致经历了三个阶段,如图 3.6 所示。

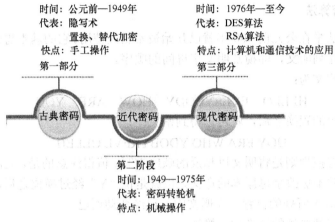

图 3.6 密码学的发展史

古典密码中具有代表性的隐写术是利用洋葱或隐写墨水使需要保密的信息暂时性掩藏,我国古代利用藏头/藏尾诗的方法来传递机密信息也是隐写术的一种。

近代密码中具有代表性的是密码转轮机,又称为隐匿之王,如图 3.7 所示。该机器是第二次世界大战时期德国常用的密码设备,由键盘、转子和显示器组成,是一种结合了机械系统和电子系统的电子器件,当时被认为是最可靠的加密系统之一,最后被英国情报机构破译。

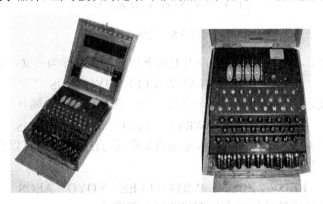

图 3.7 密码转轮机

现代密码中具有代表性的是 1976 年美国斯坦福大学电气工程系的研究员迪菲(Whitfield Diffie)和教授赫尔曼(Martin Hellman)联名发表的著名论文《密码学的新方向》及 1978 年 RSA 算法和 DES 算法的出现,标志着密码学理论和技术的革命性变革,宣布了现代密码学的开始。

以下章节中将对古典密码中的置换、替代加密及现代密码中的对称密码算法、非对称密码算法等密码技术进行介绍。

3.1.2 置换加密和替代加密算法

传统加密法主要由两个动作所组成,一个是置换(Transposition),另一个是替代

（Substitution）。这两个动作构成了其他更为复杂的传统加密方法。

1. 置换加密算法

置换加密算法早在公元前 400 年就已开始被希腊人使用。它的基本思想是按照某种特定的规则来重新排列明文，即搅乱明文字母间的顺序。

例如，原始明文为：

HELLO EVERYBODY HOW ARE YOU

经过一个简单的置换之后，就可以得到密文：

UOY ERA WHO YDOBYREVE OLLEH

上述实例的置换规则是将明文以相反的顺序重写。值得注意的是，此法仅改变字母之间原有的顺序而并不更改字母原本的意义。也就是说"Y"经过换位之后，仍代表原来的字母"Y"。只是原本所处的位置（在明文中）已经变动而已。

下面将介绍三种典型的置换加密算法。

（1）铁轨法。铁轨法要求明文的长度必须为 4 的倍数，若明文不符合此项条件则可在明文尾部加上一些字母以符合加密的条件。例如，"HELLO EVERYBODY HOW ARE YOU"这段明文便不满足此条件（空白不计），故可以在尾端加上字母"S"使得明文的长度变成 4 的倍数。然后，就可以将明文写成如图 3.8 所示的形式。

H L O V R B D H W R Y U
E L E E Y O Y O A E O S

图 3.8 铁轨法

根据图 3.8 所示，依序由左而右再由上而下地写出字母即为密文，表示如下：

HLOVRBDHWRYUELEEYOYOAEOS

为了方便起见，可以将密文每 4 个字母一组，其间可以空白隔开：

HLOV RBDH WRYU ELEE YOYO AEOS

当接收者收到此密文之后，由于事先知道加密的方法，因此，可以将密文以一直线从中分为两个部分，如下所示：

HLOV RBDH WRYU|ELEE YOYO AEOS

然后左右两半依序轮流读出字母便可还原获得明文。

（2）路游法。该方法实际是铁轨法的变形。它同样要求明文的长度是 4 的倍数。然后，将调整过的明文依次从左往右、由上至下的顺序填入方格矩阵中。从而可以得到如表 3.2 所示的矩阵。

表 3.2 路游法运算矩阵

H	E	L	L	O	E
V	E	R	Y	B	O
D	Y	H	O	W	A
R	E	Y	O	U	S

得到此矩阵后，便可依照事先规定的路径来游走矩阵并输出所经过的字母，就可以得

到密文。

如果以图 3.9 所示路径进行游走，则可以得到如下的密文：

EOASUWBOLYOOYHRLEEYERDVH

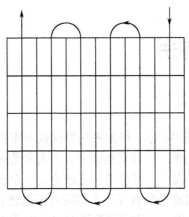

图 3.9　游走路径

该方法的安全性主要是取决于排列路径与游走路径的设计，但必须注意的是排列路径与游走路经不可以相同，否则便无法加密了。

（3）密钥法。此法最大的好处是将加密者与解密者双方所持有的加、解密信息具体化。该算法首先将明文填入一个矩阵（如表 3.2 所示），然后，任意挑选一个密钥，例如，以"THANKS"单词作为加密和解密双方的共同密钥。有了密钥以后，就可以将此密钥书写于矩阵上方，得到表 3.3。

表 3.3　密钥法运算矩阵

T	H	A	N	K	S
H	E	L	L	O	E
V	E	R	Y	B	O
D	Y	H	O	W	A
R	E	Y	O	U	S

最后就可以按照加密密钥中字母的排列顺序分别依序读出其相对应的列便可得到密文，在本例中，按照"SNAKTH"所对应列的顺序生成密文即可：

EOASLYOOLRHYOBWUHVDREEYE

2. 替代加密算法

置换加密算法的基本思想是改变明文字母之间的相对位置，对于每一个字母而言，其意义不变。替代加密算法的思想与置换加密算法的思想完全相反，它并不改变明文中字母的位置，而是用其他的字母或符号来代替明文中的字母。

例如，假设明文的字母集是大写的 26 个英文字母，即（A, B, C, …, Z），而替代方式如下：密文中的 Z 代表明文中的 A，Y 代表明文中的 B，依此类推。因此，若明文为：

HELLO EVERYBODY HOW ARE YOU

则其相对的密文为（空白不计）：

SVOOLVEVIBXLWBSLDZIVBLF

3.2 对称密码算法

3.2.1 对称密码概述

对称密码算法又叫传统密码算法、秘密密钥算法或单密钥算法。对称密码算法的加密密钥能够从解密密钥中推算出来，反过来也成立。在大多数对称算法中，加密、解密密钥是相同的。它要求发送者和接收者在安全通信之前商定一个密钥，因此，对称密码算法的安全性依赖于密钥，泄漏密钥就意味着任何人都能对消息进行加密、解密，图3.4所示为对称密码算法的基本原理。所以，对称密码算法的安全性并不够高，它只能用于安全性要求不高的场合，正因为它存在缺陷，非对称密码算法应运而生。

对称密码算法最常见的是DES和3DES，此外，还有IDEA、RC等其他算法，本部分重点介绍DES算法。

对称密码常用的数学运算包括以下6种。

1. 移位和循环移位

将一段二进制数码按照规定的位数整体性的左移或右移。循环右移就是当右移时，把数码的最后的位移到数码的最前头，循环左移则相反。

2. 置换

将数码中的某一位的值根据置换表的规定，用另一位代替。它不像移位操作那样整齐有序，看上去杂乱无章。

3. 扩展

将一段数码扩展成比原来位数更长的数码。扩展方法有多种，如可以用置换的方法，以扩展置换表来规定扩展后的数码每一位的替代值。

4. 压缩

将一段数码压缩成比原来位数更短的数码。压缩方法有多种，如可以用置换的方法，以表来规定压缩后的数码每一位的替代值。

5. 异或

这是一种二进制布尔代数运算。异或的数学符号为 $\oplus$，它的运算法则如下：

$$1 \oplus 1 = 0 \quad 0 \oplus 0 = 0 \quad 1 \oplus 0 = 1 \quad 0 \oplus 1 = 1$$

6. 迭代

迭代是指多次重复相同的运算，这在密码算法中经常使用，它使得密文更加难以破解。

3.2.2 DES 算法

1. DES 算法概述

DES 是 Data Encryption Standard（数据加密标准）的缩写。它是由 IBM 公司在 1975 年研制成功的一种对称密码算法。DES 是一个分组加密算法，它以 64 位为分组对数据进行加密。64 位一组的明文从算法的一端输入，64 位一组的密文从另一端输出。该算法密钥的长度为 56 位（密钥通常表示为 64 位的数，但是每个第 8 位都被用作奇偶校验），密钥可以是任意的 56 位的数，而且可以在任意时候改变。目前，这种 56 位密钥空间的 DES 算法已经被认为是不安全的、无法抵挡入侵者攻击的算法，因此，它不会出现在安全性要求较高的场合。

2. DES 算法的原理

DES 算法加密过程如图 3.10 所示，其加密过程为：DES 使用 56 位密钥对 64 位数据块进行加密，进行 16 轮编码。在每轮编码中，一个 48 位的"每轮"密钥值由 56 位的完整密钥求得，在每轮编码过程中，64 位数据和每轮密钥值被输入到一个称为"S"的盒中，并由一个压码函数对数位进行编码。此外，在每轮编码开始、完成及每轮之间，64 位数码被一种特别的方式置换（即打乱数位顺序）。在每一步处理中都需要从 56 位的主密钥中得出一个唯一的轮次密钥。最后，输入的 64 位原始数据被转换成 64 位被完全打乱的输出数据，但是，可以利用解密算法（即加密过程的逆过程）将其转换成输入时的状态。加密过程和解密过程使用相同的密钥。

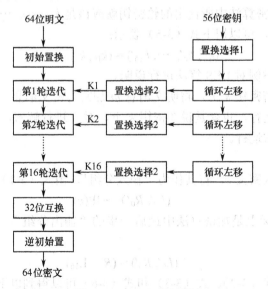

图 3.10　DES 加密过程

3.2.3 DES 算法的实现

DES 算法可以通过以下三个步骤实现：

(1) 对输入分组进行固定的"初始置换"IP,可以将该初始置换表示为式(3-1):
$$(L_0, R_0) \leftarrow \text{IP}(\text{输入分组}) \tag{3-1}$$

式(3-1)中的 L_0 和 R_0 分别称为"左(右)半分组",它们均为 32 比特的分组。注意到 IP 是固定的函数(也就是说,输入密钥不是它的参数),它是公开的,因此,这个初始置换没有明显的密码意义。

(2) 将下面的运算迭代 16 轮($i = 1, 2, \cdots, 16$):
$$L_i \leftarrow R_{i-1} \tag{3-2}$$
$$R_i \leftarrow L_{i-1} \oplus f(R_{i-1}, k_i) \tag{3-3}$$

上述公式中 k_i 称为"轮密钥",它是 56 比特输入密钥的一个 48 比特的字串,f 称为"S 盒函数"("S"表示代换,其主要作用是将输入的 6 位映射为 4 位输出,共 8 个),是一个替代加密算法。这个运算的特点是交换两半分组,也就是说,一轮的左半分组输入是上一轮右半分组的输出。交换运算实际上是一个简单的置换加密算法,目的是获得很大程度的"信息扩散",由此可见,DES 在此步骤中实际上是上一节所介绍的置换加密算法和替代加密算法的结合。

(3) 将 16 轮迭代后得到的结果(L_{16}, R_{16})输入到 IP 的逆置换来消除初始置换的影响。这一步的输出就是 DES 算法的输出,可以将该步骤利用下式表示:
$$\text{输出分组} \leftarrow \text{IP}^{-1}(R_{16}, L_{16}) \tag{3-4}$$

需要特别注意的是 IP^{-1} 的输入:在输入 IP^{-1} 之前,16 轮迭代输出的两个半分组还需要进行一次交换。

加密和解密算法都使用以上三个步骤,不同之处是如果加密算法中使用的轮密钥是 $k_1, k_2, \cdots, k_{16}$,那么解密算法中所使用的轮密钥就应该是 $k_{16}, k_{15}, \cdots, k_1$。这种排列轮密钥的方法称为"密钥表",可以用下式(3-5)表示:
$$(k_1', k_2', \cdots, k_{16}') = (k_{16}, k_{15}, \cdots, k_1) \tag{3-5}$$

为了帮助理解,举例对 DES 算法进行说明。

实例要求:在加密密钥 k 下,将明文消息 m 加密为密文消息 c,通过 DES 算法来确认解密函数是否正常运行,也就是说在密钥 k 下,对 c 进行解密,根据输出是否为 m 来判断解密函数是否正常运行。

判断过程:

解密算法首先输入密文 c,将其作为"输入分组",由式(3-1)可以得到以下结果:
$$(L_0', R_0') \leftarrow \text{IP}(c)$$

但是,由于 c 实际上是加密算法中最后一步的"输出分组",由式(3-4)可以得到式(3-6):
$$(L_0', R_0') = (R_{16}, L_{16}) \tag{3-6}$$

在第一轮中,由式(3-2)、式(3-3)和式(3-6)可以得到以下结果:
$$L_1' \leftarrow R_0' = L_{16}$$
$$R_1' \leftarrow L_0' \oplus f(R_0', k_1') = R_{16} \oplus f(L_{16}, k_1')$$

在上述两式的右边,由式(3-2)可知,L_{16} 应该用 R_{15} 代替,由式(3-3)可知,R_{16} 应该用 $R_{15} \oplus f(R_{15}, k_{16})$ 代替,根据密钥表(即式(3-5)),得到 $k_1' = k_{16}$。因此,上面两式实际上就是下面两式:

$$L_1' \leftarrow R_{15}$$
$$R_1' \leftarrow [L_{15} \oplus f(R_{15}, k_{16})] \oplus f(R_{15}, k_{16}) = L_{15}$$

因此，在第一轮解密后，可以得到：

$$(L_1', R_1') = (R_{15}, L_{15})$$

所以，在第二轮开始时，两个半分组为(R_{15}, L_{15})。

在随后的 15 轮计算中，使用相同的方法进行验证，最后将获得：

$$(L_2', R_2') = (R_{14}, L_{14}), \cdots, (L_{16}', R_{16}') = (R_0, L_0)$$

从 16 轮迭代得到的两个最后的半分组(L_{16}', R_{16}')被交换为$(L_{16}', R_{16}') = (L_0, R_0)$，然后输入到 IP^{-1} 来消除 IP 在式（3-1）中的影响。如果解密函数的输出确实就是最初的明文分组 m，则表示解密函数运行正常。

3.3 非对称密码算法

3.3.1 非对称密码算法概述

非对称密码算法也被称为公钥密码算法，其思想是由 W.Diffie 和 M.Hellman 在 1976 年提出的，它对数字签名、认证及密钥分配等有着深远影响。非对称密码算法可以有效地弥补对称密码算法的缺陷，在对称密码算法中，其安全性完全依赖于密钥，一旦密钥被泄露或截取，整个系统的安全性将形同虚设。在非对称密码算法中，发送方和接收方都拥有两个密钥，一个可对外界公开，称为"公钥"，另一个只有所有者拥有，称为"私钥"，公钥和私钥之间不能相互推导。非对称密码算法的功能主要有两个，分别是加密和签名，以下分别举例进行说明。

非对称密码算法的加密原理如图 3.11 所示。

图 3.11 非对称密码算法的加密原理

发送方和接收方各拥有一对密钥（公钥和私钥），公钥公开，用于对明文进行加密，私钥保密，用于对密文进行解密。

发送方向接收方发送文件，发送之前用接收方的公钥进行加密，因此，在通信信道上传输的是加密后的密文，接收方在获得该密文后，用自己的私钥进行解密，从而获得明文。

非对称密码算法的签名原理如图 3.12 所示。

图 3.12 非对称密码算法的签名原理

与前面的对文件进行加密不同，利用非对称密码算法进行签名是指接收方为了确定文件确实由发送方发送而进行的操作。

发送方利用自己的私钥对需要签名的文件进行签名（加密）操作，然后通过通信信道传输，接收方收到已签名的文件后，利用发送方的公钥进行验证签名（解密）操作，如果文件能够正确解密，则表明该文件确实来自发送方，否则，表明该文件并不是来自发送方。

非对称密码算法中最具有代表性的是 RSA 算法，本部分重点介绍该算法。

思考：对称密码算法和非对称密码算法有何区别？

3.3.2 RSA 算法

1978 年，美国麻省理工学院（MIT）的 Rivest、Shamir 和 Adleman 三人在题为《获得数字签名和公开钥密码系统的方法》一文中提出了 RSA 算法。它是第一个既能用于数据加密也能用于数字签名的算法。

RSA 算法是一种基于大数不可能质因数分解假设的公钥体系。简单地说，就是找两个很大的质数/素数，分别作为公钥和私钥，两把密钥互补，用公钥加密的密文可以用私钥解密，反过来也一样。下面给出一些主要原则：

(1) 选择两个大素数 p 和 q，一般要求大于 100 位数；
(2) 计算 $n = p \times q$ 和 $z = (p-1) \times (q-1)$；
(3) 选择一个与 z 互质的整数，记为 d；
(4) 计算满足下列条件的 e，即 $ed \bmod z = 1$。

在进行加密操作时，首先将待加密的明文分割成一定大小的块 P，这个 P 可以看成是一个要求 $0 \leq P \leq n$ 的整数，可以把 P 的长度设为 k，则要求 $2^k < n$。

对 P 加密就是计算 $C = P^e \bmod n$，解密则是 $P = C^d \bmod n$。可以证明，在指定范围内的 P，上述等式均成立。为了加密，需要已知 e 和 n，为了解密，需要已知 d 和 n，这样，加密密钥（即公钥）就是 (e, n)，解密密钥（即私钥）为 (d, n)。

这种方法的关键在于分解一个大数（即 n）的质因数（即 p 和 q），并且计算出 z，从理论上，这是非常困难的。据 Rivest 及他的同事们估计，分解一个 200 位的整数需要计算机 40 年的时间，而分解一个 500 位的整数需要计算机 1025 年的时间，即使现在或未来的计算机的处理能力比当时（1978 年）的强很多，也仍然存在很大困难。

3.3.3 RSA 算法的实现

为了说明该算法的工作过程，下面给出一个简单的实例，为了方便计算，实例中所取的数较小，在实际应用中，为了保证安全，所取的数字则很大。

假设 $p=3$，$q=11$，因此，$n=33$，$z=20$，选择与 20 互质的 $d=7$，对于 e，要求 $7e \bmod 20 = 1$，则可以选择 $e=3$，所以，加密过程为 $C=P^3 \bmod 33$，解密为 $P=C^7 \bmod 33$。由于 $n=33$，所以加密块大小只能为一个字节，并且假设字母 A~Z 的编码为 1~26，则对于 SUZANNE 的 RSA 加、解密如表 3.4 所示。

表 3.4 "SUZANNE" 的 RSA 加、解密

明文			密文		解密后	
符号	数字	P^3	$P^3 \bmod 33$	C^7	$C^7 \bmod 33$	符号
S	19	6859	28	1349292851	19	S
U	21	9621	21	1801088541	21	U
Z	26	17576	20	1280000000	26	Z
A	01	1	1	1	1	A
N	14	2744	5	78125	14	N
N	14	2744	5	78125	14	N
E	05	125	26	8031810176	5	E

从表 3.4 中可以看出 RSA 的加密和解密过程，如果解密后的符号与加密前的明文一致，则说明解密是成功的。

3.4 数字签名技术

3.4.1 数字签名概述

通常，在网络通信和电子商务中很容易发生如下问题。

（1）否认：即发送信息的一方不承认自己发送过某一信息。

（2）伪造：即接收方伪造一份文件，并声称它来自某发送方的。

（3）冒充：即网络上的某个用户冒充另一个用户接收或发送信息。

（4）篡改：即信息在网络传输过程中已被篡改，或者接收方对收到的信息进行篡改。

用数字签名（Digital Signature）可以有效地解决上述问题。所谓数字签名就是附加在数据单元上的一些数据，或是对数据单元所做的密码变换。这种数据或变换允许数据单元的接收者用以确认数据单元的来源和数据单元的完整性并保护数据，防止被人（如接收者）进行伪造。它是对电子形式的消息进行签名的一种方法，一个签名消息能在一个通信网络中传输。基于对称密码算法和非对称密码算法都可以获得数字签名，目前主要是基于非对

称密码算法的数字签名,包括普通数字签名和特殊数字签名。普通数字签名算法有 RSA、ElGamal、Fiat-Shamir、Guillou-Quisquarter、Schnorr、Ong-Schnorr-Shamir 数字签名算法、DES/DSA、椭圆曲线数字签名算法和有限自动机数字签名算法等。特殊数字签名有盲签名、代理签名、群签名、不可否认签名、公平盲签名、门限签名、具有消息恢复功能的签名等,它与具体应用环境密切相关。

3.4.2 数字签名的实现方法

1991 年 8 月,美国 NIST 公布了用于数字签名标准 DSS 的数字签名算法 DSA,1994 年 12 月 1 日正式采用为美国联邦信息处理标准,该算法的运算过程如图 3.13 所示。

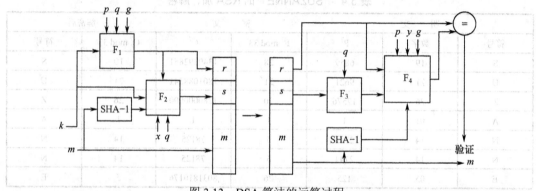

图 3.13 DSA 算法的运算过程

从图 3.13 中可知,DSA 使用的参数包括:p、q、g、k、x 和 y,其中有一些参数是公开的,有些参数是不公开的,它们具有以下特性:

(1) p 为公开的 1024 位长的素数;

(2) q 为公开的 160 位长的素数,且为 $p-1$ 的因子;

(3) g 为公开的,且为 1 mod p 的第 q 个根;

(4) x 是私有的,160 位密钥;

(5) y 是公开的,512 位密钥,且 $y = g^x \bmod p$;

(6) k 是私有的,160 位随机数。

其中 SHA-1 是一种安全散列算法,其特点将在 3.4.3 节中进行介绍。DSA 中的 4 个函数使用以上 6 个参数和消息的 SHA-1 散列值 h(即 SHA-1$(m) = h$)来建立整个验证过程。附加在消息上的签名由值(r, s)组成,它们的定义为:

$$F_1: r = (g^k \bmod p) \bmod q$$
$$F_2: s = k^{-1}(h+xr) \bmod q$$

验证使用(r,s)的过程为:

$$F_3: t = s^{-1} \bmod q$$
$$F_4: r' = (g^{ht}y^{rt} \bmod p) \bmod q$$

若 $r = r'$,则表示消息得到验证。其具体原因为:

$$(g^{ht}y^{rt} \bmod p) \bmod q = (g^{ht}(g^x)^{rt} \bmod p) \bmod q \quad (使用替换 y = g^x \bmod p)$$

$$= (g^{(h+xr)t} \bmod p) \bmod q \quad （指数合并）$$
$$= (g^{kst} \bmod p) \bmod q \quad （因为 s = k^{-1}(h+xr) \bmod q）$$
$$= (g^k \bmod p) \bmod q \quad （因为 t = s^{-1} \bmod q）$$
$$= r$$

3.4.3 其他数字签名技术

1. 安全 Hash 函数

从技术上来讲，数字签名其实就是通过一个单向散列函数（也称 Hash 函数）对要传送的报文（或消息）进行处理产生别人无法识别的一段数字串，这个数字串用来证明报文的来源并核实报文是否发生了变化。Hash 函数是提供判断电子信息完整性的依据，同时，它还是防止信息被篡改的一种有效方法。

单向 Hash 函数用于产生信息摘要。信息摘要简要地描述了一份较长的信息或文件，它可以被看作一份长文件的"数字指纹"。信息摘要用于创建数字签名，对于特定的文件而言，信息摘要是唯一的。信息摘要可以被公开，它不会透露相应文件的任何内容。MD4 和 MD5（MD 表示信息摘要，Message Digest）是由 Ron Rivest 设计的专门用于加密处理的，并被广泛使用的 Hash 函数。

MD5 以 512 位分组来处理输入的信息，且每一分组又被划分为 16 个 32 位子分组，经过一系列的处理后，算法的输出由 4 个 32 位分组组成，将这 4 个 32 位分组级联后将生成一个 128 位散列值（即 128 位的信息摘要）。MD5 可以对任何文件产生一个唯一的 MD5 验证码，每个文件的 MD5 码就如同每个人的指纹一样，都是不同的，这样，一旦这个文件在传输过程中其内容被损坏或被修改，那么这个文件的 MD5 码就会发生变化，通过对文件 MD5 的验证，可以得知获得的文件是否完整。

2. 电子邮戳

在交易文件中，时间是十分重要的因素，需要对电子交易文件的日期和时间采取安全措施，以防文件被伪造或篡改。电子邮戳服务是计算机网络上的安全服务项目，由专门机构提供。电子邮戳是时间戳，是一个经加密后形成的凭证文档，它包括以下三个部分：

（1）需加邮戳的文件的摘要（digest）；
（2）ETS（Electronic Timestamp Server）收到文件的日期和时间；
（3）ETS 的数字签名。

时间戳产生过程为：用户首先将需要加时间戳的文件用 Hash 编码加密形成摘要，然后将该摘要发送到 DTS，DTS 在加入了收到文件摘要的日期和时间信息后再对该文件加密（数字签名），最后送回用户。

由 Bell core 创造的 DTS 采用下面的过程：加密时将摘要信息归并到二叉树的数据结构，再将二叉树的根值发表在报纸上，这样便有效地为文件发表时间提供了佐证。注意，书面签署文件的时间是由签署人自己写上的，而数字时间戳则不然，它是由认证单位 DTS 加上的，以 DTS 收到文件的时间为依据。因此，时间戳也可作为科学家的科学发明文献的时间认证。

3. 数字证书

数字签名很重要的机制是数字证书（Digital Certificate 或 Digital ID），数字证书又称为数字凭证，是用电子手段来证实一个用户的身份和对网络资源访问的权限的。在网上的电子交易中，如双方出示了各自的数字凭证，并用它来进行交易操作，那么双方都可不必为对方身份的真伪担心。数字凭证可用于电子邮件、电子商务、群件和电子基金转移等各种用途。数字证书是一个经证书授权中心数字签名的包含公开密钥拥有者信息及公开密钥的文件。最简单的数字证书包含一个公开密钥、名称及证书授权中心的数字签名。一般情况下，数字证书中还包括密钥的有效时间、发证机关（证书授权中心）的名称和证书的序列号等信息，证书的格式遵循 ITU-T X.509 国际标准。

(1) X.509 数字证书包含的内容如下：

① 证书的版本信息；
② 证书的序列号，每个证书都有一个唯一的证书序列号；
③ 证书所使用的签名算法；
④ 证书的发行机构名称，命名规则一般采用 X.509 格式；
⑤ 证书的有效期，现在通用的证书一般采用 UTC 时间格式，它的计时范围为 1950～2049；
⑥ 证书所有人的名称，命名规则一般采用 X.509 格式；
⑦ 证书所有人的公开密钥；
⑧ 证书发行者对证书的签名。

(2) 数字证书的三种类型如下：

① 个人凭证（Personal Digital ID），它仅仅为某一个用户提供凭证，以帮助其个人在网上进行安全交易操作。个人身份的数字凭证通常是安装在客户端的浏览器内的，并通过安全的电子邮件来进行交易操作。

② 企业（服务器）凭证（Server ID），它通常为网上的某个 Web 服务器提供凭证，拥有 Web 服务器的企业就可以用具有凭证的 Web 站点（Web Site）来进行安全电子交易。有凭证的 Web 服务器会自动地将其与客户端 Web 浏览器通信的信息加密。

③ 软件（开发者）凭证（Developer ID），它通常为互联网中被下载的软件提供凭证，该凭证用于微软公司的 Authenticode 技术（合法化软件）中，以使用户在下载软件时能获得所需的信息。

3.5 密钥管理

密钥管理是指处理密钥自产生到最终销毁的整个过程中的有关问题，包括系统的初始化、密钥的产生、存储、备份、恢复、装入、分配、保护、更新、控制、丢失、吊销和销毁等内容。其中，密钥的分配是管理中的重点。

3.5.1 单钥加密体制的密钥分配

密钥的分配技术解决的是网络环境中需要进行安全通信的端实体之间建立密钥的问题。两个用户在用私钥体制进行通信时，必须有一个共享的秘密密钥。为防止入侵者得到密钥，还必须经常更新密钥。对于通信方 A 和 B 来说，获得共享密钥的方法主要由以下几种：

（1）密钥由 A 选定，然后通过物理的方法安全地传递给 B。
（2）密钥由可信的第三方 C 选定，然后通过物理的方法安全地传递给 A 和 B。
（3）如果 A 和 B 每人都有一个和可信的第三方 C 的加密连线，C 就可以通过加密连线把密钥传递给 A 和 B。
（4）如果 A 和 B 都在可信的第三方 C 发布自己的公开密钥，则他们可以通过公开密钥加密进行通信。

前两种方式采用人工方式进行分配，虽然在网络通信中人工操作是不实际的，但在个别情况下是可行的，比如对用户主密钥的配置，使用人工的方式更可靠。后两种方式是网络环境中经常使用到的分配方式。特别是第四种方式，由于存在一个双方都可信的第三方，因此只要双方分别与可信第三方建立共享密钥，再无需在彼此双方之间建立共享密钥，从而大大减少了必需的共享密钥的数量，降低了密钥分配的代价。这个可信的第三方通常是一个专门为用户分配密钥的密钥分配中心 KDC（Key Distribution Center）。每个用户必须和 KDC 有一个共享密钥，称为主密钥。通过主密钥分配给一对用户的密钥称为会话密钥，用于这对用户间的保密通信。通信完成，会话密钥立刻被销毁。借助密钥分配中心进行密钥分配的方式如图 3.14 所示。

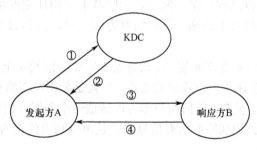

图 3.14 KDC 进行密钥分配

假设发起方 A 和响应方 B 分别与 KDC 有一个共享主密钥 K_A 和 K_B，A 希望通过与 B 建立一个连接进行保密通信。那么可以通过以下步骤得到一个共享的会话密钥：

（1）A 向 KDC 发送一个建立会话密钥的请求消息。此消息除了包含 A 和 B 的身份标识外，还有一个识别这次呼叫的唯一性标识 N_1。N_1 可以是时间戳、某个计数器的值或一次性随机数，N_1 的值应难以猜测并且每次呼叫所用的 N_1 必须互不相同，以抵抗假冒和重放攻击。

（2）KDC 向 A 回复一个用 A 的主密钥 K_A 加密的应答消息。在这个消息中，KDC 为 A 与 B 即将进行的通信生成一个密钥 K_e，并用 A 的主密钥 K_A 加密消息，同时还用 B 的

主密钥 K_B 产生一个加密包 $E_{KB}[K_e, ID_A]$。因此，只有 A 和 B 通过解密此消息中的相应部分获得密钥 K_e。此外，此消息还包含了第（1）步中的消息唯一性标识符 N_1，它可以使 A 将收到的消息和发出的消息进行比较，若匹配，则可断定此消息不是重放的。

（3）A 解密出密钥 K_e，但 A 并没有直接将 K_e 当作会话密钥，而是重新选择一个会话密钥 K_s，再选择一个一次性随机数 N_2 作为本次呼叫的唯一性标识符，并用 K_s 加密 N_2，再用 K_e 加密 K_s 和 $E_{ks}[N_2]$，然后将加密的结果连同第（2）步中收到的加密包 $E_{KB}[K_e, ID_A]$ 一起发送给 B。

（4）B 从第（3）步收到的消息中解密出 K_e 和 ID_A，由 ID_A 可以识别消息来源的真实性，然后用 K_e 解密出 K_s，再用 K_s 解密出 N_2。最后，B 对 N_2 做一个事先约定的简单变换（如加 1），并且将变换结果用 K_s 加密发送回给 A。A 如果能用 K_s 解密出 N_2+1，则可断定 B 已经知道本次通信的会话密钥 K_s，并且 B 在第（3）步收到的消息不是一个重放消息，密钥分配结束，A 和 B 可在 K_s 的保护下进行保密通信。

3.5.2 公钥加密体制的密钥分配

在公钥密码的相关协议中，总是假设已经掌握了对方的公开密钥。事实上，虽然公钥密码体制的优势之一就在于密钥管理相对简单，但要保证公钥或公共参数的真实性或其真实性是可以验证的，还需要有一套科学的策略和方法才能够实现。

公开密钥的分发方法包括以下 4 种。

1．公开分发

由于公钥体制的公开密钥不需要保密，因此任何用户都可以将自己的公开密钥发送给其他用户或接在某个范围内广播。例如，一些基于公钥体制的系统允许用户将自己的公开密钥附加在发送的消息上传递，使通信对方或对自己公钥感兴趣的其他用户很容易获取。

公开分发的突出优点是非常简便，密钥分发不需要特别的安全渠道，降低了密钥管理的成本。然而，该方法也存在一个致命的缺点，那就是公钥发布的真实性和完整性难以保证，容易造成假冒的公钥发布。任何用户都可以伪造一个公钥并假冒他人的名义发布，然后解读所有使用该假冒公钥加密的所有信息，并且可以利用伪造的密钥通过论证。

2．使用公钥目录分发

使用公钥目录分发是指建立一个公开、动态、在线可访问的用户公钥数据库（称为公钥目录），让每个用户将自己的公开密钥安全地注册到这个公钥目录中，并由可信的机构（称为公钥目录管理员）对公钥目录进行维护和管理，确保整个公钥目录的真实性和完整性。每个用户都可以通过直接查询公钥目录获取他感兴趣的其他用户的公开密钥。

这种方法比每个用户都自由发布自己的公开密钥更安全，但公钥目录可能会成为系统的脆弱点，除了可能成为性能瓶颈之外，公钥目录自身的安全保护也是一个大问题。一旦攻击者攻破公钥目录或获取了目录管理员的管理密钥，就可以篡改或伪造任何用户的公钥，进而既可以假冒任一用户与其他用户通信，又可以监听发往任一用户的消息。

3. 在线安全分发

针对公钥目录的不足，对其运行方式进行安全优化，引入认证功能对公钥访问加以控制，可以增强公钥分配的安全性。与使用公钥目录分发类似，这种改进的方法需要一个可信的公钥管理机构来建立、维护和管理用户公钥数据库，并且每一个用户都可靠地知道公钥管理机构的公开密钥，而对应的私钥只有公钥管理机构自己知道。当用户通过网络向公钥管理机构请求他需要的其他用户公钥时，公钥管理机构将经过其私钥签名的被请求公钥回送给请求者，请求者收到经公钥管理机构签名的被请求公钥后，用已经掌握的公钥管理机构的公钥对签名进行验证，以确定该公钥的真实性，同时还需要使用时间戳或一次性随机数来防止对用户公钥的伪造和重放，保证分发公钥的新鲜性。请求者可以将经过认证的所有其他用户公钥存储在自己本地磁盘上，以备再次使用时无需重新请求，但还必须定期与公钥管理机构保持联系，以免错过对已存储用户公钥的更新。

这是一种在线安全分发方案，由于限制了用户对公钥数据库的自由查询，并使用数字签名和时间戳对分发公钥进行保护，因此提高了公钥分配的安全性。但从另一个角度考察这种方案，其缺点也是明显的，一是公钥管理机构必须时刻在线，准备为用户服务，这为公钥管理机构的建设增加了难度，使其与公钥目录一样可能成为系统性能的瓶颈；二是要保证所有用户与公钥管理机构间的通信连接时刻畅通，确保任何用户随时可以向公钥管理机构请求他需要的用户公钥，这要求整个网络具有良好的性能；三是公钥管理机构仍然是被攻击的目标，公钥管理机构自己的私钥必须绝对安全。

4. 使用公钥证书分发

如果对每个用户的公开密钥进行安全封装，形成一个公钥证书，然后通信各方通过相互交换公钥证书来实现密钥分发，则不需要在每次通信时都与公钥管理机构在线联系，且能够获得同样的可靠性和安全性。这里有一个前提，即公钥证书必须真实可信，不存在伪造和假冒的可能。因此，通常由专门的证书管理机构 CA 为用户创建并分发公钥证书，证书内容包含了与持有人公钥有关的全部信息，如持有人的用户名、持有人的公钥、证书序列号、证书发行 CA 的名称、证书的有效起止时间等，当然最关键的还是证书发行 CA 对证书的数字签名，以保证证书的真实可靠性。另外，与封装在一个公钥证书中的用户公钥相对应的私钥只有该用户本人掌握。在通信过程中，如果一方需要将自己的公钥告知对方，则只需将自己的公钥证书发送给对方即可，对方收到公钥证书后用证书发行 CA 的公钥去验证证书中的签名，即可识别证书的真伪，同时可判断证书是否还在有效期内。

这种方案称为使用公钥证书分发，它是一种离线式的公钥分发方法，每个用户只需一次性与 CA 建立联系，将自己的公钥注册到 CA 上，同时获取 CA 的证书证实公钥，然后由 CA 为其产生并颁发一个公钥证书。用户收到 CA 为其生成的公钥证书后，可以将证书存储在本地磁盘上，如果其私钥不泄密，则在证书的有效期内可以多次使用该证书而无需再与 CA 建立联系。也就是说，一旦用户获得一个公钥证书，以后用证书来交换公钥是离线方式的，不再需要 CA 参与。这种公钥分配方法的优势很明显：一是证书管理机构的压力显著降低，每个用户只是偶尔与证书管理机构发生联系；二是公钥分配的可靠性和效率都大大提高，由于每个用户的公钥证书都是经过 CA 签名的，因此只要掌握了 CA 的证书证实公钥就可以方便地识别出证书的真伪，而且对证书内容的任何轻微改动都能被轻易地检查出来,杜绝了伪造和假冒的可能,同时公钥的分配是通过证书的交换来实现的,通信各方随时可以交换各自的公钥证书,省去了许多烦琐的步骤,简化了分配的过程,提高了公钥分配的效率。使用公钥证书分配用户公钥是当前公钥分配的最佳方案。

3.5.3 用公钥加密分配单钥体制的会话密钥

虽然利用公钥证书能够在通信各方之间方便地交换密钥,然而由于公钥加密的速度远比单钥加密慢,从而导致通信各方通常不直接采用公钥体制进行保密通信。但是,将公钥体制用于分配单钥体制的会话密钥却是非常合适的。

图 3.15 描述了如何利用公钥加密分配单钥体制的会话密钥。图中,PK_X 和 SK_X 分别表示用户 X 的公钥和私钥,$CERT_X$ 代表用户 X 的公钥证书。这个过程具有保密性和认证性,既能防止被动攻击,又能抵抗主动攻击。

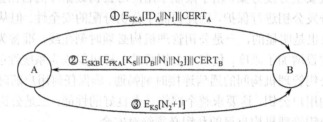

图 3.15 用公钥加密分配会话密钥

第一步,用户 A 将自己的身份 ID_A 和一个一次性随机数 N_1 用自己的私钥 SK_A 加密,并附上自己的公钥证书 $CERT_A$ 一起发送给用户 B。显然,这里的私钥加密不是为了保密,只是为了让对方能够更好地验证自己的公钥证书,同时还可以抵抗对消息的篡改。

第二步,用户 B 验证收到的消息,并从中提取对方的公钥 PK_A 和一次性随机数 N_1,然后选取一个会话密钥 K_S 和一个新的一次性随机数 N_2,将 K_S 与自己的身份 ID_B 及 N_1 和 N_2 一起先用对方的公钥 PK_A 加密,再用自己的私钥 SK_B 签名,并附上自己的公钥证书回送给用户 A。这个消息实现保密与认证的结合,A 收到消息后可以从中获得一个机密的会话密钥 K_S,同时确信这个会话密钥一定来自 B。

第三步,A 验证收到的消息,并解密出会话密钥 K_S 和一次性随机数 N_2,然后对 N_2 做一简单变换(如减 1),再将变换的结果用 K_S 加密发送给用户 B。若 B 能从第三步收到的消息中解密出 N_2+1,则可相信 A 已经与其共享了会话密钥 K_S,会话密钥的分配工作结束。

3.6 认证

认证是证实某人或某个对象是否有效合法的过程,它不同于身份识别和授权。在非保密的计算机网络中,验证远程用户或实体是合法授权用户还是恶意的入侵者就属于认证问题。实际上，认证是对通信对象的验证，授权则是验证用户在系统中的权限，而识别则是判别通信对象是何种身份。本部分主要介绍身份认证、Kerberos 认证和基于 PKI 的身份认证。

3.6.1 身份认证

身份认证，也称为身份甄别。身份认证是对网络中通信双方的主体进行验证的过程。身份认证可以分为本地和远程两类。本地用户认证是指实体在本地环境的初始化鉴别。远程用户认证是指连接远程设备、实体和环境的实体鉴别。通常将本地鉴别结果传送到远程。

通常有三种方法验证主体身份：
（1）只有该主体了解的秘密，如口令、密钥；
（2）主体携带的物品，如智能卡和令牌卡；
（3）只有该主体具有的独一无二的特征或能力，如指纹、声音、视网膜图或签字等。
显然，单独用一种方法进行认证是不充分的。

常见的认证机制为基于密码算法的认证和非密码的认证。这里重点介绍非密码的认证，常见的非密码认证包括：基于口令的认证、询问—应答认证、基于地址的认证、基于个人特征的认证及智能卡认证。

1. 基于口令的认证

口令认证技术是最简单、最普遍的身份识别技术，如各类系统的登录等。

口令具有共享秘密的属性，是相互约定的代码，只有用户和系统知道。例如，用户把他的用户名和口令送服务器，服务器操作系统鉴别该用户。

口令有时由用户选择，有时由系统分配。通常情况下，用户先输入某种标志信息，如用户名和 ID 号，然后系统询问用户口令，若口令与用户文件中的相匹配，用户即可进入访问。

目前各类计算资源主要靠固定口令的方式来保护。这种以固定口令为基础的认证方式存在很多问题，它可能被人猜测、窃听等，因此，固定的口令不是强有力的认证手段。除非使用一次性口令，才能增强安全性。

2. 基于个人特征的认证

基于个人特征的认证也叫生物特征识别技术，是根据人体本身所固有的生理特征、行为特征的唯一性，利用图像处理技术和模式识别等方法来达到身份鉴别或验证目的的一门科学。

人体的生理特征包括面相、指纹、掌纹、视网膜、虹膜和基因等；人体的行为特征包括签名、语音和走路姿态等。

生物特征识别主要有面相识别、指纹识别、掌纹识别、虹膜识别、视网膜识别、话音识别和签名识别等。

一个典型的生物特征识别系统如图 3.16 所示。

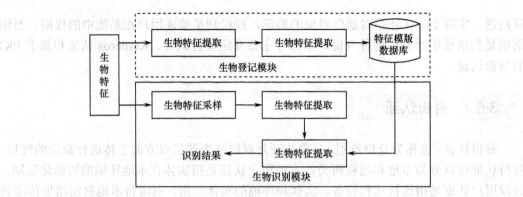

图 3.16 典型的生物识别系统

3. 智能卡认证

智能卡是一种将具有加密、存储、处理能力的集成电路芯片镶嵌于塑料基片中，封装成卡的形式。智能卡的具体结构如图 3.17 所示。

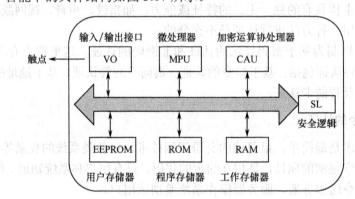

图 3.17 智能卡的结构图

智能卡具有以下特点：
（1）强大的运算处理能力；
（2）智能卡芯片能够有效抵御电子探测攻击和物理攻击；
（3）芯片自锁功能；
（4）全球唯一序列号；
（5）智能卡芯片提供了硬件随机数发生器；
（6）硬件时钟定时器是软件设计、反跟踪等软件保护手段中必备的功能；
（7）智能卡操作系统 COS 主要有通信管理、文件管理、安全管理和应用管理 4 部分。

3.6.2 Kerberos 认证

Kerberos 是由麻省理工学院开发的网络访问控制系统，它是一种完全依赖于密钥加密的系统范例。Kerberos 主要的功能用于解决保密密钥管理与分发的问题。

每当某一用户一次又一次地使用同样的密钥与另一个用户交换信息时，将会产生下列两种不安全的因素。

（1）如果某人偶然地接触到了该用户所使用的密钥，那么，该用户曾经与另一个用户交换的每一条消息都将失去保密的意义，没有什么保密可言了。

（2）某一用户所使用的一个特定密钥加密的量越多，则相应地提供给偷窃者的内容也越多，这就增加了偷窃者成功的机会。

因此，人们一般要么仅将一个对话密钥用于一条信息或一次与另一方的对话中，要么建立一种按时更换密钥的机制尽量减少密钥被暴露的可能性。

另外，如果在一个网络系统中有 1000 个用户，他们之间的任何两个用户需要建立安全的通信联系，则每一个用户需要 999 个密钥与系统中的其他人保持联系，可以想象管理这样一个系统的难度有多大。这还仅仅是让每一对人使用单独的密钥，还未考虑允许不同的对话密钥。

上述问题就是共享密钥管理和分发的问题，这正是 Kerberos 需要解决的问题。

Kerberos 建立在一个安全的、可信任的密钥分发中心（Key Distribution Center，KDC）的概念上。与每个用户都要知道几百个密码不同，使用 KDC 时用户只需知道一个保密密钥——用于与 KDC 通信的密钥。Kerberos 的工作原理如下。

整个 Kerberos 系统由认证服务器 AS、票据许可服务器 TGS、客户机和应用服务器 4 部分组成。Kerberos 第 5 版协议如图 3.18 所示。

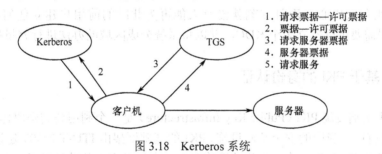

图 3.18　Kerberos 系统

1. 凭证

Kerberos 使用两类凭证：票据和鉴别码。

（1）票据用来在认证服务器和用户请求的服务之间传递用户的身份，同时也传递附加信息用来保证使用票据的用户必须是票据中指定的用户。对单个的服务器和客户而言，票据包括了客户名、服务器名、网络地址、时间标记（又称时间戳）和会话密钥等，这些信息用服务器的密钥加密。客户一旦获得该票据，便可多次使用它来访问服务器，直到票据过期为止。

（2）鉴别码则是另外一个凭证，与票据一起发送。将鉴别码提供的信息与票据中的信息进行比较，一起保证发出票据的用户就是票据中指定的用户。鉴别码包括用户名、时间标记和一个可选的附加会话密钥等，它们用 Kerberos 服务器与客户共享的会话密钥加密。与票据不同的是，鉴别码只能使用一次。

2. 客户票据获取

客户给 Kerberos 鉴别服务器发送一个信息，该信息包括客户名及其 TGS 服务器名。Kerberos 鉴别服务器在其数据库中查找该客户，如果客户在数据库中，Kerberos 便产生了一个会话密钥。Kerberos 利用客户的密钥加密会话密钥，然后为客户产生一个许可票据 TGT（Ticket Granting Ticket）向 TGS 证实他的身份，并用 TGS 的密钥加密。鉴别服务器将这两种加密的信息，即会话密钥和许可票据 TGT 发送给客户。

3. 服务器票据获取

当客户需要一个他从未拥有的票据时，他可以向 TGS 发送一个请求。TGS 在接收到请求后，用自己的密钥解密此 TGT，然后再用 TGT 中的会话密钥解密鉴别码。最后，TGS 比较鉴别码中的信息与票据中的信息、客户的网络地址与发送的请求地址，以及时间标记与当前时间。如果每一项都吻合，便允许处理该请求。

4. 服务请求

当客户向服务器鉴别自己的身份时，客户产生一个鉴别码，并由 TGS 为客户和服务器产生的会话密钥对鉴别码加密。请求由从 Kerberos 接收到的票据和加密的鉴别码组成。服务器解密并检查票据和鉴别码，以及客户地址和时间标记。当一切检查无误后，根据 Kerberos，服务器就可以知道该客户是不是他所宣称的那个人。

从上述对 Kerberos 工作原理的介绍中可以发现，Kerberos 管理模式是一种集中权限管理模式，它意味着可以容易地加入新用户，也可以方便地删除一个用户，要做的所有事情只是更新密钥分发中心，而且立刻就没有人能再为此时的前用户建立任何新的连接。Kerberos 根据需要可以建立多个 KDC，并以将系统分成区域的办法进行容量控制。

3.6.3 基于 PKI 的身份认证

公开密钥基础设施 PKI（Public Key Infrastructure）是一个利用公钥密码体制来提供安全服务的、具有广泛应用的安全基础设施。PKI 的基础框架由 ITU-T X.509 建议标准定义。互联网工程任务组（IETF）的公钥基础设施 X.509 小组以它为基础开发了适合于互联网环境下的、基于数字证书的形式化模型（PKIX）。

PKI 提供的服务包括身份认证、数据的完整性验证、密钥管理、数据加密和抗否认性。

身份认证是 PKI 提供的最基本的服务，这种服务可以在未曾见面的实体之间进行，特别适用于大规模网络和用户群。其安全性远远超过基于密码的认证方式。

认证机构 CA（Certification Authority）是 PKIX 的核心，是信任的发源地。CA 负责产生数字证书和发布证书撤销列表，以及管理各种证书的相关事宜。通常为了减轻 CA 的处理负担，专门用另外一个单独机构，即注册机构（Registration Authority，RA）来实现用户的注册、申请及部分其他管理功能。

完整的 PKI 应由以下服务器和客户端软件构成：CA 服务器，提供产生、分发、发布、撤销、认证等服务；证书库服务器，保存证书和撤销消息；备份和恢复服务器，管理密钥历史档案；时间戳服务器，为文档提供权威时间信息。

当用户向某一服务器提出访问请求时，服务器要求用户提交数字证书。收到用户的证书后，服务器利用 CA 的公开密钥对 CA 的签名进行解密，获得信息的散列码。然后服务器用与 CA 相同的散列算法对证书的信息部分进行处理，得到一个散列码，将此散列码与对签名解密所得到的散列码进行比较，若相等则表明此证书确实是 CA 签发的，而且是完整性未被篡改的证书。这样，用户便通过了身份认证。服务器从证书的信息部分取出用户的公钥，以后向用户传送数据时，便以此公钥加密，对该信息只有用户可以进行解密。

本章小结

本章首先简要介绍了密码技术的基础知识，描述了对称密码算法和非对称密码算法的特点，并以 DES 和 RSA 算法为例对两种算法的实现进行了讲述，以 DSA 算法为例描述了数字签名的原理，在认证技术中重点讲述了非密码的认证方式，同时对 Kerberos 认证和 PKI 认证进行了说明，此外，还简要介绍了密钥管理的方法。

本章习题

一、填空题

1. 常见的认证机制为_____、_____和_____。
2. 网络安全通信中要用到两类密码算法，一类是_____，另一类是_____。
3. 密码学是_____，密码编码学是_____，密码分析学是_____。
4. DES 算法的 4 个关键点为_____、_____、_____和_____。
5. Kerberos 系统由_____、_____、_____和_____组成。
6. 数据库恢复技术的三种策略分别是_____、_____和_____。

二、简答题

1. 简述 Kerberos 工作原理。
2. CA 是什么？其职能是什么？
3. 简述 DES 算法的实现过程。
4. 对口令的攻击有哪几种方式？

实训 3　SSH 安全认证

一、实训目的

1. 了解 SSH 服务的应用特点。

2. 掌握在 Windows 中 SSH 服务器的安装、配置和使用方法。
3. 掌握在 Fedora 中 SSH 客户端的设置。

二、实训要求

1. 熟悉 freeSSHd 的安装和配置方法。
2. 熟悉 Fedora 的安装方法。
3. 能使用 Fedora 中的 SSH 执行服务器端的远程命令。

三、实训环境

- PC：标准的 X86 兼容的 PC、400MHz 或速度更快的 CPU（推荐 500MHz 以上），安装有 Windows Server 2003 的操作系统。
- 内存：最小 128MB，推荐 256MB 以上。
- 显卡：推荐使用 16 位或 32 位显卡。
- 硬盘：最少 150MB 的剩余磁盘空间，支持最大 950GB 的 IDE 或 SCSI 硬盘驱动器。
- 软件：freeSSHd 安装软件、Fedora 安装软件。

四、相关知识

SSH 是一个用来替代 TELNET、FTP 及 R 命令的工具包，主要是解决口令在网上明文传输的问题。SSH 分为两部分：客户端部分和服务端部分。服务端是一个守护进程（demon），它在后台运行并响应来自客户端的连接请求。服务端一般是 sshd 进程，提供了对远程连接的处理，一般包括公共密钥认证、密钥交换、对称密钥加密和非安全连接。其工作机制大致是本地的客户端发送一个连接请求到远程的服务端，服务端检查申请的包和 IP 地址再发送密钥给 SSH 的客户端，本地再将密钥发回给服务端，自此建立连接。

五、实训步骤

1. Windows 下 SSH 服务器的安装

SSH 服务器软件有很多种，本例中使用的是免费的 freeSSHd。

（1）从官方网站（http://www.freesshd.com/）下载 freeSSHd 的安装文件并安装。

（2）安装完成后，进入配置界面，如图 3.19 所示，确认 SSH server 正在运行状态。

（3）单击【users】选项卡，选择【ADD】命令，其界面如图 3.20 所示，设定一个访问的用户账户（如 apple），认证方式有三种，为以后通过 SSH 运行命令的方便（无需输入密码）考虑，选择 Public key 认证方式并开放其【Shell】权限。

（4）单击【Authentication】选项卡，进入认证界面。设置【Password authentication】和【Public key authentication】项均为【Allowed】或【Required】状态，如图 3.21 所示。

SSH 服务器端的基本设置完成。

2. Linux 下 SSH 客户端的设置

（1）在虚拟机中安装 Fedora 14。

Fedora 是众多 Linux 发行套件之一。它是一套从 Red Hat Linux 发展出来的免费 Linux 系统。Fedora 14 是目前 Fedora 的最新版本。

从官方网站（http://fedoraproject.org/zh_CN/）下载并安装。安装完成后的运行界面如图 3.22 所示。

图 3.19 freeSSHd 的配置界面

图 3.20 添加新用户界面

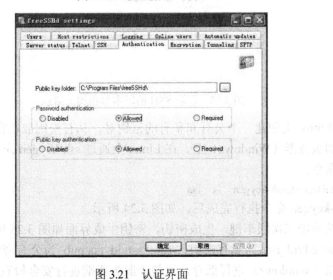

图 3.21 认证界面

图3.22 Fedora 14 的登录界面

（2）Linux 系统自带 SSH 客户端，可进入终端界面查看。

首先进入根用户，输入以下命令：

  [test@test ~]$ su

  输入安装 Fedora 时设置的用户密码

然后，查看 SSH 客户端，输入以下命令：

  [test@test ~]$ssh –v

（3）显示系统自带的 SSH 的版本号和相关信息，如图 3.23 所示。

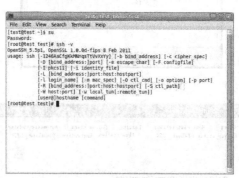

图3.23 显示 SSH 的版本号和相关信息

（4）在 Linux 上创建一个公有和私有的密钥对，私有密钥放在客户端（Linux）上，公有密钥放到服务器（Windows）上。在 Linux 上通过 ssh-keygen 命令来创建。在终端界面输入以下命令：

  [test@test ~]$ssh-keygen –t rsa

（5）ssh-keygen 命令执行完成后，如图 3.24 所示。

（6）直接单击三次回车键，生成密钥。密钥生成界面如图 3.25 所示。

其中/root/.ssh/id_rsa 为私有密钥，/root/.ssh/id_rsa.pub 为公有密钥。需要把公有密钥放到服务器端（Windows）进行保存，以便于服务器端进行安全检查。

第3章 密码学技术基础 | 87

图 3.24　执行 ssh-keygen 命令完成界面　　　　图 3.25　密钥生成界面

3．存储公钥

（1）在 freeSSHd 中单击【Authentication】选项卡，再次进入认证界面，如图 3.26 所示，找到存放公有密钥的地址【Public key folder】后的内容（如本例中为 C:\Program Files\freeSSHd\）。

图 3.26　公钥存储界面

（2）在 C:\Program Files\freeSSHd\目录下创建一个以登录用户名（本例中为 apple）为名字的文本文件，并将/root/.ssh/id_rsa.pub 文件中的内容复制到该文件中。

至此，客户端和服务器端的密钥设置完成。可以通过在 Fedora 的终端用户界面输入："ssh 服务器端的 IP"进行远程的命令执行。

第4章
VPN 技术

【知识要点】

本章主要介绍 VPN 的概念、功能类型和特点等内容。介绍了目前 VPN 主要采用 4 项技术来保证安全，这 4 项技术分别是隧道技术、加解密技术、密钥管理技术及身份认证技术。重点从 VPN 安全技术、VPN 的隧道协议、IPSec VPN 系统和 SSL VPN 等几个方面加以介绍。本章主要内容如下：

- VPN 的概念
- VPN 的安全技术
- IPSec VPN
- SSL VPN
- Windows Server 2008 下部署 PPTP VPN 案例

【引例】

某航空公司是一家以民用航空运输为主业的现代化股份制企业。截止到 2012 年年底，下设 80 多个驻外营业部。现总公司要通过与 80 多个驻外营业部构成一个有机的一体网络，来实现运行公司财务系统软件、结算系统软件、视频会议系统、办公自动化 OA 软件。这就需要一个远程网络互联的解决方案，才能解决这个问题。铺设光纤是不太可能的，因为其运营成本太高。采用基于 Internet 的 VPN 技术进行互联是个比较理想的解决方案，即只在有宽带接入的地方利用 VPN 设备通过互联网来进行公司内部网络的互联。

由于 VPN 技术方案的成熟，为企业用户提供了很好的解决之道，为企业的商业运作实现了一个可靠、安全的数据传输网络。某航空公司希望通过建立 VPN，能够实现总公司与各个驻外营业部之间业务的应用。

某航空公司根据组网的具体要求及结合 NETGEAR（网件）公司创新的 VPN 产品，早在 2003 年就已将某航空公司的 VPN 网络建设得以落实：公司总部原来已经在使用 NetScreen VPN 防火墙，现想在其他 80 多个驻外营业部通过申请动态拨号 ADSL 线路，来组建 VPN 通道以实现全国的网络互联。根据某航空公司的实际情况，要实现 80 多个驻外营业部能够相互运行财务系统软件、结算系统软件、视频会议系统、办公自动化 OA 软件的同时保证数据能安全地在公网上进行传输。某航空公司在考虑多个厂家品牌的 VPN 设备之后，最终把产品选型目标定在美国网件公司 VPN 防火墙-FVS318G。因为 NETGEAR 的

VPN 方案满足某航空公司的实际需求和将来可能的需求，即实现了某航空公司总部与各个驻外营业部之间数据和信息能够安全、高速、稳定的实时传输。

NETGEAR 公司 FVS318G VPN 方案实现了以下功能：

（1）FVS318 具有支持动态 IP 组建 VPN 网络的功能；

（2）能够实现使用方便、维护简单、费用低廉、连接快速；

（3）总部和各个驻外营业部的 INTERNET 接入安全；

（4）确保公司总部和各个驻外营业部的数据在 INTERNET 传输时，能实现机密性、完整性和可用性；

（5）确保网络连接和 VPN 通道的稳定、高效、便于维护和管理；

（6）VPN 系统建设的重点要保证公司总部与各个驻外营业部数据传输安全，不受到攻击。

4.1 VPN 技术概述

4.1.1 VPN 的概念

虚拟专用网（Virtual Private Network，VPN）被定义为通过一个公用网络（如 Internet）建立一个临时的、安全的连接，是一条穿过混乱的公用网络的安全、稳定的隧道。虚拟专用网不是真的专用网络，但却能够实现专用网络的功能。VPN 指的是依靠 ISP（Internet 服务提供商）和其他 NSP（网络服务提供商），在公用网络中建立专用的数据通信网络的技术。在虚拟专用网中，任意两个节点之间的连接并没有传统专网所需的端到端的物理链路，而是利用某种公众网的资源动态组成的。

IETF 草案理解基于 IP 的 VPN 为："使用 IP 机制仿真出一个私有的广域网"是通过私有的隧道技术在公用数据网络上仿真一条点到点的专线技术。所谓"虚拟"，是指用户不再需要拥有实际的长途数据线路，而是使用 Internet 公用数据网络的长途数据线路。所谓"专用网络"，是指用户可以为自己制定一个最符合自己需求的网络。

VPN 是对企业内部网的扩展。它可以帮助远程用户、公司分支机构、商业伙伴及供应商，同公司的内部网建立可信的安全连接，并保证数据的安全传输。VPN 可用于不断增长的移动用户的全球互联网接入，以实现安全连接；也可用于实现企业网站之间安全通信的虚拟专用线路，是用于经济有效地连接到商业伙伴和用户的安全外联网的虚拟专用网。用户在电信部门租用的帧中继（Frame Relay）等数据网络提供固定虚拟线路（Permanent Virtual Circuit，PVC）来连接需要通信的单位，但其两端的终端设备不但价格昂贵，而且管理也需要一定的专业技术人员，这无疑增加了成本，而且帧中继等数据网络也不会像 Internet 那样，可立即与世界上任何一个使用 Internet 网络的单位连接。但是 VPN 使用者可以控制自己与其他使用者的联系，同时支持拨号的用户。所以，日常所说的 VPN 一般指的是基于 Internet 上能够自我管理的专用网络，而不是帧中继等提供虚拟固定线路（PVC）服务的网络。

在 VPN 中，用户通过 Internet 连接到公司的内部网络上。由于 VPN 结合使用隧道、身份验证和加密技术来建立一个安全的网络连接，最突出的特点有以下几个方面：

（1）低成本运行。使用 Internet 作为连接方法不仅可以节省长途电话费用，而且需要的硬件也很简单，不需要特殊的设备支持。

（2）高安全性。身份验证可防止未经授权的用户接入公司内部网络。通过使用各种加密方法，使黑客难以破解通过 VPN 连接传送的数据，从而实现在公共网络上数据的安全传输。

（3）服务质量保证（QoS）。VPN 网可以为数据提供不同等级的服务质量保证。不同的用户和业务对服务质量保证的要求差别较大。对于拥有众多分支机构的 VPN 网络，交互式的内部企业网则要求网络能提供良好的稳定性；对于其他应用（如视频会议），则对网络的实时性提出了更高的要求。所有不同的应用要求网络能根据需要提供不同等级的服务质量。

（4）可扩充性和灵活性。VPN 必须能够支持通过 Intranet 或 Extranet 的各种类型的数据，并且方便增加新的节点，支持不同类型的传输媒介，可以满足同时传输语音、视频和数据等的需求。

（5）可管理性。在 VPN 网络中，用户和设备的数量多、种类繁杂。不仅仅是在公司内部的局域网要求将网络管理延伸到各个 VPN 节点，而且要延伸至合作伙伴的边缘接入设备中。要实现全网的统一管理，需要一个完善的 VPN 管理系统。VPN 管理的目标是：实现高可靠性、高扩展性和经济性。

4.1.2　VPN 的基本功能

VPN 是在公用网中形成的企业的专用链路。为了形成这样的链路，采用了所谓的"隧道"技术，如图 4.1 所示。这种技术可以模仿点对点连接技术，并依靠 Internet 服务提供商（ISP）和其他的网络服务提供商（NSP）在公用网中建立自己专用的"隧道"，以便让数据包通过这条隧道来进行传输。对于不同的信息来源，可分别给它们建立不同的隧道。

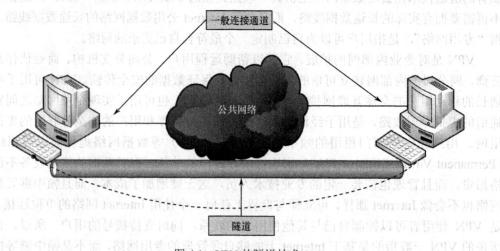

图 4.1　VPN 的隧道技术

隧道是一种利用公用网设施在一个网络之中的"网络"上传输数据的方法,被传输的数据可以是另一种协议的数据帧。隧道协议利用附加的包头封装帧,附加的包头提供了路由信息,因此封装后的包能够通过中间的公用网。封装后的包所途经的公用网的逻辑路径称为隧道。一旦封装的帧到达了公用网上的目的地,帧就会被解除封装并被继续送到最终目的地。要形成隧道,有以下几项基本要素:

(1) 隧道开通器(TI);
(2) 有路由能力的公用网络;
(3) 一个或多个隧道终止器(TT);
(4) 必要时增加一个隧道交换机以增加灵活性。

隧道开通器的任务是在公用网中开出一条隧道。有多种网络设备和软件可完成此项任务,如配有模拟调制解调卡和 VPN 拨号软件的办公室 LAN 中的有 VPN 功能的 Extranet 路由器;ISP 站点中的有 VPN 能力的访问集中器。隧道终止器的任务是使隧道到此终止,不再继续向前延伸。也有多种网络设备和软件可完成此项任务,如专门的隧道终止器;企业网络中的隧道交换机;NSP 网络的 Extranet 路由器上的 VPN 网关。

VPN 网络中通常还有一个或多个安全服务器。安全服务器除提供防火墙和地址转换功能之外,还通过与隧道设备的通信来提供加密、身份验证和授权功能。它们通常也提供各种信息,如带宽、隧道端点、网络策略和服务等。

VPN 的功能至少要包含以下几个方面:

(1) 加密数据。以保证通过公用网传输的信息即使被他人截获也不会泄露。
(2) 信息验证和身份识别。保证信息的完整性、合理性,并能鉴别用户的身份。
(3) 提供访问控制。不同的用户有不同的访问权限。
(4) 地址管理。VPN 方案必须能够为用户分配专用网络上的地址并确保地址的安全性。
(5) 密钥管理。VPN 方案必须能够生成并更新客户端和服务器的加密密钥。
(6) 多协议支持。VPN 方案必须支持公共互联网络上普遍使用的基本协议,包括 IP、IPX 等。

4.2 VPN 协议

4.2.1 VPN 安全技术

目前 VPN 主要采用 4 项技术来保证安全,这 4 项技术分别是隧道技术、加解密技术、密钥管理技术、身份认证技术。

1. 隧道技术

隧道技术是 VPN 的基本技术,类似于点对点连接技术,它在公用网建立一条数据通道(隧道),让数据包通过这条隧道传输。隧道是由隧道协议形成的,分为第二、三层隧道协议。第二层隧道协议是先把各种网络协议封装到 PPP 中，再把整个数据包装入隧道协议中，这种双层封装方法形成的数据包通过第二层协议进行传输。第二层隧道协议有 L2F、PPTP、L2TP 等。L2TP 协议是目前 IETF 的标准，是由 IETF 融合 PPTP 与 L2F 而形成的。

第三层隧道协议是把各种网络协议直接装入隧道协议中，形成的数据包依靠第三层协议进行传输。第三层隧道协议有 MPLS、IPSec 等。IPSec 由一组 RFC 文档组成，它定义了一个提供安全协议选择、安全算法、确定服务所使用密钥等服务的系统，从而在 IP 层提供安全保障。

2．加解密技术

加解密技术是数据通信中一项较成熟的技术，VPN 可直接利用现有的加密算法实现对数据的加密传输。例如，IPSec 在数据传输之前就通过 ISAKMP/IKE/Oakley 协商确定几种可选的数据加密算法，如 DES 和 3DES 等。DES 密钥长度为 56 位，容易被破译，所以通常选用安全性更高的 112 位的 3DES。但是要注意，并不是算法越复杂越好，因为复杂的算法会消耗更多的资源。从当前的应用情况来看，3DES 基本能保证数据的安全，更多的 VPN 产品会越来越多地使用 AES（高级数据加密标准）作为数据加密算法。

3．密钥管理技术

VPN 的安全技术中另一个重要的方面就是密钥的分发与管理。密钥的分发有两种方法：一种是通过手工配置的方式；另一种采用密钥交换协议动态分发。手工配置的方法由于密钥更新困难，速度比较慢，只适合于小规模网络。密钥交换协议采用软件方式动态生成密钥，适合于大型复杂的网络。由于动态生成密钥，所以可以极大地提高密钥的更新速度和效率。目前主要的密钥交换与管理标准有 IKE（互联网密钥交换）、SKIP（互联网简单密钥管理）和 Oakley 等。

4．身份认证技术

身份认证技术最常用的是使用者名称与密码或智能卡认证等方式，如基于 PKI 的数字证书、基于活动目录的 Kerberos 等认证协议等。

4.2.2 VPN 的隧道协议

VPN 中的隧道是由隧道协议形成的，VPN 使用的隧道协议主要有 4 种：点到点隧道协议（PPTP）、第二层隧道协议（L2TP）、IPSec 协议及 SSL 协议等。

（1）点到点隧道协议 PPTP（Point to Point Tunneling Protocol）；
（2）第二层隧道协议 L2TP（Layer 2 Forwarding）；
（3）网络层隧道协议 IPSec；
（4）SSL 协议。

它们在 OSI 7 层模型中的位置如表 4.1 所示。由于各协议工作在不同层次，所以在不同的网络环境中应该根据隧道协议的特性选择不同的协议。

表 4.1　各种隧道协议在 OSI 模型中的层次

OSI 参考模型	安全技术	安全协议
应用层/表示层	应用代理技术	
会话层/传输层	会话层代理技术	SSL
网络层		IPSec
数据链路层	包过滤技术	L2F/PPTP/L2TP
物理层		

PPTP 协议允许对 IP 数据流进行加密，然后封装在 IP 包头中通过企业 IP 网络或公共互联网络发送。L2TP 协议允许对 IP 数据流进行加密，然后通过支持点对点数据包传递的任意网络发送。IPSec 隧道模式允许对 IP 负载数据进行加密，然后封装在 IP 包头中通过企业 IP 网络或公共互联网络（如 Internet）发送。

1. 点到点隧道协议（PPTP）

PPTP 协议封装了 PPP 数据包中包含的用户信息，并支持隧道交换。隧道交换可以根据用户权限，开启并分配新的隧道，将 PPP 数据包在网络中进行传输。另外，隧道交换还可以将用户导向指定的企业内部服务器。PPTP 便于企业在防火墙和内部服务器上实施访问控制，位于企业防火墙的隧道终端器接受包含用户信息的 PPP 数据包，然后对不同来源的数据包实施访问控制。

PPP 协议主要是设计用来通过拨号或专线方式建立点对点连接发送数据的协议。PPP 协议将 IP 包封装在 PPP 帧内并通过点对点的链路发送，它主要应用于连接拨号用户和接入服务器（NAS）。PPP 拨号会话过程可以分成 4 个不同的阶段。

（1）第一阶段：创建 PPP 链路。PPP 协议使用链路控制协议（LCP）创建、维护或终止一次物理连接。在 LCP 阶段的初期，是对基本的通信方式进行选择。应当注意，在链路创建阶段，只是对验证协议进行选择，用户验证将在阶段二实现。同样，在 LCP 阶段还将确定链路对等双方是否要对使用数据压缩或加密进行协商，实际中对数据压缩/加密算法和其他细节的选择将在阶段四实现。

（2）第二阶段：用户验证。在阶段二，客户 PC 会将用户的身份明发给远端的接入服务器。该阶段使用一种安全验证方式来避免第三方窃取数据或冒充远程客户接管与客户端的连接。大多数的 PPP 方案只提供了有限的验证方式，包括密码验证协议（PAP，明文验证，安全性差）、挑战握手验证协议（CHAP，加密的验证方式，使用 MD5 哈希算法加密）和微软挑战握手验证协议（MSCHAP，加密验证机制，使用 MD4 哈希算法加密）。

在第二阶段 PPP 进行链路配置，NAS 收集验证数据然后通过对照自己的数据库或中央验证数据库服务器（位于 NT 主域控制器或远程验证用户拨入服务器）来验证数据的有效性。

（3）第三阶段：PPP 回叫控制（Callback Control）。微软设计的 PPP 包括一个可选的回叫控制阶段，该阶段在完成验证之后使用回叫控制协议（CBCP），如果配置使用回叫，那么在验证之后远程客户和 NAS 之间的连接将会被断开，然后由 NAS 使用特定的电话号码回叫远程客户。这样可以进一步保证拨号网络的安全性。NAS 只支持对位于特定电话号码处的远程客户进行回叫。

(4) 第四阶段：调用网络层协议。在以上各阶段完成之后，PPP 将调用在链路创建阶段（第一阶段）选定的各种网络控制协议（NCP）。例如，在该阶段 IP 控制协议（IPCP）可以向拨入用户分配动态地址。在微软的 PPP 方案中，考虑到数据压缩和数据加密实现过程相同，所以共同使用压缩控制协议来协商数据压缩（使用 MPPC）和数据加密（使用 MPPE）。

一旦完成上述阶段四的协商，PPP 就开始在连接对等双方之间转发数据。每个被传送的数据包都被封装在 PPP 包头内，该包头将会在到达接收方之后被去除。如果在阶段一选择使用数据压缩并且在阶段四完成了协商，数据将会在被传送之间进行压缩。类似地，如果已经选择使用数据加密并完成了协商，数据（或被压缩数据）将会在传送之前进行加密。

2. 第二层隧道协议（L2TP）

L2TP 协议综合了 PPTP 协议和 L2F（Layer 2 Forwarding）协议的优点，并且支持多路隧道，这样可以使用户同时访问 Internet 和企业网。

PPTP 是一个第二层的协议，它将 PPP 数据帧封装在 IP 数据包内，然后通过 IP 网络（如 Internet）传送，PPTP 还可用于专用局域网络之间的连接。RFC 草案"点对点隧道协议"对 PPTP 协议进行了说明和介绍，该草案由 PPTP 论坛的成员公司，包括微软、Ascend、3Com 和 ECI 等在 1996 年 6 月提交至 IETF。

PPTP 使用一个 TCP 连接对隧道进行维护，并使用通用路由封装（GRE）技术把数据封装成 PPP 数据帧通过隧道传送，它还可以对封装 PPP 帧中的负载数据进行加密或压缩。第二层转发协议（L2F）是由 Cisco 公司提出的隧道技术。L2F 作为一种传输协议，它支持 PPTP 要求互联网络为 IP 网络。L2TP 只要求隧道媒介提供面向数据包的点对点的连接。L2TP 可以在 IP（使用 UDP）、帧中继永久虚拟电路（PVCs）、X.25 虚拟电路（VCs）或 ATM VCs 网络上使用。

（1）PPTP 只能在两端点间建立单一隧道。L2TP 支持在两端点间使用多隧道，使用 L2TP，用户可以针对不同的服务质量创建不同的隧道。

（2）L2TP 可以提供包头压缩。当采用压缩包头时，系统开销要占用 4 字节，而 PPTP 协议要占用 6 字节。

（3）L2TP 可以提供隧道验证，而 PPTP 则不支持隧道验证。但是当 L2TP 或 PPTP 与 IPSec 共同使用时，可以由 IPSec 提供隧道验证，而不需要在第二层协议上验证隧道。

3. IPSec 协议

IPSec 协议（IP Security）产生于 IPv6 的制定之中，用于提供 IP 层的安全性。由于所有支持 TCP/IP 协议的主机在进行通信时都要经过 IP 层的处理，所以提供了 IP 层的安全性就相当于为整个网络提供了安全通信的基础。鉴于 IPv4 的应用仍然很广泛，所以在 IPSec 的制定中也增添了对 IPv4 的支持。

IPSec 是用来增强 VPN 安全性的标准协议，也是第三层的标准协议，它支持 IP 网络上数据的安全传输，包含了用户身份认证、校验、授权管理和数据完整性控制等内容。这些操作对用户来说是透明的（不在应用层做任何事情），密钥交换、核对签名、加密都在后台进行，大型 VPN 网络还需要认证中心（CA）来进行身份认证和分发用户的公共密钥。图 4.2 是典型的 IPSec 数据包的格式。

| IP 包头 | AH 包头 | ESP 包头 | 上层协议（数据） |

图 4.2　IPSec 数据包的格式

除了对 IP 数据流的加密机制进行规定之外，IPSec 还制定了 IP over IP 隧道模式的数据包格式，该模式也被称为 IPSec 隧道模式。一个 IPSec 隧道由一个隧道客户和隧道服务器组成，两端都配置使用 IPSec 隧道技术，采用协商加密机制。

IPSec 的工作原理类似包过滤防火墙，可看作是对包过滤防火墙的一种扩展。在接收到一个 IP 数据包时，当找到一个相匹配的规则时，包过滤防火墙只能按照该规则制定的方法对接收到的 IP 数据包执行丢弃或转发，而 IPSec 通过查询 SPD（Security Policy Database，安全策略数据库）来决定对接收到的 IP 数据包的处理，除了丢弃和直接转发（绕过 IPSec）外，还可以进行 IPSec 处理。正是这种新增添的处理方法提供了比包过滤防火墙更进一步的网络安全性。

进行 IPSec 处理意味着对 IP 数据包进行加密和认证。包过滤防火墙只能控制来自或去往某个站点的 IP 数据包的通过，它可以拒绝来自某个外部站点的 IP 数据包访问内部某些站点，也可以拒绝某个内部站点对某些外部网站的访问。但是包过滤防火墙不能保证自内部网络出去的数据包不被截取，也不能保证进入内部网络的数据包未经过篡改。所以只有在对 IP 数据包实施了加密和认证后，才能保证在外部网络传输的数据包的机密性、真实性、完整性，通过 Internet 进行安全的通信才成为可能。

1）IPSec 的工作模式

IPSec 既可以只对 IP 数据包进行加密或只进行认证，也可以同时实施二者。但无论是进行加密还是进行认证，IPSec 都有两种工作模式：一种是前面提到的隧道模式；另一种是传输模式。

（1）传输模式：只对 IP 数据包的有效负载进行加密或认证。这种模式会继续使用以前的 IP 头部，但只对 IP 头部的部分域进行修改，且将 IPSec 协议头部插入到 IP 头部和传输层头部之间。图 4.3 是 IPSec 的传输模式。

图 4.3　IPSec 的传输模式

（2）隧道模式：对整个 IP 数据包进行加密或认证。这种模式需要新产生一个 IP 头部，然后 IPSec 头部被放在新产生的 IP 头部和以前的 IP 数据包之间，从而组成一个新的 IP 头部。图 4.4 是 IPSec 的隧道模式。

2）IPSec 的三个主要协议

IPSec 的主要功能是加密和认证，为了进行加密和认证，IPSec 还需要有密钥的管理和交换的功能，以便为加密和认证提供所需要的密钥，并对密钥的使用进行管理。这三个

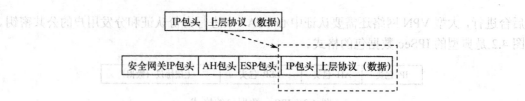

图 4.4 IPSec 的隧道模式

方面的工作分别由 AH、ESP 和 IKE 这三个协议规定。在介绍这三个协议之前，需要先引入一个非常重要的术语——SA（Security Association，安全关联）。所谓 SA 是指安全服务与它所服务的载体之间的一个"连接"。AH 和 ESP 都需要使用 SA，而 IKE 的主要功能就是 SA 的建立和维护，只要实现 AH 和 ESP 都必须提供对 SA 的支持。

通信双方如果要用 IPSec 建立一条安全的传输通路，需要事先协商好将要采用的安全策略，包括使用的加密算法、密钥、密钥的有效期等。当双方协商好使用的安全策略后，就说双方建立了一个 SA。SA 就是能向其上的数据传输提供某种 IPSec 安全保障的一个简单连接，可以由 AH 或 ESP 提供。当给定了一个 SA 时，就确定了 IPSec 要执行的处理，如加密、认证等。SA 可以进行两种方式的组合，分别为传输临近和嵌套隧道。

（1）ESP（Encapsulating Security Payload）。ESP 协议主要用来处理对 IP 数据包的加密，此外对认证也提供某种程度的支持。ESP 是与具体的加密算法相独立的，它几乎支持各种对称密钥加密算法，默认为 3DES 和 DES 算法。

ESP 协议数据单元格式由三个部分组成，除了头部、加密数据部分外，在实施认证时还包含一个可选尾部。其中头部有两个域：安全策略索引（SPI）和序列号（Sequence Number）。使用 ESP 进行安全通信之前，通信双方需要先协商好一组将要采用的加密策略，包括使用的算法、密钥及密钥的有效期等。"安全策略索引"用来标识发送方是使用哪组加密策略来处理 IP 数据包的，当接收方看到了这个序号就知道了对收到的 IP 数据包应该如何处理。"序列号"用来区分使用同一组加密策略的不同数据包。加密数据部分除了包含原 IP 数据包的有效负载、填充域（用来保证加密数据部分满足块加密的长度要求）外，其余部分在传输时都是加密过的。其中"下一个头部（Next Header）"用来指出有效负载部分使用的协议，可能是传输层协议（TCP 或 UDP），也可能是 IPSec 协议（ESP 或 AH）。

（2）AH（Authentication Header）。AH 协议只涉及认证，不涉及加密。AH 虽然在功能上和 ESP 有些重复，但它除了可以对 IP 的有效负载进行认证外，还可以对 IP 头部实施认证。而 ESP 的认证功能主要是面对 IP 的有效负载。为了提供最基本的功能并保证互操作性，AH 必须包含对 HMAC-MD5、HMAC-SHA1（HMAC 是一种 SHA 和 MD5 都支持的对称式认证系统）的支持，它既可以单独使用，也可以在隧道模式下和 ESP 联用。

（3）IKE（Internet Key Exchange）。IKE 协议主要是对密钥交换进行管理，它主要包括三个功能：

① 对使用的协议、加密算法和密钥进行协商；
② 提供方便的密钥交换机制（这可能需要周期性地进行）；
③ 跟踪对以上这些约定的实施。

IKE 加密可使用 AES、Blowfish、Twofish、Cast128、3DES 及 DES 算法，认证可使用 SHA1 和 MD5 算法，而 IKE 的密钥交换使用 Diffie-Hellman 算法。

4.2.3 IPSec VPN 系统的组成

如图 4.5 所示，IPSec VPN 的实现包含管理模块、密钥分配和生成模块、身份认证模块、数据加密/解密模块、数据分组封装/分解模块和加密函数库几部分。

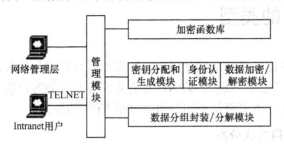

图 4.5 IPSec VPN 的组成

（1）管理模块负责整个系统的配置和管理。系统由管理模块来决定采取何种传输模式，对哪些 IP 数据包进行加密/解密。由于对 IP 数据包进行加密需要消耗系统资源，会增大网络延迟，因此对两个安全网关之间所有的 IP 数据包提供 VPN 服务是不现实的。所以网络管理员可以通过管理模块来指定对哪些 IP 数据包进行加密，Intranet 内部用户也可以通过 Telnet 协议传送的专用命令，指定 VPN 系统对自己的 IP 数据包提供加密服务。

（2）密钥管理模块负责完成身份认证和数据加密所需密钥的生成和分配。其中密钥的生成采取随机生成的方式；各安全网关之间密钥的分配采取手动分配的方式，通过非网络传输的其他安全通信方式完成密钥在各安全网关之间的传送。各安全网关的密钥存储在密钥数据库中，可通过支持以 IP 地址为关键字的快速查询来获取。

（3）身份认证模块完成对 IP 数据包数字签名的运算。首先，发送方对数据进行哈希运算 $h=H(m)$，然后用通信密钥 k 对 h 进行加密得到签名 Signature=$\{h\}$key。发送方将签名附在明文之后，一起传送给接收方。接收方收到数据后，首先用密钥 k 对签名进行解密得到 h，并将其与 $H(m)$ 进行比较，如果二者一致，则表明数据是完整的。数字签名在保证数据完整性的同时，也起到了身份认证的作用，因为只有在有密钥的情况之下，才能对数据进行正确的签名。

（4）数据加密/解密模块完成对 IP 数据包的加密和解密操作。可选的加密算法有 IDEA 算法和 DES 算法。前者在用软件方式实现时可以获得较快的加密速度，为了进一步提高系统效率，可以采用专用硬件的方式实现数据的加密和解密，这时采用 DES 算法能得到较快的加密速度。随着当前计算机运算能力的提高，DES 算法的安全性开始受到挑战，所以对于安全性要求更高的网络数据，数据加密/解密模块可以提供 3DES 加密服务。

（5）数据分组的封装/分解模块实现对 IP 数据分组进行安全封装或分解。当从安全网关发送 IP 数据分组时，数据分组的封装/分解模块为 IP 数据分组附加上身份认证头 AH 和安全数据封装头 ESP。当安全网关接收到 IP 数据分组时，数据分组封装/分解模块对 AH 和 ESP 进行协议分析，并根据包头信息进行身份验证和数据解密。

（6）加密函数库为上述模块提供统一的加密服务。加密函数库设计的一条基本原则是，通过一个统一的函数接口界面与上述模块进行通信。这样可以根据实际的需要，在挂接加密算法和加密强度不同的函数库时，其他模块不需要做出任何改动。

4.3 VPN 的类型

VPN 的分类方法比较多，实际使用中，需要通过客户端与服务器端的交互来实现认证与隧道建立。基于二层、三层的 VPN，都需要安装专门的客户端系统（硬件或软件）完成 VPN 相关的工作。本书将从不同的角度介绍 VPN 的分类。

1. 按 VPN 的应用方式分类

VPN 从应用的方式上分为两种基本类型：拨号 VPN 与专用 VPN。

拨号 VPN 为移动用户与远程办公者提供远程内部网络的访问，这种形式的 VPN 是当前最流行的形式。拨号 VPN 分为两种：在用户 PC 上或在服务提供商的网络上访问服务器（NAS）。

专用 VPN 有多种形式，其共同的要素是为用户提供 IP 服务，一般采用安全设备或客户端的路由器等设备在 IP 网络上完成服务，通过在帧中继（FR）上安装 IP 接口也可以提供 IP 服务。专用 VPN 业务通过 WAN 将远程办公室和企业的内部网与外部网连接起来，这些业务的特点是多用户与高速连接，所以为提供完整的 VPN 业务，企业与服务提供商经常将专用 VPN 与远程访问方案结合起来。

IP VPN 的发展促使我国骨干网建立 VPN 解决方案，形成了基于 MPLS（Multi Protocol Label Switch，多协议标签交换，是集成式的 IP Over ATM 技术，即在 Frame Relay 及 ATM Switch 上结合路由功能）的 IP VPN 技术。MPLS VPN 的优点是全网统一管理且管理能力很强，由于 MPLS VPN 是基于网络的，全部的 VPN 网络配置和 VPN 策略配置都在网络端完成，所以可以大大降低管理维护的开销。

2. 按 VPN 的应用平台分类

VPN 的应用平台分为三类：软件平台、专用硬件平台及辅助硬件平台。

（1）软件平台 VPN。当对数据连接速率要求不高，对性能和安全性需求不强时，可以利用一些软件公司所提供的完全基于软件的 VPN 产品来实现简单的 VPN 功能，如川大能士 RVPN 软件系统、CheckPoint Software 等公司的产品。

（2）专用硬件平台 VPN。使用专用硬件平台的 VPN 设备可以满足企业和个人用户对提高数据安全及通信性能的需求，尤其是从通信性能的角度来看，指定的硬件平台可以完成数据加密及数据乱码等对 CPU 处理能力需求很高的功能。提供这些平台的硬件厂商也比较多，如 Nortel、Cisco、3Com 等。

（3）辅助硬件平台 VPN。这类 VPN 的平台介于软件平台和指定硬件平台之间，辅助硬件平台 VPN 主要是指以现有网络设备为基础，再增添适当的 VPN 软件以实现 VPN 的功能的平台。

3. 按 VPN 的协议分类

按 VPN 协议方面来分类主要是指构建 VPN 的隧道协议。VPN 的隧道协议可分为第二层隧道协议、第三层隧道协议。第二层隧道协议最为典型的有 PPTP、L2F、L2TP 等，第三层隧道协议有 GRE、IPSec 等。

第二层隧道和第三层隧道的本质区别在于，在隧道里传输的用户数据包是被封装在哪一层的数据包中。第二层隧道协议和第三层隧道协议一般来说是分别使用的，但合理地运用两层协议将具有更好的安全性。例如，L2TP 与 IPSec 协议的配合使用，可以用 L2TPVPN、IPSec VPN，也可以利用 IPSec 协议的 L2TP VPN。

4. 按 VPN 的服务类型分类

根据服务类型，VPN 业务大致可分为三类，在此引用 Cisco 的定义方式，将三种用户需求定义为：Intranet VPN、Access VPN 与 Extranet VPN。

（1）Intranet VPN（内部网 VPN），即企业的总部与分支机构间通过公用网构筑的虚拟网。

这种类型的连接带来的风险最小，因为公司通常认为他们的分支机构是可信的，并将它作为公司网络的扩展。内部网 VPN 的安全性取决于两个 VPN 服务器之间的加密和验证手段。如图 4.6 所示为一个典型的内部网 VPN。

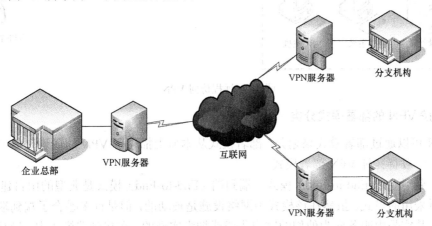

图 4.6 内部网 VPN

（2）Extranet VPN 用于企业与客户、厂商联盟之间或企业与银行建立安全的互联网络。随着 Internet 的迅猛发展，各个企业越来越重视通过 Internet 给客户提供快捷方便的各种服务，同时了解客户的需要；并且企业之间、企业与银行之间通过 Internet 的合作关系也越来越紧密。利用 VPN 技术可以组建安全的 Extranet，既可以向客户、合作伙伴和银行等提供快捷的通信服务，又可以保证整个网络的安全，如图 4.7 所示。

通常把 Intranet VPN 和 Extranet VPN 统称为专线 VPN。

（3）Access VPN（远程访问 VPN），又称为拨号 VPN（即 VPDN），是指企业员工或企业的小分支机构通过公用网远程拨号的方式构筑的虚拟网。如图 4.8 所示，典型的远程访问 VPN 是用户通过本地的信息服务提供商（ISP）登录到互联网上，并在现有的办公室和公司内部网之间建立一条加密信道。

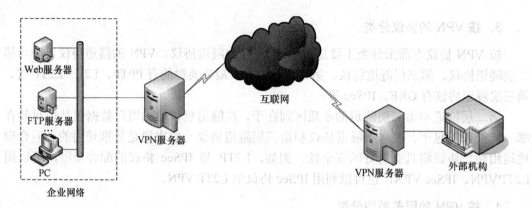

图 4.7 Extranet VPN

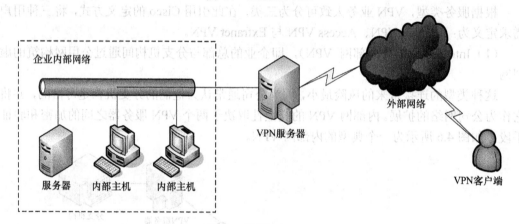

图 4.8 远程访问 VPN

5. 按 VPN 的部署模式分类

VPN 可以通过部署模式来划分，部署模式从本质上描述了 VPN 的通道是如何建立和终止的，一般有三种 VPN 部署模式。

（1）端到端（End-to-End）模式。端到端（End-to-End）模式是典型的由自建立 VPN 的客户所采用的模式。虽然在该模式中网络设施是被动的，但是许多融合了端到端模式的解决方案其实是由服务商为他们的客户集成或捆绑实现的。在端到端模式中，最常见的隧道协议是 IPSec 和 PPTP。

（2）供应商-企业（Provider-Enterprise）模式。隧道通常在 VPN 服务器或路由器中创建，在客户端前关闭。在该模式中，客户不需要购买专门的隧道软件，由服务商的设备来建立通道并验证。然而，客户仍然可以通过加密数据实现端到端的全面安全性。在该模式中，最常见的隧道协议有 L2TP、L2F 和 PPTP。

（3）内部供应商（Intra-Provider）模式。内部供应商（Intra-Provider）模式是很受电信公司欢迎的模式，因为在该模式中，服务商保持了对整个 VPN 设施的控制。在该模式中，通道的建立和终止都是在服务商的网络设施中实现的。对客户来说，该模式的最大优点是他们不需要做任何实现 VPN 的工作，不需要增加任何设备或软件投资，整个网络都由服务商维护。

4.4 SSL VPN 简介

SSL VPN 使用 SSL 和代理技术，向终端用户提供对超文本传送协议（HTTP）、客户端/服务器和文件共享等应用授权安全访问的一种远程访问技术，因此不需要安装专门的客户端软件。SSL 协议是在网络传输层上提供的基于 RSA 加密算法和保密密钥的，用于浏览器与 Web 服务器之间的安全连接技术。

由于 SSL VPN 不需要购买和维护远程客户端的软件，因此造价比 IPSec VPN 低很多。从市场角度看，SSL VPN 部署和管理费用低，在安全性和为用户提供更多便利性方面，明显优于传统 IPSec VPN。且 SSL VPN 是建立在用户和服务器之间的一条专用通道，在这条通道中传输的数据是不公开的数据，因此必须要在安全的前提下进行远程连接。

SSL VPN 的安全性包含三层含义：
（1）客户端接入的安全性；
（2）数据传输的安全性；
（3）内部资源访问的安全性。

SSL VPN 支持 Web 应用的远程连接，包括基于 TCP 协议的 B/S 和 C/S 应用、UDP 应用。SSL VPN 的关键技术有代理和转发技术、访问控制、身份验证、审计日志等技术。

4.4.1 SSL VPN 的安全技术

1. 信息传输安全

（1）可通过标准浏览器，对任何 Internet 可以连接的地方到远程应用或数据间的所有通信进行即时的 SSL 加密。

（2）可进行安全客户端检测，有效保护用户的网络免受特洛伊、病毒、蠕虫或黑客的攻击，其中包括防火墙检测、反病毒防护检测、Windows 升级检测、Windows 服务检测、文件数字签名检测、管理员选择注册表检测、IP 地址检测等。

2. 用户认证与授权

（1）认证。认证指谁被允许登录系统，并在远程用户被允许登录前进行身份确认，包括标准的用户名＋密码方式、智能卡、RSA，一般还可使用第三方的 CA 证书。

（2）授权。授权指登录后可以访问什么内容，按角色划分的权限来访问应用程序、数据和其他一些资源，然后在服务器端通过划分组、角色和应用程序进行集中管理。

（3）审计。审计指随时了解用户做了什么访问，该行为可对每位用户的活动进行追踪、监视并记录日志。

4.4.2 SSL VPN 的功能与特点

1. SSL VPN 的基本功能

SSL VPN 是一款专门针对 B/S 和 C/S 应用模式的 SSL VPN 产品,具有以下完善实用的功能。

(1) SSL VPN 提供了基于 SSL 协议和数字证书的强身份认证和安全传输通道。
(2) SSL VPN 提供了先进的基于 URL 的访问控制。
(3) SSL VPN 提供了 SSL 硬件加速的处理和后端应用服务的负载平衡。
(4) SSL VPN 提供了基于加固的系统平台和 IDS 技术的安全功能。

2. SSL VPN 系统协议

SSL VPN 系统协议是由 SSL、HTTPS、SOCKS 这三个协议相互协作共同实现的,它们是一个有机的整体。SSL 协议作为一个安全协议,它的作用是为 VPN 系统建立安全通道;HTTPS 协议比较简单,它使用 SSL 协议保护 HTTP 应用的安全;而 SOCKS 协议实现代理功能,负责转发数据。SSL VPN 服务器全部使用这三个协议,而 SSL VPN 客户端对这三个协议的使用则有些差别,如 Web 浏览器只使用了 HTTPS 和 SSL 协议,SSL VPN 客户端程序则使用了 SOCKS 和 SSL 协议。

3. SSL VPN 的特点

SSL VPN 具有如下突出的特点:

(1) 安装简单、易于操作,无需安装客户端软件,可以快速配置和应用。
(2) 具有认证加密、访问控制、安全信息备份、负载平衡等多种安全功能。
(3) 使用标准的 HTTPS 协议传输数据,可以穿越防火墙,不存在地址转换的问题,而且不改变用户网络结构,适合复杂的应用环境。
(4) 采用基于 Java 的实现技术,支持 Windows 和 Linux 等多种操作系统平台和多种后端服务器,因此系统的通用性强。
(5) 同时支持多个后端应用服务,支持第三方数字证书,具有很好的可扩展性。
(6) 通过采用 SSL 硬件加速、多线程及缓冲技术,具有很好的应用性能。

4.4.3 SSL VPN 的工作原理

SSL VPN 的工作原理可用以下几个步骤来描述:

(1) SSL VPN 生成自己的认证书和服务器操作证书。
(2) 客户端浏览器下载并导入 SSL VPN 的认证书。
(3) 通过管理界面对后端网站服务器设置访问控制。
(4) 客户端通过浏览器使用 HTTPS 协议访问网站时,SSL VPN 接受请求,客户端实现对 SSL VPN 服务器的认证。
(5) 服务器端通过密码方式认证客户端。

（6）客户端浏览器和 SSL VPN 服务器端之间所有通信都建立了 SSL 安全通道。

4.4.4 SSL VPN 的应用模式及特点

SSL VPN 的解决方案包括三种模式：Web 浏览器模式、SSL VPN 客户端模式和 LAN 到 LAN 模式。Web 浏览器模式是 SSL VPN 的最大优势，它充分利用了当前 Web 浏览器的内置功能，来保护远程接入的安全，其配置和使用都非常方便。SSL VPN 已逐渐成为远程接入的主要手段之一。

1．Web 浏览器模式的解决方案

Web 浏览器模式是 SSL VPN 的主要优势所在。由于 Web 浏览器的广泛部署及 Web 浏览器内置了 SSL 协议，使得 SSL VPN 在这种模式下只要在 SSL VPN 服务器上集中配置安全策略，几乎不用为客户端做什么配置就可使用，大大减少了管理的工作量，方便用户的使用。其缺点是仅能保护 Web 通信传输安全。

远程计算机使用 Web 浏览器通过 SSL VPN 服务器来访问企业内部网中的资源。在这里，SSL VPN 服务器扮演的角色相当于一个数据中转服务器，所有 Web 浏览器对 WWW 服务器的访问都经过 SSL VPN 服务器的认证后转发给 WWW 服务器，而从 WWW 服务器发往 Web 浏览器的数据经过 SSL VPN 服务器加密后送到 Web 浏览器。从而在 Web 浏览器和 SSL VPN 服务器之间，由 SSL 协议构建了一条安全的通道。如图 4.9 所示是 Web 浏览器模式工作流程图。

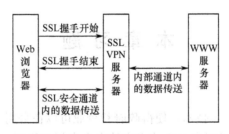

图 4.9　Web 浏览器模式工作流程

2．SSL VPN 客户端模式的解决方案

SSL VPN 客户端模式为远程访问提供安全保护，用户只需要在客户端安装一个客户端软件并做一些简单的配置即可使用，不需要对系统做改动。这种模式的优点是支持所有建立在 TCP/IP 和 UDP/IP 上的应用通信传输的安全，Web 浏览器也可以在这种模式下正常工作。这种模式的缺点是客户端需要额外的开销。

这种模式与 Web 浏览器模式的差别主要是远程计算机上需要安装一个 SSL VPN 客户端程序，当远程计算机访问企业内部的应用服务器时，需要经过 SSL VPN 客户端和 SSL VPN 服务器之间的保密传输后才能到达。在这里，SSL VPN 服务器扮演的角色相当于一个代理服务器，SSL VPN 客户端相当于一个代理客户端。在 SSL VPN 客户端和 SSL VPN 服务器之间，由 SSL 协议构建了一条安全通道，用来传送应用数据。如图 4.10 所示是它的工作流程图。

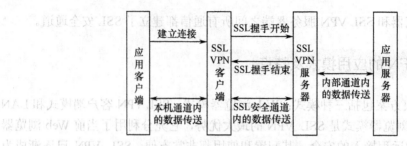

图 4.10　SSL VPN 客户端模式工作流程

本 章 小 结

VPN 技术经过十几年的发展已经逐渐走向成熟，VPN 早期就定位于为商业用户提供最安全互联方案而受到了广大商业用户的青睐，大多数企业或普通用户都会使用 VPN 进行数据的加密传输。本章介绍的主要是一些 VPN 的概念、隧道技术、分类等基础知识，在实现方面，无论是软件还是硬件 VPN、无论是在操作系统上实现 VPN 还是在防火墙上实现 VPN、无论是 IPSec VPN 还是 SSL VPN 等都有很多的应用。

本 章 习 题

一、选择题

1. VPN 采用了（　　）技术，使得政府和企业可以在公用网上建立起相互独立和安全的连接分支机构、分布式网点、移动用户的多个虚拟专用网。

　　A．隧道　　　　　B．分组交换　　　　C．接入网　　　　D．CDMA

2. IPSec 的三个主要协议是 AH、ESP 和（　　）。

　　A．PKI　　　　　B．ICMP　　　　　　C．PPTP　　　　　D．IKE

3. VPN 主要采用 4 项技术来保证安全，这 4 项技术分别是（　　）、加解密技术、密钥管理技术和身份认证技术。

　　A．隧道技术　　　B．代理技术　　　　C．防火墙技术　　D．端口映射技术

4. VPN 分为 Intranet VPN、Access VPN 与 Extranet VPN，是按（　　）分类的。

　　A．协议　　　　　B．服务类型　　　　C．应用平台　　　D．应用方式

二、简答题

1. 什么是 VPN？VPN 的基本功能是什么？
2. IPSec 由哪几部分组成？各部分分别有哪些功能？

3．SSL VPN 有哪些特点？
4．试讲述 SSL VPN 的工作原理。
5．VPN 分别按协议、服务类型、应用平台、应用方式如何分类？

实训 4 Windows Server 2008 VPN 服务的配置

一、实训目的

通过在 Windows Server 2008 上实现基于 PPTP 的 VPN 服务，了解 VPN 的部署和配置方式，掌握 VPN 的安装和实现方法。

二、实训要求

1．掌握 VPN 的实现方式；
2．掌握 Windows Server 2008 中 VPN 的安装和配置；
3．掌握 Windows Server 2008 中 VPN 的测试。

三、实训环境

操作系统：
（1）VPN 服务器：Windows Server 2008 中文版，配置双网卡。
（2）VPN 客户机：Windows Server 2003/Windows 7，配置一块网卡。
虚拟机：Vmware Workstation 9。

四、实训步骤

1．在 Windows Server 2008 中添加路由和远程访问角色并配置 VPN 服务器
（1）选择【开始】|【管理工具】|【服务器管理器】命令，打开如图 4.11 所示对话框。单击【添加角色】，打开【添加角色向导】对话框，如图 4.12 所示。

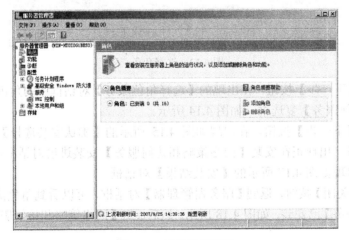

图 4.11 服务器管理器

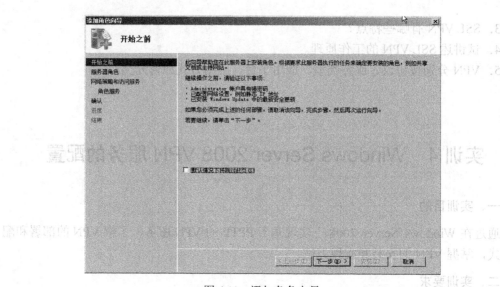

图 4.12　添加角色向导

（2）单击【下一步】按钮，在出现的【选择服务器角色】对话框的角色列表中选择【网络策略和访问服务】复选框，如图 4.13 所示。

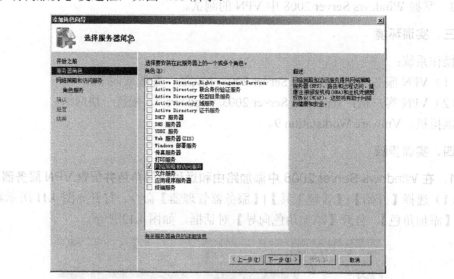

图 4.13　选择角色

（3）单击【下一步】按钮，在出现的【选择角色服务】对话框中的角色服务栏中选择【路由和远程访问服务】复选框，如图 4.14 所示。

（4）单击【下一步】按钮，在出现如图 4.15 所示的【确认安装选择】对话框中，单击【安装】按钮，出现正在安装【网络策略和访问服务】安装进度对话框，如图 4.16 所示。安装完毕出现如图 4.17 所示的【安装结果】对话框。

（5）单击【关闭】按钮，返回【服务器管理器】对话框，可以看到角色摘要下显示【网络策略和访问服务】已安装，如图 4.18 所示。然后展开【网络策略和访问服务】，如图 4.19 所示。

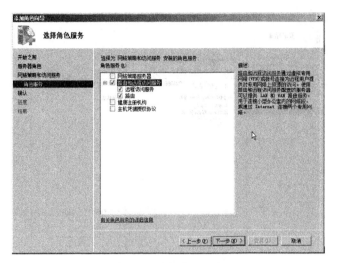

图 4.14 选择角色服务

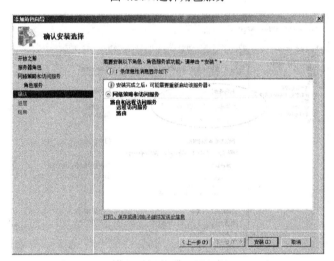

图 4.15 确认安装选择

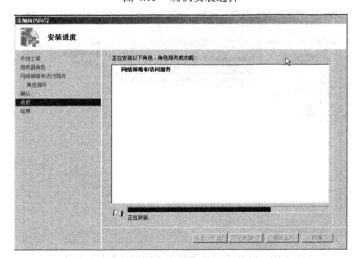

图 4.16 网络策略和访问服务安装进度

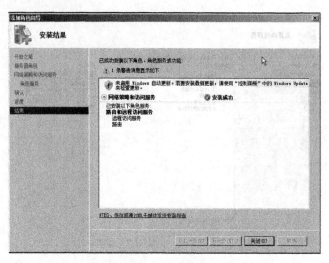

图 4.17 安装结果

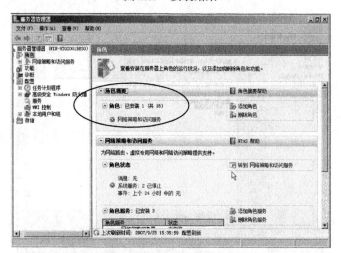

图 4.18 服务器管理器

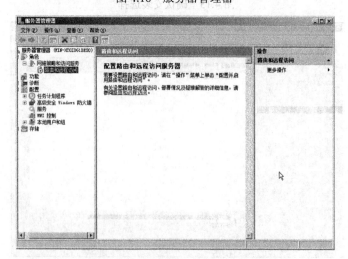

图 4.19 展开【网络策略和访问服务】显示情况

（6）右击【路由和远程访问】，在出现的菜单条中选择【配置并启用路由和远程访问】，如图 4.20 所示，弹出如图 4.21 所示的【路由和远程访问服务器安装向导】对话框。

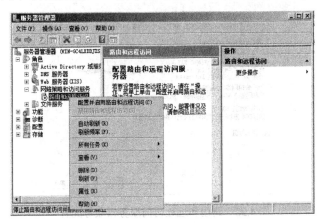

图 4.20　配置并启用路由和远程访问

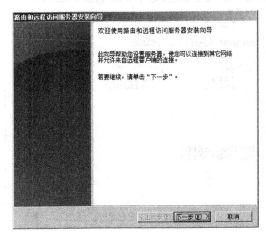

图 4.21　路由和远程访问服务器安装向导

（7）在出现的【路由和远程访问服务器安装向导】对话框中单击【下一步】按钮，进入服务选择，如图 4.22 所示。由于担任 VPN 服务器的 Windows Server 2008 服务器需要有两个网卡。若服务器只有一块网卡，则只能选择【自定义配置】；若服务器有两块网卡，则可根据实际情况选择第一项或第三项。这里是要使用 VPN 服务器，所以选择第三项，然后连续单击【下一步】按钮。

（8）向导弹出如图 4.23 所示的对话框，选择其中一个连接，这里选择【本地连接 2】，单击【下一步】按钮，在弹出的如图 4.24 所示的对话框中选择【来自一个指定的地址范围】单选按钮。要求指定相关的 IP 地址。此处指定的 IP 地址范围是作为 VPN 客户端通过虚拟专网连接到 VPN 服务器时所使用的 IP 地址池。注意：这个地址池的范围应该与 VPN 服务器的内部网卡的 IP 地址是同一个 IP 网段，以保证 VPN 的连通。单击【新建】按钮，出现【新建 IPv4 地址范围】对话框，在【起始 IP 地址】文本框中输入"172.16.22.11"，在【结束 IP 地址】文本框中输入"172.16.22.22"，如图 4.25 所示。

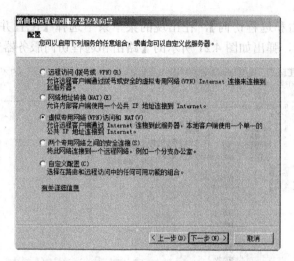

图 4.22　路由和远程访问服务器服务配置

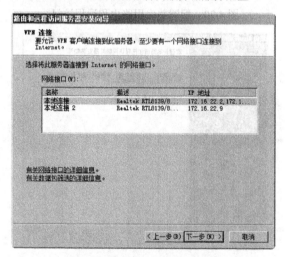

图 4.23　选择本地连接网卡

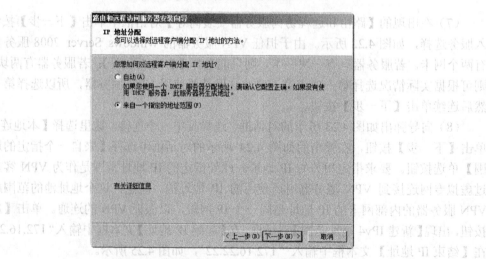

图 4.24　选择【来自一个指定的地址范围】

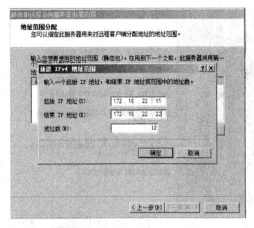

图 4.25　为客户端指定 IP 地址

（9）单击【确定】按钮，可以看到已经指定了一段 IP 地址，如图 4.26 所示。单击【下一步】按钮，出现【管理多个远程访问服务器】对话框，在该对话框中可以指定身份验证的方法是路由和远程访问服务器还是 RADIUS 服务器，在此选择【否，使用路由和远程访问来对连接请求进行身份验证】单选按钮，如图 4.27 所示。单击【下一步】按钮，完成 VPN 配置，如图 4.28 所示。单击【完成】按钮，出现如图 4.29 所示的对话框，表示需要配置 DHCP 中继代理程序，最后单击【确定】按钮。

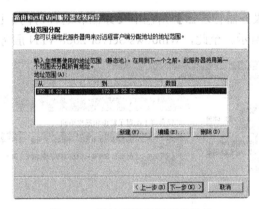

图 4.26　地址范围分配后的效果

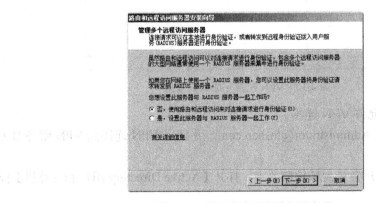

图 4.27　管理多个远程访问服务器

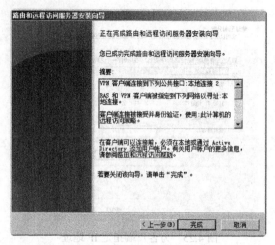

图 4.28　完成 VPN 配置

图 4.29　DHCP 中继代理信息

（10）这时看到【服务器管理器】角色中【路由和远程访问】已启动（显示为向上的绿色箭头），如图 4.30 所示。至此，Windows Server 2008 VPN 服务器的配置即告完成。

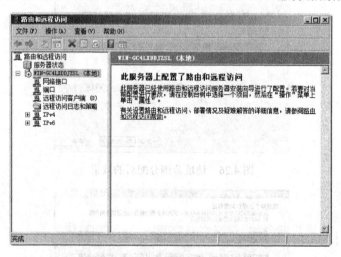

图 4.30　VPN 配置完成后的效果

2. 配置用户账户允许 VPN 连接

在域控制器上设置 Administrator@foshan.com，并使用 VPN 连接到 VPN 服务器上，具体步骤如下：

（1）以域管理员账户登录到域控制器上，打开【Active Directory 用户和计算机】控制台，如图 4.31 所示。

图 4.31 【Active Directory 用户和计算机】控制台

（2）依次展开【foshan.com】和【Users】节点，右键单击【Administrator】，在弹出的菜单中选择【属性】，打开如图 4.32 所示的【Administrator 属性】对话框，在【拨入】选项卡中选中【允许访问】单选按钮，最后单击【确定】按钮即可。

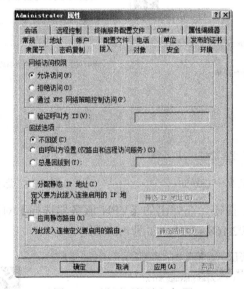

图 4.32 设置网络访问权限

3．VPN 客户端的配置

VPN 客户端的配置非常简单，只需建立一个到服务器的虚拟专用连接，然后通过该虚拟专用的连接拨号建立连接即可。下面将以 Windows Server 2003 客户端为例进行说明，配置步骤如下：

（1）鼠标右键单击桌面上的【网上邻居】图标，选择【属性】，双击【新建连接向导】打开【新建连接向导】，如图 4.33 所示，单击【下一步】按钮，在弹出的【网络连接类型】对话框中选择【连接到我的工作场所的网络】单选按钮，如图 4.34 所示。单击【下一步】按钮，在弹出的【网络连接】对话框中，选择【虚拟专用网络连接】单选按钮，如图 4.35 所示。

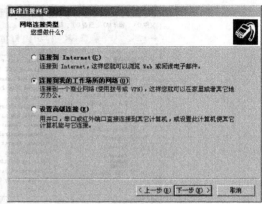

图 4.33　新建连接向导　　　　　　　图 4.34　网络连接类型选择

（2）单击【下一步】按钮，在弹出的【连接名】对话框的【公司名】文本框输入"foshan"，如图 4.36 所示。

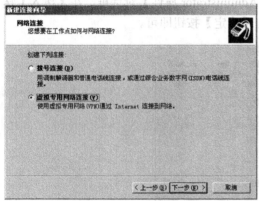
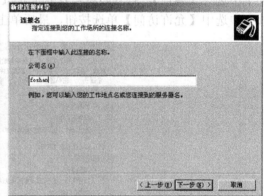

图 4.35　网络和共享中心界面　　　　　图 4.36　选择连接到工作区

（3）单击【下一步】按钮，在弹出的【VPN 服务器选择】对话框中的【主机名或 IP 地址】文本框中输入"192.168.45.9"，如图 4.37 所示。

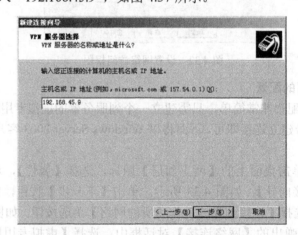

图 4.37　VPN 服务器选择

（4）单击【下一步】按钮，在出现的【可用连接】对话框中选择【只是我使用】单选按钮，如图 4.38 所示。

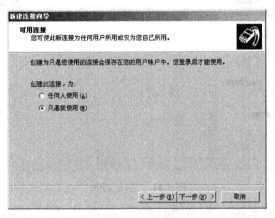

图 4.38　设置可用连接

（5）单击【下一步】按钮，出现如图 4.39 所示的【正在完成新建连接向导】对话框。

（6）单击【完成】按钮，弹出【连接 foshan】对话框，如图 4.40 所示。输入用户名和密码，单击【连接】按钮，经过身份验证后即可连接到 VPN 服务器。

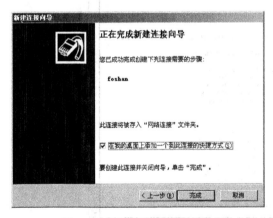 

图 4.39　正在完成新建连接向导　　　　图 4.40　输入用户名和密码

（7）打开【网络连接】界面，可以看到新建成功的 VPN 连接"foshan"，如图 4.41 所示。

（8）在客户端的命令行提示符下输入"ipconfig/all"，可以看到该客户端获得的虚拟 IP 地址"172.16.22.13"，如图 4.42 所示。

尽管在向导的指引下，配置 VPN 服务器非常简单，但是实际上由于 VPN 本身非常复杂，可以使用多种不同的 VPN 协议，所以在实际的应用中，还需要有更多更详细的 VPN 选项进行配置，用户可根据自己网络的实际情况来决定。

五、思考题

1．当客户端通过 VPN 服务器或内网的相关资源时，如何验证数据传输是通过 VPN 实现的？

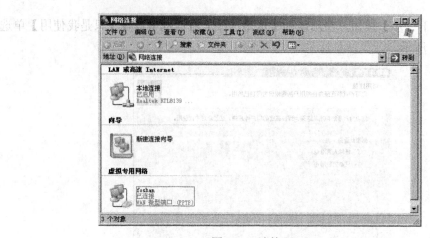

图 4.41 连接 VPN

图 4.42 命令行（CMD）提示符下查看客户端建立起 VPN 的情况

2. Windows Server 2008 支持 SSTP（即 SSL VPN），请问如何构建基于 SSTP 的 VPN？考虑用 Open VPN 构建企业的 VPN 服务（下载地址：http://openvpn.net）。

第 5 章 防火墙技术

【知识要点】

随着 Internet 网络的迅速发展，网络规模不断扩大，网络安全问题已经日益凸显。防火墙作为网络安全的一种防护手段得到了广泛的应用，已成为各企业网络中实施安全保护的核心，安全管理员可以通过其选择性地拒绝进出网络的数据流量，增强对网络的保护作用。本章将讨论防火墙技术及应用。本章主要内容如下：

- 防火墙的定义
- 防火墙的基本功能
- 防火墙的发展方向
- 防火墙的系统结构
- 防火墙的应用
- 主流防火墙产品

【引例】

防火墙这个术语最早使用在建筑行业中，本意是在两栋建筑物之间用非易燃的材料建造的一堵墙。其中一栋建筑物一旦发生火灾，这堵墙可以阻止或延缓火势蔓延到另一栋建筑物。信息安全中借用了这个名词，非常形象地描述了这个网络安全设备在网络安全中的地位和作用。在计算机网络中，防火墙就是一个建立在内部网络与其他网络之间的一道屏障，保护内部网络免受其他网络的攻击。

互联网的规模由小到大，由原来最初的几个只是实验性质的局域网发展到如今连接全球的 Internet。企业、金融、教育和政府纷纷加入到互联网中，网络的规模在不断扩大。电子政务、电子商务、电子货币和网上银行等新兴的网络业务在壮大发展，从而使得以开放性和共享性为基础的互联网在信息安全上的问题日益突出。防火墙可以控制出入网络的数据流，阻止未被授权的通信进入内部网络，本身具有一定的抗攻击能力，是提供信息安全保障和网络服务安全的基本安全设施。

但是网络安全不能够单纯依赖防火墙，防火墙只是信息安全体系中的一部分。构建一个完善的安全体系还需要和其他网络安全组件相互配合。

5.1 防火墙概述

计算机网络的特点是资源共享,这是计算机网络不断向前发展的原动力,但这也是引发网络安全最主要的因素。当一个内部网络接入到 Internet 后,如果没有相应的安全防范措施,相当于直接将内部的数据和资源暴露给外部的入侵者。所以网络管理员需要一种能够有选择性地允许或拒绝进出网络的数据的技术。防火墙无疑是一种发展成熟且运用广泛的安全保护技术。

5.1.1 防火墙的定义

当用户的计算机或内部网络连接到外部网络后,内部网络可以访问到外部网络,同样外部网络也能够访问到内部网络。为了保护内部网络的安全,在内部网络和外部网络之间某一个适当的扼制点(Choke Point)上设置一道屏障,这道屏障依据网络安全需求设置的访问控制策略,对在内部网络和外部网络之间传递的信息进行过滤或做出其他操作。这道屏障就叫防火墙,如图 5.1 所示。

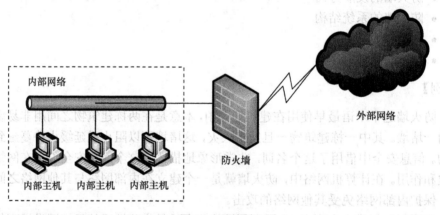

图 5.1 防火墙

防火墙是一种网络安全防护技术,是隔离内部网络和外部网络的一个防御体系。它位于两个(或多个)网络之间,实施访问控制策略的一个或一组组件集合。防火墙的实现可以使用硬件,也可以是软件,还可以是硬件和软件的结合。

防火墙是一类防范措施的总称,目的是起到隔离的作用。它监控试图通过某个网络边界的数字信息包的传输过程。防火墙执行以下两个基本的安全功能。

包过滤:根据网络管理员已经建立的安全策略规则,防火墙决定是否允许通过数字信息包。

应用程序代理网关:当屏蔽单独的主计算机时,内应用程序代理网关向防火墙内部的用户提供网络服务。这是通过阻断受保护的网络与外部网络的 IP 流(即进出网络的通信量）来具体实现的。

5.1.2 防火墙的发展

1. 防火墙的发展史

防火墙技术是随着网络应用的发展而不断发展变化的，按照其出现的时间顺序可划分为 5 代，如图 5.2 所示。

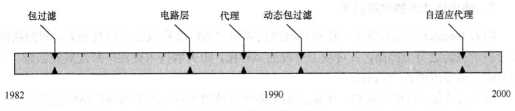

图 5.2 防火墙发展史

（1）第一代防火墙。最早的防火墙几乎与路由器同时出现，防火墙主要基于包过滤（Packet Filter）技术，是依附于路由器的包过滤功能实现的防火墙；随着网络安全重要性和性能要求的提高，防火墙渐渐发展成为一个独立结构的、有专门功能的设备。

（2）第二代防火墙。到 1989 年，贝尔实验室的 Dave Presotto 和 Howard Trickey 最早推出电路层防火墙；NEC 后来推出的 Socks5 就是典型的电路代理防火墙。

（3）第三代防火墙。美国国防部认为包过滤防火墙和电路防火墙安全性不够，希望能够对应用进行检查，开始出资研制出有名的 TIS 防火墙套件，即第三代防火墙，应用层防火墙（或者称为代理防火墙）的初步结构。

（4）第四代防火墙。1992 年，USC 信息科学院的 BobBraden 开发出了基于动态包过滤（Dynamic Packet Filter）技术的防火墙，后来演变为目前所说的状态监视（Stateful Inspection）技术。1994 年，以色列的 Checkpoint 公司开发出了第一个基于这种技术的商业化产品。

（5）第五代防火墙。美国国防部再次关心研制高安全性和高性能的应用防火墙的研究，出资资助 NAI 研制高级应用代理（Advanced Application Proxy），克服速度和安全性之间的矛盾。1998 年，NAI 公司推出了一种自适应代理（Adaptive Proxy）技术，并在其产品 Gauntlet Firewall 中得以实现，给代理类型的防火墙赋予了全新意义，可以称之为第五代防火墙。

2. 防火墙的技术发展

从技术角度来划分，防火墙技术经历了以下几个阶段：

（1）第一阶段防火墙，又称为包过滤防火墙，它不针对具体的网络服务，主要通过对数据包源地址、目的地址、端口号等参数来决定是否允许该数据包通过或进行转发，性价比很高。但这种防火墙判别条件有限，很难抵御 IP 地址欺骗等攻击，而且审计功能很差。

（2）第二阶段防火墙，也称代理服务器，它用来提供网络服务级的控制，起到外部网络向被保护的内部网络申请服务时的中间转接作用，这种方法可以有效地防止对内部网络的直接攻击，安全性较高。

（3）第三阶段防火墙有效地提高了防火墙的安全性，称为状态监控功能防火墙，它可以对每一层的数据包进行检测和监控。

（4）随着网络攻击手段和信息安全技术的发展，新一代的功能更强大、安全性更强的防火墙已经问世，这个阶段的防火墙已超出了原来传统意义上防火墙的范畴，已经演变成一个全方位的安全技术集成系统，称为第四阶段防火墙，它可以抵御目前常见的网络攻击手段，如 IP 地址欺骗、特洛伊木马攻击、Internet 蠕虫、口令探寻攻击、邮件攻击，等等。

3．防火墙技术的发展趋势

随着 Internet 的迅猛发展，计算机网络技术应用的广度和深度在日益加大，对网络的安全需求也随之日益提高。针对攻击手段的多样化，防火墙技术也在不断发展和创新。下面是防火墙发展的几个趋势。

（1）高速化。目前防火墙一个很大的局限性是速度不够。因为网络数据传输量在不断增加，防火墙自身运算速度、转发速度如不能提高将会成为网络数据传输速度的一个瓶颈。为了能够高速地执行更多的功能，防火墙必须应用新的算法和芯片技术。软件解决过滤精确、芯片解决计算加速，防火墙必将以软硬兼施的方案为用户提供更加安全快速的服务。

（2）智能化。传统防火墙技术一般是采用事先设定好的安全策略和规则检查经过它的数据流。当面对拒绝访问（DDOS）网络攻击、蠕虫（Worm）等病毒传播及垃圾电子邮件（SPAM）等这些日益多样化的网络安全问题时，传统防火墙很难适应网络不断更新的需求，其安全性设定得越高，反而效率越低。

智能防火墙从技术特征上，是利用统计、记忆、概率和决策的智能方法来对数据进行识别，并达到访问控制的目的。这种类型的防火墙将人工智能中的专家系统引入防火墙，实现智能化的网络信息提取和智能化的过滤，提高过滤效率，同时达到既防卫目前所知攻击，又能针对网络的变化、检测、抵挡并记录一些新的非法访问的目的，从而减少了人工干预带来的潜在失误，提高了防火墙响应新变化速度，能够自动识别攻击方式，对于自身的漏洞能够自动进行修复。智能化必将是下一代防火墙发展的方向。

（3）体系化。防火墙并非是万能的，其自身存在一定的局限性。随着网络环境越来越复杂，网络安全的需求越来越多样化，单一地使用防火墙，不可能为整个内部网络提供一套完整的安全解决方案。与此同时，各种新式的网络安全设备在不断地涌现，防火墙必须实现与其他网络产品相互联动，建立以防火墙为核心的网络安全体系，与入侵检测、VPN、病毒检测等相关安全产品联合起来，遵循统一的协议，充分发挥各自的特点相互配合，才能共同构建一个综合有效的安全防范体系，提升网络系统的安全性。

（4）专业化。内部网络中不同的部门需要实施不同级别的安全防护，不同的行业针对有不同的业务。使用统一标准进行安全防护的防火墙，已经难以满足一些特殊性、敏感性的行业需求。专用防火墙可以根据特定的需求制定安全策略，实现特殊用户的专属保护。

（5）分布式。传统防火墙一般部署在内部网络和外部网络相交界的单点上，这个位置虽然容易实施集中的检测机制，但也容易形成网络访问的瓶颈，使得防火墙的吞吐能力大为下降，降低了在大型网络中的应用效能。同时，这个单点一旦被攻破，整个内部网络将会完全暴露在外部攻击者面前。为此，Bellovin 于 1999 年提出了分布式防火墙的概念。

分布式防火墙是指，物理上有多个防火墙实体在工作，但在逻辑上只有一个防火墙。也就是说，在安全策略上采取分布式或分层的模块来执行，采用集中式的策略对各模块及其他功能进行管理。分布式防火墙灵活、容易管理且可靠性高，能够很好地适应网络边界上多种接入技术、多种结构的异构型网络特征。Cisco 和 3Com 等大型网络安全设备开发商已经各自推出了技术成熟的分布式防火墙。

防火墙技术是网络安全服务的重要组成部分，其各种发展趋势也相互融合、互相渗透。以上的发展方向，只是防火墙众多发展方向中的一部分，随着新技术的出现和新的应用的出现，防火墙的发展必将出现更多的新趋势。

5.2 防火墙的功能

5.2.1 防火墙的访问控制功能

为了抵御来自外部网络的威胁和入侵，防火墙的"法宝"是访问控制策略。访问控制策略是控制内联主机进行网络访问的原则和措施，即决定哪一台内联主机以什么样的方法访问外联网络；允许外联主机以什么样的方式访问内联网络，实现连接到防火墙上的各个网段的边界安全性。

访问控制策略依据企业或组织的整体安全策略制定，是企业或组织对网络与信息安全的观点与思想的表达，具体体现为防火墙的过滤规则。防火墙依据过滤规则检查每一个经过它的数据包，符合过滤规则的数据包允许其通过，不符合过滤规则的数据包一律拒绝其通过防火墙。

实施访问控制有多种方法，常用的有根据 IP 地址、网络协议和端口号的信息进行过滤设置，也可以对服务的内容进行过滤，如电子邮件中附件的文件类型设置过滤规则，并且可以将 IP 与 MAC 地址绑定检查防止 IP 地址被盗；控制用户上网的时间段及网络流量；还能够根据用户所属的部门和上网的时间段采取相应的安全策略。

防火墙的访问控制采用的是"黑名单"和"白名单"的策略。"黑名单"中是被禁止的行为，"白名单"是被允许的行为。但没有在"黑名单"中列出来的就是被允许的，没有在"白名单"中列出来的就是被禁止的。

5.2.2 防火墙的防止外部攻击功能

防火墙同操作系统（OS）一样，是由硬件和软件构成的，同样需要进行配置和维护，而且操作起来非常复杂。所以防护墙也会存在硬件和软件上的漏洞,容易受到外部的攻击。常见的攻击防火墙手法有：非法入侵者利用探测工具发现防火墙的类型和其允许的服务进行探测攻击；采用地址欺骗的手段，避开防火墙的认证对内网进行破坏；寻找和利用防火墙系统的漏洞，有针对性地攻击。

防火墙位于内部网络和外部网络的边界上，是保护内部资源的重要屏障，当DDoS攻击来到时，内部系统资源被抢占，正常的连接受到影响。防火墙监视内部网络中资源的连接状态，如果有连接长时间未被应答则会处于半连接状态。当系统中的半连接状态超过正常值时，防火墙将判定受到了攻击，系统进入侵模式，将新的连接覆盖旧的连接，可以有效地阻止SYN Flooding攻击。同时对内部网络的资源进行监控，设定阈值。对IP、ICMP、UDP等非连接的Flood攻击也具有很好的防御效果。

"溢出"攻击也是黑客惯常使用的攻击手段。防火墙对受保护的内部主机采取端口过滤的策略，只开放其需要提供服务的端口，从而可以阻止入侵者利用内部主机上被溢出的端口进行恶意的攻击。"溢出"的程序多在应用层进行，在应用层部署防火墙，设置过滤规则对应用层的数据进行处理，可以有效地切断如溢出和SQL注入等来自应用层的攻击。

对于防火墙的漏洞也要及时安装修补程序，对防火墙的固件进行升级。

5.2.3 防火墙的地址转换功能

地址转换NAT（Network Address Transfer）属接入广域网（WAN）技术，能够将内部主机的IP地址转换成另一个IP地址，反之亦然。把内部网络主机的IP地址隐藏起来，使得外部主机无法直接访问，并能够有效地隔离外网，使内部网络的拓扑结构的信息不被外泄。NAT技术能够将私有（保留）地址转化为合法IP可路由的地址，从而解决IP地址紧缺的问题。

虽然NAT可以借助于某些代理服务器来实现，但考虑到运算成本和网络性能，很多时候都是在防火墙上来实现的。在防火墙上部署NAT的方式有三种类型：静态NAT（Static NAT）、动态NAT（Pooled NAT）、网络地址端口转换NAPT（Network Address Port Translation）。

静态NAT的特征是内部主机地址被一对一映射到外部主机地址。相当于将内部主机的私有地址与公网地址绑定在一起，这是NAT技术中最简单也是最易实现的。

动态NAT的特征是内部主机使用地址池中的公网地址来映射。当一个主机下线后，将会把公网地址交还给地址池供其他主机使用。

网络地址端口转换NAPT的特征是内部多个私有地址通过不同的端口被映射到一个公网地址，这也是最常用的NAT技术。理想状况下，一个单一的IP地址可以使用的端口数为4000个，可以有效地解决公网IP地址共享的问题。

5.2.4 防火墙的日志与报警功能

针对可疑行为的审计与自动安全日志分析工具将成为防火墙产品必不可少的组成部分。它们可以提供对潜在的威胁和攻击行为的早期预警。分析与审计机制用于监控通信行为，分析日志情况，进而查出安全漏洞和错误配置，完善安全策略。日志的自动分析功能还可以帮助管理员及时、有效地发现系统中存在的安全漏洞，迅速调整安全策略以适应网络的态势，此外它还可以为自适应、个性化网络的建设提供重要的数据。

防火墙可以实时地监控内部网络和外部网络的各种信息流，监视TCP和UDP的各种连接状态，将防火墙的各种操作、数据包的首部信息和通信状态记录到日志中。管理员通过对日志中的信息进行过滤、抽取、统计和分析就能够发觉网络是否受到外部的攻击。

防火墙对所有通过它的通信量及由此产生的其他信息进行记录，并提供日志管理和存储方法，具体内容如下。

（1）自动报表、日志报告书写器：防火墙实现报表的自动化输入和日志报告功能。

（2）简要列表：防火墙按要求，如按照用户 ID 或 IP 地址，进行报表分类打印功能。

（3）自动日志扫描：防火墙的日志自动分析和扫描功能。

（4）图表统计：防火墙进行日志分析后以图形方式输出统计结果。

需要注意的是，防火墙的日志记录往往比较大，通常将日志存储在一台专门的日志服务器上。

报警机制是在发生违反安全策略的事件后，防火墙向管理员发出提示通知机制，各种现代通信手段都可以使用，包括 E-mail、呼机、手机等。

5.2.5 防火墙的身份认证功能

网络安全系统的一个重要方面是防止分析人员对系统进行主动攻击，身份认证（Authentication）则是防止主动攻击的重要技术，它对于开放环境中的各种信息系统的安全有重要作用。

"身份验证"通常是指对一个给定用户的身份进行验证的过程，也可以指对一个软件过程的核实。验证采用的方法有很多，最基本的方法是在防火墙中建立一个只包含有用户名和密码的内置数据库，从而避免了多个数据库管理困难的问题。例如，Radius、TACACS 和 Kerberos 都为用户提供了访问一个公共用户名/密码数据库的方式。防火墙就采用了与此相同的协议并用公共数据库来对用户的访问要求进行身份验证。

5.3 防火墙技术

防火墙技术主要有三种：数据包过滤技术（Packet Filter）、代理（Proxy）和状态技术（Stateful Inspection）。现代的防火墙技术通常会综合使用这几项技术。

5.3.1 防火墙的包过滤技术

1．基本概念

包过滤技术（Packet Filter）是路由器最基本的访问控制技术，部署在网络边界上执行访问控制功能，对通过网络的数据进行过滤（Filtering），允许符合网络安全过滤规则（通常称为访问控制列表——Access Control List）的数据包通过，拒绝不符合网络安全过滤规则的数据包通过，并进行记录或发送报警信息给管理人员，如图 5.3 所示。

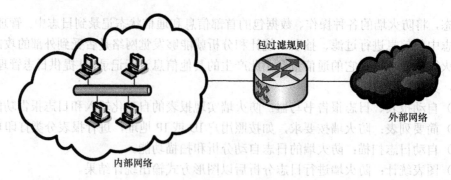

图 5.3 包过滤技术

2．主要功能

包过滤技术主要是一个网络安全保护机制，它可以控制流入和流出的网络数据。它主要检查数据包的首部，并根据数据包首部的各个字段的信息进行操作，以安全过滤规则为评判标准来决定是否允许数据包通过。

在 TCP/IP 协议中，包过滤技术主要检查网络层的 IP 首部信息和传输层的首部信息：

- IP 源地址；
- IP 目标地址；
- 协议类型（TCP 包、UDP 包和 ICMP 包）；
- TCP 或 UDP 的源端口；
- TCP 或 UDP 的目标端口；
- ICMP 消息类型；
- TCP 报头中的 ACK 位。

此外还可以检查 TCP 的序列号、确认号、IP 校验、分割偏移和数据包传递的方向。

3．工作原理

包过滤技术应该在操作系统或路由器处理数据包之前就对数据包进行检查。因为在实际环境中数据链路层和物理层的功能都是由网卡来完成的，操作系统完成包括网络层以上的各层的功能，路由器工作在网络层。所以要在数据包进入操作系统或路由器之前就对数据包进行处理，则包过滤防火墙模块应该设置在网络层以下、数据链路层以上的位置，如图 5.4 所示。

包过滤技术首先将数据包的首部信息拆封出来，并在访问控制列表中按照顺序读取第一条过滤规则，将包首部中各个字段的信息与过滤规则进行匹配，如果不匹配则找下一条过滤规则与其进行匹配。若是没有一条过滤规则与字段的信息相匹配的，则丢弃这个数据包。若是在这逐条匹配过程中，有一条与字段的信息相匹配的，则按照过滤规则的定义来决定是丢弃还是转发。

4．优点

（1）简单易行。包过滤技术就是根据访问控制列表对出入网络的数据包进行检查和过滤，符合要求的则通过，不符合要求的则丢弃。执行效率比较高，不会消耗过多的网络资源。只要设定合适的过滤规则，就能够保障网络的基本安全。

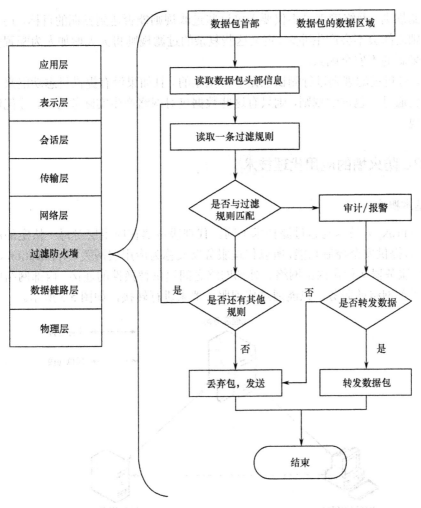

图 5.4 包过滤技术的工作原理

（2）廉价有效。一般在内部网络和外部网络之间的路由器上安装一个具有包过滤功能的模块，直接集成在路由器上，这种包过滤技术方案价格低廉，可以满足绝大多数企业的安全需求。而且现在大多数路由器产品都提供包过滤的功能，如 Cisco 公司生产的路由器本身就具有包过滤的功能。

（3）用户透明。包过滤技术不需要用软件来支持，也不需要安装客户端软件，并且不需要对用户进行培训。当过滤规则允许数据包通过时，对用户来说几乎察觉不到包过滤功能的存在。包过滤技术对于用户来说是透明的，不需要用户做任何操作。

5．缺点

（1）防护能力有限。包过滤技术主要通过检查数据首部信息来决定是否转发数据包，不能够分析具体的任务，只能根据过滤规则来处理数据包。例如，当用户的合法身份或 IP 地址被冒用时，包过滤技术无法检测出来。因此包过滤技术不能够给网络提供更加安全的防护功能。

（2）过滤规则定义复杂。当维护的是一个非常烦琐的网络安全问题时，相应地要设置很多条过滤规则。网络管理员不仅要考虑这些过滤规则能否达到预期的目标,还要考虑这些过滤规则之间会不会产生冲突。定义这些复杂的过滤规则将大大增加人为配置失误的可能性,带来新的不安全因素。

另外,对包过滤规则进行测试也是非常困难的。且如果没有提供日志功能来记录有威胁的数据包通过了包过滤规则,则只有这些数据包对网络产生实际危害时,才能够被网络管理员发现。

5.3.2 防火墙的应用代理技术

1. 基本概念

代理(Proxy)技术与包过滤技术不同。代理服务器在应用层对每一特定的应用(如FTP、Telnet)提供安全控制功能,所以代理服务器又称为应用层网关(Application Gateway)技术。代理服务器运行在内部网络和外部网络之间提供替换性的连接。内部网络中的用户想要连接外部网络的服务,只能通过代理服务器来进行转接,如图5.5所示。

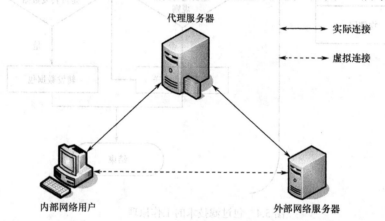

图 5.5 代理技术

2. 工作原理

内部网络中的计算机发送一个请求到代理服务器上,而后由代理服务器将这个请求转发到外部网络的目标主机上。现在就以访问外部 Web 站点为例,说明代理服务器是如何工作的,如图 5.6 所示。

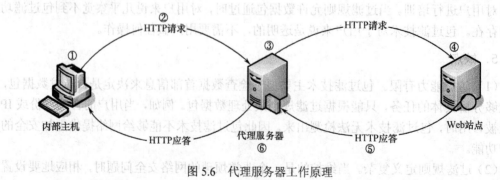

图 5.6 代理服务器工作原理

(1) 内部主机向 Web 站点发送 HTTP 请求。

(2) HTTP 请求通过代理服务器后，被代理服务器获取。

(3) 代理服务器按照安全策略对数据包中的首部和数据部分进行检查。通过安全策略的检查后，代理服务器将 HTTP 请求的源地址改为自己的地址，而后转发到外部网络的目标 Web 站点上。

(4) Web 站点收到 HTTP 请求的数据包，但这时数据包中显示的是代理服务器发送的请求，而内部主机发送的请求信息已经被代理服务器隐藏起来。

(5) Web 站点返回 HTTP 应答数据包给代理服务器。

(6) 代理服务器对数据包的首部和数据部分再次进行安全检查。符合要求后，代理服务器将 HTTP 应答目标 IP 地址修改为内部主机的地址，而后将 HTTP 应答发还给内部主机。

3. 优点

代理服务器最大的优点是对外屏蔽了内部网络的信息。因为使用代理服务器，外部网络看到的是代理服务器，无法探测到内部网络的信息，代理服务器可以有效地阻止外部网络的攻击。

代理服务器是建立在应用层上的，能够检查数据包的内容，防止用户网络的信息泄漏到外部网络，防止容易引起安全威胁的 Java Applet 小程序、Active X 控件及电子邮件中的附件流入内部网络，包过滤防火墙是无法检查这些内容的。同时因为代理服务器位于应用层，它能够控制内部用户与外部主机之间建立的会话，所以能够提供非常详细的日志和审计功能，有利于分析网络状态，并且应用在应用层上的安全过滤规则相对包过滤技术更加容易配置和测试。

代理服务器还能够支持包过滤技术无法实施的身份认证功能，从而提高用户的安全保护功能。

现在的智能代理服务器还提供数据缓存功能，能够将 Internet 上的数据暂时保存在代理服务器上，当其他内部用户需要时，不用再从 Internet 上重复下载，可以直接从代理服务器上获取。

4. 缺点

相对包过滤技术仅仅对数据包头部进行检查而言，代理服务器最大的缺点在于对数据包的处理速度很慢。这是因为代理技术要深入到数据包的内部进行检查，分析服务的类型。所以当代理服务器技术运用到一个流量很大的大型网络时，会急剧降低网络的性能。

代理技术对操作系统的依赖性非常强，每一个服务都有特定的代理程序，所以要运用新的网络服务和协议将十分困难，不能够很好地适应网络技术的发展。

另外，代理服务器要求用户改变自己的访问网络资源的行为方式，或者安装一个客户端软件来访问代理服务器。例如，在通过代理服务器连接目标 Web 站点时，要在 Internet Explorer 的选项卡中设置好代理服务器才能够对 Web 站点进行访问，用户通过两步而不是一步来建立连接。不过，也可以通过安装客户端代理服务器程序来连接目标 Web 站点。

5.3.3 防火墙的状态检测技术

1. 基本概念

状态检测（Stateful Inspection）技术是由包过滤技术发展而来的。在 5.3.1 节中提到的包过滤技术安全检查十分简单，管理比较复杂，可称为静态包过滤技术。状态检测技术可以根据网络的实际状态，动态地添加或删除过滤规则，减轻管理员的工作负担。所以状态检测技术又被称为动态包过滤（Dynamic Packet Filter）技术。状态检测技术不但将原来的静态包过滤技术运用到传输层，对 TCP 会话和 UDP 会话建立 ACL 规则，而且还可以部分实现对应用层的信息进行检查。

2. 工作原理

当内部网络发送到外部网络的建立连接的初始数据报文被状态检测防火墙接收到时，防火墙会检查数据报文是否符合过滤规则的要求。若符合，则将该连接的信息记录下来，临时建立一条过滤规则允许该连接的数据报文通过，并允许与之相对应的返回数据报文也能够回到防火墙里。这个动态过滤规则被保存在防火墙的连接状态表中。当连接结束被释放掉后，防火墙会自动地删除临时建立起来的过滤规则。状态检测技术主要工作在传输层上，但也能够检查网络层和应用层的信息。

以 TCP 连接过程为例：当用户进行 TCP 连接时，防火墙会记录用户和服务器所使用的 IP 地址和端口号。当数据包经过防火墙时，状态检测技术查看是不是一个合法的请求，若合法，则将相应的端口打开，直到会话完成。

3. 优点

状态检测技术只需要对初始的数据报文进行检查，后续的报文只需要按照动态建立起来的过滤规则实施就可以了，执行效率明显提高。

状态检测技术相对包过滤技术工作在更高层——传输层上，并且能够根据网络状态分析更多复杂的攻击，可以给网络提供更多功能的安全服务。

状态检测技术是根据数据包中的信息，按照安全策略和过滤规则来处理数据包的，不像代理技术那样，要针对具体的服务开发一个服务程序。当一个新的应用产生时，状态检测技术能够产生新的规则，具有良好的灵活性和扩展性。例如，对数据包的过滤功能可以被运用到身份验证上。

4. 缺点

状态检测技术只是对数据包的部分进行检查，并非完全安全。

防火墙技术比较如表 5.1 所示。

表 5.1 防火墙技术比较

防火墙的能力	包过滤技术	代理技术	状态检测技术
传输的信息	部分	部分	能
传输状态	不能	部分	能
应用的状态	不能	能	能
信息处理	部分	能	能

5.3.4 防火墙系统体系结构

面对日益复杂的网络安全环境和网络应用需求，单一的防火墙硬件或软件是无法为网络提供整体安全保障的。只有将多个硬件设备和软件组合起来，构建一个能够适应自身网络安全需求的防火墙体系结构，才能够满足不同结构、不同级别的网络安全需求。

1. 屏蔽路由器（Screening Router）

屏蔽路由器是最简单的一种防火墙设备，这种路由器具有包过滤的功能，所以又被称为包过滤防火墙（Packet Firewall）。在屏蔽路由器上定义过滤规则，对流经它的数据包进行检查和分析，限制进出内部网络的信息。

屏蔽路由器包转发率非常快，不会成为网络访问的瓶颈，并且对于用户是透明的。用户无需改变自己的上网方式或安装客户端软件。现在许多厂商生产的路由器都具有相应的功能模块，价格低廉，不需要用户投入更多的成本。部署屏蔽路由器也十分简单，只需将内部网络和外部网络之间的路由器添加一个相应的防火墙模块，设定过滤规则和参数即可，如图 5.7 所示。

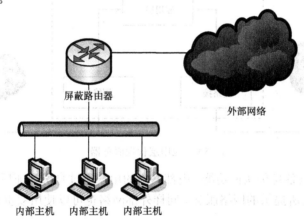

图 5.7　屏蔽路由器部署位置

屏蔽路由器的配置和维护非常复杂，对攻击行为的检查也十分有限，过滤规则主要是针对外部网络，无法防范内部网络的威胁。屏蔽路由器只是检查数据包中的各个字段，无法提供身份认证的功能。外部攻击者可以伪造 IP 地址，躲避规则的检查。屏蔽路由器不提供日志功能，无法对数据流进行整体的控制；且随着过滤规则逐渐增多，会影响路由器的包转发率。

屏蔽路由器主要用于内部网络规模很小，网络安全主要依赖于主机自身的安全管理，且没有使用 DHCP 动态 IP 地址分配的非集中式的网络。

2. 双重宿主主机（Multi-Homed Host）

双重宿主主机至少有两个网络接口，一个接口连接内部网络，另一个接口连接外部网络，又被称为双网卡的堡垒主机。IP 层的通信被双重宿主主机阻止了，它负责将内部网络的数据转发到外部网络。内部网络和外部网络之间不能够直接通信。两个网络之间的信息交换可以通过应用层的共享数据来交流信息,如图 5.8 所示。还可以采用代理技术,在双重宿主主机上运行相应的网络服务的代理服务程序,当访问外部网络时,经过过滤规则检查通过后,再由代理服务程序转发到指定的目的网络中,如图 5.9 所示。

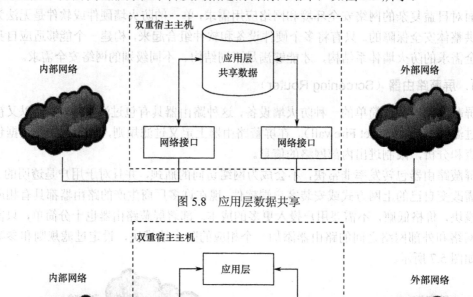

图 5.8　应用层数据共享

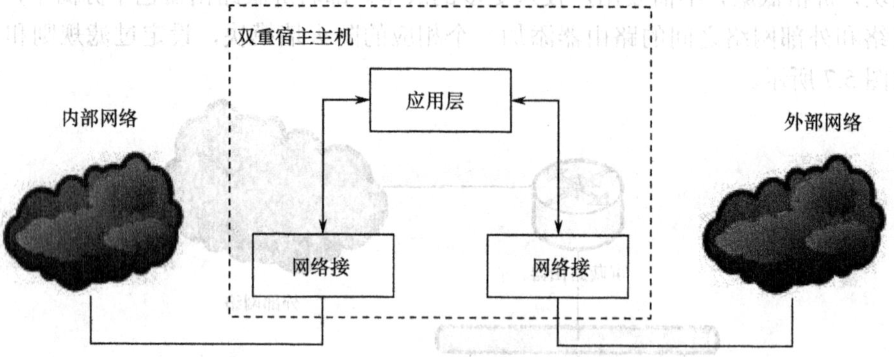

图 5.9　应用层代理服务器

双重宿主主机具备身份认证功能。内部网络的用户通过身份认证后,可以登录到双重宿主主机上,使用它所提供的网络服务。同样外部网络也可以使用双重宿主主机所提供的某些网络服务。

双重宿主主机具有强大的日志功能,能够记录网络中的各种活动,便于管理员检查并发现入侵内部网络的行为。对于内部网络而言,双重宿主主机是唯一通向外部网络的途径,便于实施网络安全策略。

双重宿主主机需要建立用户账号数据库来提供身份认证功能,这给网络带来极大的不稳定因素。用户频繁地登录到双重宿主主机上,会降低主机的稳定性和可靠性,甚至会致使主机当机。不断增加的用户账号数据库会给维护工作带来困难。用户登录到双重宿主主机有可能会出现人为的操作失误或有意破坏,用户的账号泄密或被破译都会给主机的安全带来巨大的威胁。

3. 屏蔽主机（Screened Host）

屏蔽主机是一个很典型的防火墙组合结构,它由一台屏蔽路由器和一台堡垒主机构成,如图 5.10 所示。屏蔽路由器部署在内部网络和外部网络的交界处,堡垒主机则和其他内部主机一样处于内部网络。

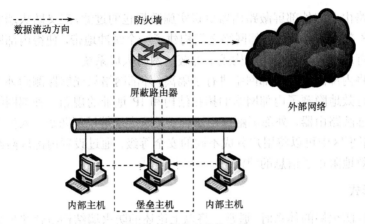

图 5.10 屏蔽主机防火墙

堡垒主机运行着各种网络服务的代理程序,屏蔽路由器将外部网络对内部网络的连接都定向到堡垒主机上。内部网络的主机对外部网络的访问都通过堡垒主机的代理服务进行转发,而不直接访问外部网络。屏蔽主机防火墙系统结合了两种类型的防火墙技术,屏蔽路由器实现了包过滤技术保障了网络层的安全,堡垒主机实现了代理服务技术保证了应用层安全(代理服务)。

屏蔽主机相对于屏蔽路由器和双重宿主主机有更高的安全性,入侵者必须能够攻破两种不同类型的防火墙安全系统,才能够威胁网络的安全。在屏蔽主机的防火墙体系中,堡垒主机并不直接和外部网络连接。路由器的配置比堡垒主机简单,更加容易保护。

在屏蔽主机的防火墙体系中,堡垒主机与其他内部网络主机一样被置于内部网络,它们之间没有任何网络安全措施。一旦屏蔽路由器中的过滤规则被破坏或篡改,则入侵者可以绕过堡垒主机,危害内部主机。

4. 屏蔽子网(Screened Subnet)

屏蔽子网是从屏蔽主机发展而来的,在内部网络和外部网络之间增加了一层屏蔽子网,即非军事区(Demilitarized Zone,DMZ)。堡垒主机和各种网络服务器都部署在非军事区中,堡垒主机就不像在屏蔽主机中那样容易受到侵袭了,如图 5.11 所示。

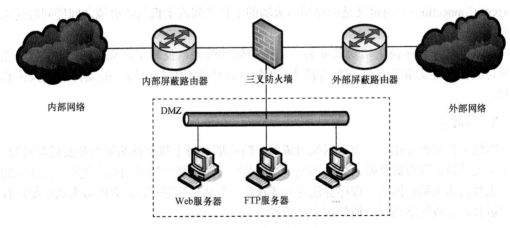

图 5.11 屏蔽子网防火墙

内部屏蔽路由器和外部屏蔽路由器负责实施数据包的过滤,三叉防火墙实施安全代理功能。非军事区在内部网络和外部网络之间构建了一个缓冲地带,使得内部网络不那么容易被侵害。所有这些设备加在一起构成了屏蔽子网防火墙系统。

屏蔽子网将内部网络和外部网络进行了隔离,外部网络只能够探测到外部屏蔽路由器和非军事区,有效地隐藏了内部网络的拓扑结构和 IP 地址的规划。外部网络与内部网络之间设有内部屏蔽路由器、外部屏蔽路由器、三叉防火墙等层层防御,入侵内部网络将十分困难。且非军事区中可以将用户分成不同的安全等级,通过设置内部屏蔽路由器的过滤规则,更加有效地阻止了信息的泄漏。

5. 组合形式

在实际设计防火墙的体系时,通常是将以上论述的防火墙结构组合起来解决多种不同的网络安全问题。究竟如何组合,则取决于用户对网络安全的需求,以及现有的网络环境,同时也要考虑解决方案的花费和人员的培训。常用的有以下几种形式:

(1) 部署多个双重宿主主机;
(2) 合并内部屏蔽路由器和外部屏蔽路由器;
(3) 合并外部屏蔽路由器与堡垒主机;
(4) 合并内部屏蔽路由器与堡垒主机;
(5) 部署多个外部屏蔽路由器;
(6) 部署多个内部屏蔽路由器;
(7) 部署多个非军事区;
(8) 使用双重宿主主机与屏蔽子网。

5.3.5 防火墙的主要技术指标

防火墙的主要技术指标如下。

1. 并发连接数

并发连接数是衡量防火墙性能的一个重要指标,在 IETF RFC2647 中并发连接数(Concurrent Connections)的定义是指穿越防火墙的主机之间或主机与防火墙之间能同时建立的最大连接数。

并发连接数表示防火墙对其业务信息流的处理能力,反映了防火墙对多个 TCP 连接的访问控制能力和连接状态跟踪能力,这个参数直接影响防火墙所能支持的最大信息点数。

2. 吞吐量

网络中的数据是由一个个数据帧组成的,防火墙对每个数据帧的处理都要耗费资源。吞吐量就是指在没有数据帧丢失的情况下,防火墙能够接受并转发的最大速率。吞吐量的大小主要由防火墙内网卡及程序算法的效率决定,尤其是程序算法,会使防火墙系统进行大量运算,造成网络瓶颈,通信量大打折扣。

3. 时延

网络的应用种类非常复杂，许多应用对时延非常敏感（如音频、视频等），而网络中加入防火墙必然会增加传输时延，所以较低的时延对防火墙来说是不可或缺的。测试时延是指测试仪表发送端口发出数据包经过防火墙后到接收端口收到该数据包的时间间隔，时延有存储转发时延和直通转发时延两种。

4. 丢包率

丢包率是指在正常稳定的网络状态下应该被转发，但由于缺少资源而没有被转发的数据包占全部数据包的百分比。较低的丢包率，意味着防火墙在强大的负载压力下，能够稳定地工作，以适应各种网络的复杂应用和较大数据流量对处理性能的高要求。

5. 背靠背缓冲

背靠背缓冲是测试防火墙在接收到以最小帧间隔传输的网络流量时，在不丢包条件下所能处理的最大包数。该项指标是考察防火墙为保证连续不丢包所具备的缓冲能力，因为当网络流量突增而防火墙一时无法处理时，它可以把数据包先缓存起来再发送。单从防火墙的转发能力上来说，如果防火墙具备线速能力，则该项测试没有意义。因为当数据包来得太快而防火墙处理不过来时，才需要缓存一下。如果防火墙处理速度很快，那么缓存能力就没有什么用，因此当防火墙的吞吐量和新建连接速率指标都很高时，无论防火墙缓存能力如何，背靠背缓冲指标都可以测到很高，因此在这种情况下这个指标就不太重要了。但是，由于以太网最小传输单元的存在，导致许多分片数据包的转发。由于只有当所有的分片包都被接收到后才会进行分片包的重组，防火墙如果缓存能力不够将导致处理这种分片包时发生错误，丢失一个分片包都会导致重组错误。可见，背靠背缓冲这一性能指标还是有具体意义的。

5.4 防火墙的不足

虽然防火墙可以解决网络中的某些安全问题，但不能单纯依赖防火墙来保证网络的安全。防火墙并非是万能的，它仅仅是整体安全策略的一个组成部分。防火墙本身就存在一些不足之处。

1. 对于内部用户缺乏安全防范能力

"堡垒最容易从内部攻破"，防火墙虽然可以对内部用户经过网络连接发送的信息设置过滤规则，但用户可以将敏感数据复制到磁盘、磁带上，放在公文包中带出去。甚至内部用户有可能盗窃机密数据，破坏硬件设施，修改软件配置，并且巧妙地修改程序而不接近防火墙。如果入侵者已经在防火墙内部，防火墙是无能为力的。只能够加强内部管理，严格执行网络安全的规章条例，提高用户的安全防范意识。

2. 无法阻止内部主机主动发起的攻击

"外紧内松"是一般局域网络的特点。或许一道严密防守的防火墙其内部的网络却一片混乱也有可能。通过发送带木马的邮件、带木马的 URL 等方式，然后由中木马的机器主动对攻击者连接，防火墙的过滤规则将毫无用处。另外，防火墙也无法阻止内部各主机间的攻击行为。

3. 防火墙缺乏处理病毒的能力

防火墙的主要功能是依据安全策略检查网络数据和用户行为，消除网络上的病毒不是防火墙的主要功能。在内部网络用户下载外部网络的带毒文件时，防火墙是不为所动的。当然，防火墙也可以安装支持病毒检测的功能模块（病毒防火墙），但这会影响防火墙的性能。

4. 不能防范不通过它的连接

防火墙能够有效地检测通过它进行传输的信息，然而不能防止不通过它而传输的信息。例如，如果内部网络的用户擅自向网络服务提供商申请了对外部网络的拨号访问，那么防火墙没有办法阻止入侵者对这个拨号连接进行的入侵。

5. 对网络服务的安全防范存在局限

对于防火墙而言，希望将所有的网络层和应用层的漏洞都屏蔽在应用程序之外，然而许多网络服务对于用户来说又是必不可少的。在某些情况下，攻击者会利用服务器提供的服务进行缺陷攻击。例如，早期黑客利用开放了 3389 端口取得没打过 sp 补丁的 win2k 的超级权限、利用 Asp 程序进行脚本攻击等。由于其行为在防火墙一级看来是"合理"和"合法"的，因此就被简单地放行了。

6. 无法防范所有的入侵

防火墙的各种安全策略，是根据入侵者的攻击方式，经过专家分析后给出其特征进而设置的，所以防火墙是被用来防备已知的威胁。然而网络的环境时常会发生变动，在这种动态复杂的环境中，入侵者非常容易发现某个新主机漏洞，在还没有相应的安全策略与之抗衡时，那么防火墙是不可能自动防御所有的新的威胁的。

7. 无法检测加密了的数据流量

入侵者可以利用常见的编码技术，就能够将恶意代码和其他攻击命令隐藏起来，转换成某种形式，既能欺骗前端的网络安全系统，又能够在后台服务器中执行。这种加密后的攻击代码，只要与防火墙规则库中的规则不一样，就能够躲过网络防火墙，成功避开特征匹配。例如，电子邮件系统提供的 SSL 加密技术，然而防火墙对于加密的 SSL 流中的数据是不可见的，无法迅速截获 SSL 数据流并对其解密，因此无法阻止应用程序的攻击，甚至有些防火墙，根本就不提供数据解密的功能。

8. 防火墙本身也容易出现安全问题

防火墙也有其硬件系统和软件，因此依然存在漏洞，所以其本身也可能受到攻击和出现软/硬件方面的故障。同时，防火墙的管理人员在配置和维护防火墙的安全策略和过滤规则中，出现事故也是在所难免的，稍有不慎就会造成规则的屏蔽等系统漏洞。

5.5 防火墙产品介绍

5.5.1 Cisco 防火墙概述

1. Cisco 防火墙简介

Cisco Systems, Inc.（思科系统公司）是全球领先的互联网设备供应商。思科公司提供业界范围最广的网络硬件产品、互联网操作系统（IOS）软件、网络设计和实施等专业技术支持，并与合作伙伴合作提供网络维护、优化等方面的技术支持和专业化培训服务。

在 1995 年 10 月，Cisco 公司兼并了 Network Translations Inc.（NTI）公司。NTI 公司的基本思想是生产一种即插即用的硬件设备，它能够利用状态检测技术为计算机网络提供安全保障。它的设备还可以解决随着网络地址转换的使用而出现的越来越多公开 IP 短缺的问题，更重要的是，对于面临网络流量与日俱增的用户来说，NTI 设计了 PIX，使网络的安全性显著增强。随着 Cisco 公司对 NTI 和其他各类相关技术性公司的兼并，Cisco 网络安全产品在市场上的份额也迅速扩大，2001 年起，Cisco PIX 就成为防火墙市场中的领导者。

Cisco Secure PIX 防火墙在状态检测包过滤和应用代理这两种防火墙技术的基础上，提供安全保护能力，它的保护机制的核心是能够提供面向静态连接防火墙功能的自适应安全算法（ASA）。ASA 自适应安全算法与包过滤相比，功能更加强劲；另外，ASA 与应用层代理防火墙相比，其性能更高，扩展性更强。ASA 可以跟踪源地址和目的地址、传输控制协议（TCP）序列号、端口号和每个数据包的附加 TCP 标志。只有存在已确定连接关系的正确的连接时，访问才被允许通过 PIX 防火墙。这样，内部和外部的授权用户就可以透明地访问企业资源，同时保护内部网络不会受到非授权访问的侵袭。

另外，Cisco 公司的专用实时嵌入式系统还能进一步提高 Cisco Secure PIX 防火墙系列的安全性。Cisco PIX 防火墙不使用 socket 接口，而是采用了连接状态表的技术，一个内核进程可以使用很小的开销同时处理几万甚至几十万的并发连接。这种技术使得 Cisco PIX 防火墙可以在非常繁忙的站点提供有效的高性能的应用层保护。

绝对安全的黑盒子、非 UNIX、安全、实时、内置系统——此特点消除了与通用的操作系统相关的风险，并使 Cisco PIX 防火墙系列能提供出色性能——高达 50 万并发连接，比任何基于操作系统的防火墙高得多。

2. Cisco 防火墙产品特点

（1）自适应安全算法。Cisco PIX 防火墙系列的核心是自适应安全算法（ASA），这比分组过滤更简单、更强大。它提供了高于应用级代理防火墙的性能和可扩展性。ASA 维持防火墙控制的网络间的安全外围。面向连接的状态 ASA 设计根据源和目的地址、随机 TCP 顺序号、端口号和附加 TCP 标志来创建进程流。所有向内和向外流量由到这些链接表条目的安全策略应用控制。

（2）具有用户验证和授权功能。Cisco PIX 防火墙系列通过直通式代理，获得专利的在防火墙处透明验证用户身份、允许或拒绝访问任意基于 TCP 或 UDP 的应用的方法，获得更高性能优势。该方法消除了基于 UNIX 系统的防火墙对相似配置的性价影响，并充分利用了 Cisco 安全访问控制服务器的验证和授权服务。

（3）易管理性。Cisco PIX 设备管理器（PDM）为企业和电信运营商用户提供他们所需特性，以方便他们轻松管理 Cisco PIX 防火墙。它拥有一个直观的图形用户界面（GUI），帮助您建立并轻松配置 PIX 防火墙。此外，范围广泛的实时、历史、信息报告提供了对使用趋势、性能基线和安全事件的关键视图。基于 SSL 技术的安全通信可有效地管理本地或远程 Cisco PIX 防火墙。简言之，PDM 简化了互联网安全性，使之成为经济有效的工具来提高工作效率和网络安全性，以节约时间和资金。

（4）标准虚拟专用网 VPN 选项功能。PIX 免费提供基于软件的 DES IPSec 特性。此外，可选 3DES、AES 许可和加密卡可帮助管理员降低将移动用户和远程站点通过互联网或其他公共 IP 网络连接至公司网络的成本。PIX VPN 实施基于新的互联网安全性（IPSec）和互联网密钥（IKE）标准，与相应的 Cisco 互联网操作系统（Cisco IOS@）软件功能完全兼容。

（5）高可靠性。PIX 防火墙故障恢复选项确保高可用性并去除了单故障点。两个 PIX 防火墙并行运行，如果一个发生错误操作，第二个 PIX 防火墙自动维护安全操作。

（6）NP 结构的高端防火墙。Cisco 公司的高端防火墙 6503/6506/6509 采用最先进的 NP 网络处理器技术，提供目前业界最高的 5.5 的防火墙处理能力，高达 100 万个连接和每秒 10 万个连接的处理能力，为电信用户和大规模的企业网络提供了良好的安全保证。

（7）支持多服务语音、视频。Cisco 公司的防火墙系列可以很好地支持语音和视频的各种服务，如 H.323，SIP 等多种协议，为网络走向安全的多服务体系提供了有力的保证。

（8）提供丰富的防火墙功能。Cisco 公司的防火墙系列除了可以支持传统的防火墙功能（如 NAT/PAT、访问控制列表等）以外，还提供业界领先的丰富功能，如虚拟防火墙及资源限制、透明防火墙等。

3．Cisco 公司防火墙产品系列

图 5.12 给出了 Cisco 公司防火墙产品系列。

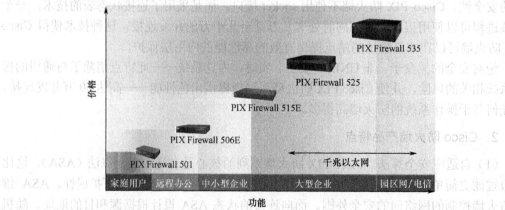

图 5.12　Cisco 公司防火墙产品系列

表 5.2 提供了当前的 Cisco PIX 产品系列的平台性能比较。

表 5.2 Cisco 公司防火墙产品性能

	PIX501	PIX506	PIX515	PIX525	PIX535
市　　场	小型办公室 家庭用户	远程办公室	中小型分支机构	大型企业	大型企业+服务供应商
处理器	133（MHz）	200（MHz）	200（MHz）	600（MHz）	1（GHz）
RAM（MB）	16	32	32/64	128/256	512/1G
Flash（MB）	8	8	16	16	16
PCI	无	无	2	3	9
固定/默认接口	1 个 10BaseT 4 个 10/100	2 个 10BaseT	2 个 10/100	2 个 10/100	无
最大接口数量	1 个 10BaseT 4 个 10/100	2 个 10/100	6 个 10/100	8 个 10/100 千兆位支持	10 个 10/100 千兆位支持
VPN 加速卡支持	否	否	是	是	是
Failover	否	否	是	是	是
固定支架	否	否	是	是	是
容量	桌面	桌面	1RU	2RU	3RU

防火墙的硬件实现技术主要有三种：Intel X86 架构工控机、ASIC 硬件加速技术和 NP 加速技术。同时，硬件体系结构的设计也大多采用高速的接口技术和总线规范，具有较高的 I/O 能力，从而使基于网络处理器的网络设备的包处理能力得到了很大的提升。

Cisco 公司的 PIX 防火墙是硬件结构的 CPU 防火墙，在百兆级防火墙中处在领先地位。其硬件设计和性能能够满足中小企业对百兆级流量控制的要求，Cisco 的 PIX 防火墙系列运行稳定，功能丰富，性能足够，具有很高的性价比。

Cisco 公司的 6503/6506/6509 高端防火墙技术在千兆级防火墙的产品上首先采用 NP 网络处理器的结构，性能达到 5.5Gbps，功能也非常丰富。

5.5.2 NetST 防火墙概述

1. NetST 防火墙简介

NetST 系列防火墙是清华得实安全整体解决方案的重要组成部分，为用户提供了从网络层的访问控制到应用层的内容过滤的安全解决方案。

NetST 防火墙引擎采用状态检测包过滤技术，实时在线监测当前内外网络的 TCP 连接状态，根据连接状态动态配置规则，对异常的连接状态进行阻断，实现入侵检测并及时报警。NetST 防火墙支持对目前国际上主要的网络攻击方法的判别，并且进行有效阻断。

NetST 防火墙支持各种主流网络协议，不仅可以根据网络流量的类型、网络地址、应用服务等条件进行过滤，并且可以对多种网络入侵进行辨别和有效阻断，同时实时进行记录和报警；另外，NetST 防火墙与内置多种网络对象的 Java 管理控制台配合使用，可以更加充分发挥 NetST 防火墙引擎的强大的包过滤功能。

NetST 防火墙具备抵御 DoS（Deny of Service，拒绝服务）攻击、IP 欺骗、端口扫描、IP 盗用等多种外来恶意攻击的能力。

（1）支持对最常用的应用层协议进行内容过滤，使用户可以根据网络传输的内容进行管理和控制,从而使企业网络运行更加快速有效。

(2) 支持 HTTP 协议的 URL 过滤和 HTML 内容过滤。清华得实 NetST 防火墙支持与清华得实 WebCM®3000 系列产品无缝集成,由 NetST 防火墙提取出 URL,然后与 UFP 服务器连接以确定是否允许此请求通过;同时,可过滤 HTML 页面中的各种脚本和 Java 小程序;可拒绝各种媒体类型的数据,如图像、声频、视频等,以免浪费带宽,降低工作效率。

(3) 支持 FTP 协议内容过滤,用户可自行设定拒绝上传和下载的文件类型表,对此文件类型范围内的文件传送请求将被拒绝。

(4) 支持主要邮件协议的内容过滤。对于 SMTP 协议,用户可自行设定拒绝发送的附件文件类型表,对此文件类型范围内的附件发送请求将被拒绝;对于 POP3 协议,可自行设定危险的附件文件类型表,对此文件类型范围内的附件收取将修改文件的后缀名以使其暂时失效,从而防止诸如"ILOVEYOU"等邮件病毒的攻击。

2. NetST 防火墙的主要特点

(1) 高性能、高可靠。NetST 防火墙提供了包过滤类型防火墙的速度性,又具备代理类型防火墙的安全性。系统采用工业级硬件系统,可靠的专用安全操作系统、稳定的防火墙引擎,具有快速的包过滤转发能力,令整个系统具有良好的健壮性,保证企业网络的不间断运行。

(2) 方便灵活的网络监控管理。NetST 防火墙支持带内、带外管理控制,均可以通过终端命令行和远程 Java 控制台两种方式进行配置管理,用户可以快捷有效地制定安全策略,轻松实现部署,降低用户的综合使用成本。

(3) 基于用户身份的安全策略。NetST 防火墙支持基于用户身份的网络访问控制,它不仅具有内置的用户管理及认证接口,同时也支持用户进行外部身份认证;防火墙可以根据用户认证的情况动态地调整安全策略,实现用户对网络的授权访问。

(4) 实时在线监视和详细记录分析。NetST 防火墙具有实时在线监视内外网络间 TCP 连接的各种状态及 UDP 协议包能力,用户可以随时掌握网络中发生的各种情况。在日志中记录所有对防火墙的配置操作、异常的连接、拒绝的连接、可能的入侵等信息,并提供友好的管理界面进行管理。

5.6 防火墙应用典型案例

5.6.1 背景描述

某学校本部现有的信息点数量接近 2000 个,通过三层交换机和路由器相连。内部配置了 Web 服务器、DNS 服务器、E-mail 服务器、DHCP 服务器、FTP 服务器、计费服务器。校园网通过专线连接 Internet,并与其他分校区相连。校园网络内部的用户通过代理服务器或采用拨号的方式上网。校园网内部根据部门划分 Domain(域名)。在三层交换机上配置 VLAN 限制各部门之间的通信。通过 Windows Server 2008 提供的身份认证功能实现安全防范功能。校园网络 Web 服务器、E-mail 服务器和 FTP 服务器在连接路由器后容易受到入侵者的攻击。其拓扑结构图如图 5.13 所示。

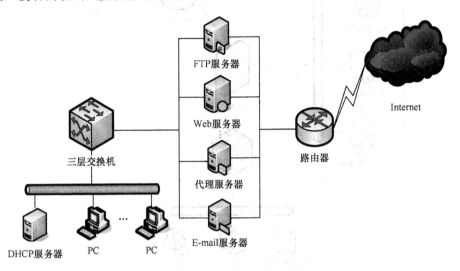

图 5.13 校园网改造之前的拓扑结构

5.6.2 系统规划

（1）设置非军事区（DMZ），将 FTP 服务器、Web 服务器、代理服务器和 E-mail 服务器放到 DMZ 中隔离起来，便于用户连接 Internet；
（2）禁止 Internet 上的用户访问学校的内部网络；
（3）校园网内部的用户使用地址转换协议（NAT）访问 Internet；
（4）运行远程用户通过 VPN 访问校园网内部的资源。

5.6.3 功能配置

在对网络部署防火墙时，并不需要对网络的结构做很大的变动，选择具有内置专业操作系统，且代码执行效率高的防火墙，就可以使网络的安全性能有很大的提高。其主要的配置方法是将防火墙部署在连接到外网的路由器之后，再把将校园网内部的公共信息服务器（如 Web 服务器和 E-mail 服务器等）放到 DMZ 中，这样可以有效地保护服务器的安全，并且禁止外部网络访问校园网的内部网络，如图 5.14 所示。

网络安全防范的具体实施措施如下：

（1）原来校园网中的代理服务器主要是执行 NAT 功能和代理功能。现在代理服务器的功能可以由防火墙来实施，在防火墙上设置好双向地址转换协议（NAT），使得内部用户可以访问 Internet。将代理服务器取消后，将防火墙的局域网连接到校园网的内部网络的三层交换机上，校园网内部的 VLAN 通过三层交换机实现互访。同时也可以在三层交换机上做好访问存取限制。通过防火墙的路由功能设置各个子网访问 Internet 的规则。

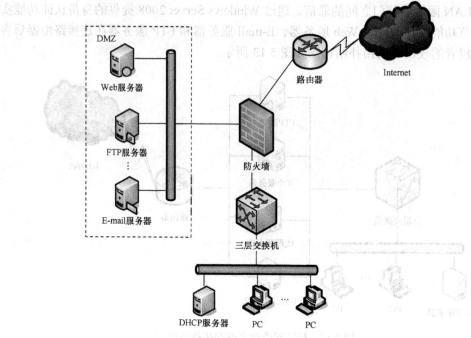

图 5.14 校园网防火墙部署

（2）将校园网的公共信息服务器放到非军事区（DMZ）中，并设置好安全策略，允许内部网络和外部网络的用户访问非军事区中服务器提供的服务。

（3）在防火墙上添加到达内部各个子网的路由，保证内部网络的所有的子网都能够通过防火墙到达 Internet。

（4）学校本部和各个分校区的联系可以通过建立 VPN，使各校区之间通过 Internet 实现安全通信，同时也可以使远程用户能够通过 VPN 访问校园网内部资源，如图 5.15 所示。

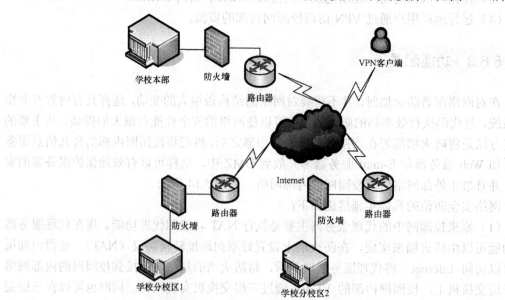

图 5.15 校园网及其他分校区防火墙部署

这种典型防火墙，不但可以保障公共信息服务器的安全，还可以阻止非法用户入侵内部网络，同时又可以方便用户灵活使用网络资源，管理员管理和维护网络比较简单，而且成本也很低。

本章小结

本章讲述了防火墙的基本概念和防火墙技术的发展方向，概括了防火墙的主要功能、几种主流技术类型、体系结构和重要的技术指标，以及防火墙存在的缺陷。通过典型案例分析了防火墙在网络安全防护体系中的部属方法及功能的设置。

本章习题

简答题

1. 简述什么是防火墙，以及防火墙的主要任务是什么。
2. 防火墙的主要功能有哪些？
3. 防火墙有哪些缺陷？
4. 常见防火墙系统结构有哪些？比较它们的优缺点。
5. 防火墙的主要性能指标有哪些？
6. 谈谈防火墙的发展方向。

实训 5　Cisco PIX 防火墙配置

一、实训目的

1. 学习防火墙的基本概念、原理与功能相关的知识；
2. 能够在 Cisco PIX 防火墙上配置基本的防火墙功能。

二、实训要求

在 Cisco PIX 防火墙上划分内部网络、外部网络及 DMZ 区域。

三、实训环境

三台 Cisco2691 路由器，一台 Cisco PIX804 防火墙，本实验可以在路由器模拟软件

DynamipsGUI 环境中完成。

四、实训拓扑结构图

防火墙拓扑结构图如图 5.16 所示。

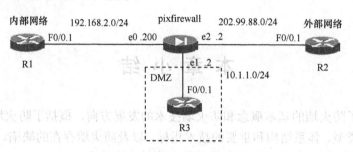

图 5.16 防火墙拓扑结构图

R1 路由器表示内部网络,R2 路由器表示外部网络,R3 路由器表示非军事区(DMZ)中的公共信息服务器。

五、实训步骤

1. 转换 pixfirewall 防火墙配置模式

```
pixfirewall> enable
pixfirewall# configure terminal
pixfirewall(config)#
```

Cisco 防火墙的配置模式与路由器相同,有以下 4 种管理模式。

pixfirewall>:用户模式。

pixfirewall#:特权模式。

pixfirewall(config)#:配置模式。

Monitor>:ROM 监视模式,在开机时按住"Esc"键或发送一个"Break"字符,进入监视模式。

2. 配置防火墙接口名字,并指定安全级别

将连接内部网络的 ethernet 0 接口命名为"inside",且设置安全级别为"100"。

```
pixfirewall(config)# interface ethernet 0
// interface 命令配置以太口
pixfirewall(config-if)# nameif inside
// nameif 命令设置接口名称
pixfirewall(config-if)# security-level 100
// security-level 命令:指定安全级别,安全级别取值范围为 1~100,数字越大安全级别越高
```

将连接非军事区的 ethernet 1 接口命名为"dmz",且设置安全级别为"50"。

```
pixfirewall(config)# interface ethernet 1
pixfirewall(config-if)# nameif dmz
pixfirewall(config-if)# security-level 50
```

将连接外部网络的 ethernet 2 接口命名为"outside",且设置安全级别为"0"。

```
pixfirewall(config)# interface ethernet 2
pixfirewall(config-if)# nameif outside
```

pixfirewall(config-if)# security-level 0

3. 配置 Pixfirewall 网络接口的 IP 地址
pixfirewall(config)# interface ethernet 0
pixfirewall(config-if)# ip address 192.168.2.200 255.255.255.0
// ip address 命令配置网络接口的 IP 地址
pixfirewall(config-if)# no shutdown
// no shutdown 命令激活端口
pixfirewall(config-if)# interface ethernet 1
pixfirewall(config-if)# ip address 10.1.1.2 255.255.255.0
pixfirewall(config-if)# no shutdown
pixfirewall(config-if)# interface e2
pixfirewall(config-if)# ip address 202.99.88.2 255.255.255.0
pixfirewall(config-if)# no shutdown

4. 路由器 R1、R2 和 R3 的配置
R1(config)# interface fastEthernet 0/0
R1(config-if)#ip address 192.168.2.1 255.255.255.0
R1(config-if)#no shutdown
R2(config)# interface fastEthernet 0/0
R2(config-if)#ip address 202.99.88.1 255.255.255.0
R2(config-if)# no shutdown
R3(config)# interface fastEthernet 0/0
R3(config-if)#ip address 10.1.1.1 255.255.255.0
R3(config-if)# no shutdown

完成以上配置后，用 Ping 命令测试路由器 R1、R2 和 R3 与 Pixfirewall 的连通性。

5. 配置 Pixfirewall 防火墙上的 Telnet 命令
pixfirewall(config)# enable password cisco
//配置 enable 密码
pixfirewall(config)# passwd cisco
//配置 telnet 登录时使用的密码
pixfirewall(config)# telnet 0 0 inside
//开启路由器的 telent，让所有内部的人都可访问
pixfirewall(config)# telnet 0 0 outside
//开启路由器的 telent，让所有外部的人都可访问。在实际操作中，一般不允许外部能够登录
//防火墙

6. 建立 telnet 对应表，限制 telnet 访问
只允许 R1 登录 pixfirewall 防火墙：
pixfirewall(config)# telnet 192.168.2.1 255.255.255.0 inside
测试 R1 是否能够登录到 pixfirewall 防火墙：
R1#telnet 192.168.2.200
Trying 192.168.2.200 ... Open

User Access Verification

Password:
//输入"cisco"密码
Type help or '?' for a list of available commands.
pixfirewall>
//成功登录

7. 外部接口对 pixfirewall 防火墙的登录
允许 R2 登录 pixfirewall 防火墙：
　　pixfirewall(config)# telnet 202.99.88.2 255.255.255.0 outside
测试 R2 是否能够登录到 pixfirewall 防火墙：
　　R2#telnet 202.99.88.2
　　Trying 202.99.88.2 ...
　　% Connection timed out; remote host not responding
　　//登录失败
从外部接口访问 pixfirewall 防火墙是被禁止的，这是因为外部接口的优先级别为 0，若需要访问，必须修改配置。
　　ixfirewall# show nameif
　　// 查看防火墙接口的安全级别

Interface	Name	Security
Ethernet0	inside	100
Ethernet1	dmz	50
Ethernet2	outside	0

修改连接外网 ethernet 2 端口的安全级别：
　　pixfirewall(config)# interface ethernet 2
　　pixfirewall(config-if)# security-level 100
　　pixfirewall# show nameif

Interface	Name	Security
Ethernet0	inside	100
Ethernet1	dmz	50
Ethernet2	outside	100

测试 R2 是否能够登录到 pixfirewall 防火墙：
　　R2#telnet 202.99.88.2
　　Trying 202.99.88.2 ... Open

　　User Access Verification

　　Password：
　　Type help or '?' for a list of available commands.
　　pixfirewall>
　　//连接成功

六、思考题
在防火墙上划分的内部网络、外部网络和 DMZ 的作用是什么？

第6章 恶意代码分析与防范

【知识要点】

随着 Internet、移动互联网应用的增多,网络上遍布着各种恶意代码,如病毒、蠕虫、木马等。这些恶意代码给计算机正常使用造成了非常大的影响。本章主要介绍恶意代码的基本概念、危害及常见的恶意代码,如病毒、蠕虫和木马的检测和防范方法,最后通过一个企业防病毒的实训介绍如何安装和部署企业防病毒软件。本章主要内容如下:

- 恶意代码的概述
- 计算机病毒及其防范
- 蠕虫及其防范
- 木马及其防范等

【引例】

早在 2011 年 2 月,伊朗突然宣布暂时卸载首座核电站——布什尔核电站的核燃料,西方国家也悄悄对伊朗核计划进展预测进行了重大修改。以色列战略事务部长摩西·亚阿隆在此之前称,伊朗至少需要 3 年才能制造出核弹。美国国务卿希拉里也轻描淡写地说,伊朗的计划因为"技术问题"已被拖延。

但就在几个月前,美国和以色列还在警告,伊朗只需一年就能拥有快速制造核武器的能力。为什么会突然出现如此重大变化呢?因为布什尔核电站遭到"震网"病毒的攻击,大约 3 万个网络终端感染"震网",1/5 的离心机报废。自 2010 年 8 月该核电站启用后就发生连串故障,伊朗政府表面声称是天热所致,但真正原因却是核电站遭病毒攻击。一种名为"震网"(Stuxnet)的蠕虫病毒,侵入了伊朗工厂企业甚至进入西门子为核电站设计的工业控制软件,并可夺取对一系列核心生产设备尤其是核电设备的关键控制权。

6.1 恶意代码概述

恶意代码,又称 Malicious Code(或 MalCode、MalWare),是用来实现某些恶意功能的代码或程序。任何事物都有正反两面,人类发明的所有工具既可造福也可作孽,这完全取决于使用工具的人。计算机程序也不例外,软件工程师们编写了大量的有用的软件(操作系统、应用系统和数据库系统等)的同时,黑客们在编写扰乱社会和他人的计算机程序,这些代码统称为恶意代码。

在 Internet 安全事件中,恶意代码造成的经济损失占有最大的比例。恶意代码主要包括计算机病毒(Computer Virus)、蠕虫(Worms)、特洛伊木马(Trojan Horse)、逻辑炸弹(Logic Bombs)、RootKit、脚本恶意代码(Malicious Scripts)和恶意 ActiveX 控件等。

恶意代码问题,不仅使企业和用户蒙受了巨大的经济损失,而且使国家的安全面临着严重威胁。目前,国际上一些发达国家如美国、德国、日本等均已在该领域投入大量资金和人力进行了长期的研究,并取得了一定的技术成果。据报道,1991 年的海湾战争,美国在伊拉克从第三方国家购买的打印机里植入了可远程控制的恶意代码,在战争打响前,使伊拉克整个计算机网络管理的雷达预警系统全部瘫痪,这是美国第一次公开在实战中使用恶意代码攻击技术取得的重大军事利益。

恶意代码攻击成为信息战、网络战最重要的入侵手段之一。恶意代码问题无论从政治上、经济上,还是军事上,都成为信息安全面临的首要问题。恶意代码的机理研究成为解决恶意代码问题的必需途径,只有掌握当前恶意代码的实现机理,加强对未来恶意代码趋势的研究,才能在恶意代码问题上取得先决之机。一个典型的例子是在电影《独立日》中,美国空军对外星飞船进行核轰炸没有效果,最后给敌人飞船系统注入恶意代码,使敌人飞船的保护层失效,从而拯救了地球,从中可以看出恶意代码研究的重要性。

6.1.1 恶意代码的发展简介

恶意代码经过 20 多年的发展,破坏性、种类和感染性都得到增强。随着计算机的网络化程度逐步提高,网络传播的恶意代码对人们日常生活影响越来越大。

1988 年 11 月泛滥的 Morris 蠕虫,顷刻之间使得 6000 多台计算机(占当时 Internet 上计算机总数的 10%)瘫痪,造成严重的后果,并因此引起世界范围内的关注。

1998 年 CIH 病毒造成数十万台计算机受到破坏。1999 年 Happy 99、Melissa 病毒大爆发,Melissa 病毒通过 E-mail 附件快速传播而使 E-mail 服务器和网络负载过重,它还将敏感的文档在用户不知情的情况下按地址簿中的地址发出。

目前,恶意代码问题成为信息安全需要解决的迫在眉睫的、刻不容缓的安全问题。图 6.1 显示了过去 20 多年主要恶意代码事件。

恶意代码的发展具有如下特点:

(1)恶意代码日趋复杂和完善。从非常简单的、感染游戏的 Apple II 病毒发展到复杂的操作系统内核病毒和今天主动式传播和破坏性极强的蠕虫。恶意代码在快速传播机制和生存性技术研究方面取得了很大的进展。

(2)恶意代码编制方法及发布速度更快。恶意代码刚出现时发展较慢,但是随着网络飞速发展,Internet 成为恶意代码发布并快速蔓延的平台。特别是过去 5 年,不断涌现的恶意代码证实了这一点。

(3)从病毒到电子邮件蠕虫,再到利用系统漏洞主动攻击的恶意代码。恶意代码的早期,大多数攻击行为是由病毒和受感染的可执行文件引起的。然而,在过去 5 年,利用系统和网络的脆弱性进行传播和感染开创了恶意代码的新纪元。

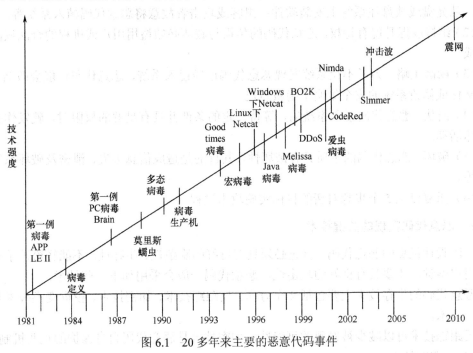

图 6.1　20 多年来主要的恶意代码事件

6.1.2　恶意代码的运行机制

1. 恶意代码的一般运行机制

恶意代码的两个显著的特点是：非授权性和破坏性。它的行为表现各异，破坏程度千差万别，但基本作用机制大体相同，其整个作用过程分为 6 个部分，如图 6.2 所示。

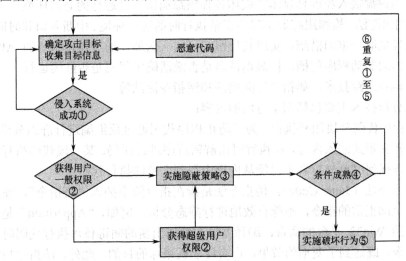

图 6.2　恶意代码的攻击过程

（1）侵入系统。侵入系统是恶意代码实现其恶意目的的必要条件。恶意代码入侵的途径很多，如从互联网下载的程序本身就可能含有恶意代码；接收已经感染恶意代码的电子邮件；从光盘或软盘往系统上安装软件；黑客或攻击者故意将恶意代码植入系统等。

（2）维持或提升现有特权。恶意代码的传播与破坏必须盗用用户或进程的合法权限才能完成。

（3）隐蔽策略。为了不让系统发现恶意代码已经侵入系统，恶意代码可能会改名、删除源文件或修改系统的安全策略来隐藏自己。

（4）潜伏。恶意代码侵入系统后，等待一定的条件并具有足够的权限时，就发作并进行破坏活动。

（5）破坏。恶意代码的本质具有破坏性，其目的是造成信息丢失、泄密及破坏系统完整性等。

（6）重复以上5个步骤对新的目标实施攻击过程。

2．恶意代码实现的关键技术

一段设计优良的恶意代码，首先必须具有良好的隐蔽性、生存性，不能轻松被杀毒软件或用户察觉，还要具有良好的攻击性。恶意代码一般会采用如下一些技术。

恶意代码的生存技术主要包括4个方面：反跟踪技术、加密技术、模糊变换技术和自动生产技术。

反跟踪技术可以减少被发现的可能性，加密技术是恶意代码自身保护的重要机制。

1）反跟踪技术

反动态跟踪技术主要包括以下几个。

（1）禁止跟踪中断。针对调试分析工具运行系统的单步中断和断点中断服务程序，恶意代码通过修改中断服务程序的入口地址实现其反跟踪目的。"1575"计算机病毒采用该方法将堆栈指针指向处于中断向量表中的INT0～INT 3区域，阻止调试工具对其代码进行跟踪。

（2）封锁键盘输入和屏幕显示，破坏各种跟踪调试工具运行的必需环境。

（3）检测跟踪法。检测跟踪调试时和正常执行时的运行环境、中断入口和时间的差异，根据这些差异采取一定的措施，实现其反跟踪目的。例如，通过操作系统的API函数试图打开调试器的驱动程序句柄，检测调试器是否激活确定代码是否继续运行。

（4）其他反跟踪技术，如指令流队列法和逆指令流法等。

反静态分析技术主要包括两个方面的内容：

（1）对程序代码分块加密执行。为了防止程序代码通过反汇编进行静态分析，程序代码以分块的密文形式装入内存，在执行时由解密程序进行译码，某一段代码执行完毕后立即清除，保证任何时刻分析者不可能从内存中得到完整的执行代码。

（2）伪指令法（Junk Code）。伪指令法是指在指令流中插入"废指令"，使静态反汇编无法得到全部正常的指令，不能有效地进行静态分析。例如，"Apparition"是一种基于编译器变形的Win32平台的病毒，编译器每次编译出新的病毒体可执行代码时都要插入大量的伪指令，既达到了变形的效果，也实现了反跟踪的目的。此外，伪指令技术还广泛应用于宏病毒与脚本恶意代码之中。

3. 加密技术

加密技术是恶意代码自我保护的一种手段，加密技术和反跟踪技术的配合使用，使得分析者无法正常调试和阅读恶意代码，不知道恶意代码的工作原理，也无法抽取特征串。从加密的内容上划分，加密手段分为信息加密、数据加密和程序代码加密三种。

大多数恶意代码对程序体自身加密，另有少数恶意代码对被感染的文件加密。例如，"Cascade"是第一例采用加密技术的 DOS 环境下的恶意代码，它有稳定的解密器，可以解密内存中加密的程序体。"Mad"和"Zombie"是"Cascade"加密技术的延伸，使恶意代码加密技术走向 32 位的操作系统平台。此外，"中国炸弹"（Chinese Bomb）和"幽灵病毒"也是这一类恶意代码。

4. 模糊变换技术

利用模糊变换技术，恶意代码每感染一个客体对象时，潜入宿主程序的代码互不相同。同时一种恶意代码具有多个不同样本，几乎没有稳定代码，采用基于特征的检测工具一般不能识别它们。模糊变换技术分为以下 5 种：

（1）指令替换技术；
（2）指令压缩技术；
（3）指令扩展技术；
（4）伪指令技术；
（5）重编译技术。

5. 自动生产技术

恶意代码自动生产技术是针对人工分析技术的。"计算机病毒生成器"使对计算机病毒一无所知的用户，也能组合出算法不同、功能各异的计算机病毒。"多态性发生器"可将普通病毒编译成复杂多变的多态性病毒。

多态变换引擎可以使程序代码本身发生变化，并保持原有功能。保加利亚的"Dark Avenger"是较为著名的一个例子，这个变换引擎每产生一个恶意代码，其程序体都会发生变化，反恶意代码软件如果采用基于特征的扫描技术，根本无法检测和清除这种恶意代码。

6.2 计算机病毒

从广义上定义，凡能够引起计算机故障，破坏计算机数据的程序统称为计算机病毒。1994 年 2 月 18 日，我国正式颁布实施了《中华人民共和国计算机信息系统安全保护条例》，在《条例》第二十八条中明确指出："计算机病毒，是指编制或在计算机程序中插入的破坏计算机功能或毁坏数据，影响计算机使用，并能自我复制的一组计算机指令或程序代码。"

6.2.1 计算机病毒的特性

1. 计算机病毒的生命周期

计算机病毒的产生过程可分为：程序设计→传播→潜伏→触发→运行→实行攻击。计算机病毒拥有一个生命周期，从生成开始到完全根除结束。下面对病毒生命周期的各个时期进行介绍。

开发期：病毒制造者应用自己具备的计算机专业技术和编程能力编写病毒程序的阶段。在几年前，制造一个病毒需要计算机编程语言的知识。但是今天有一点计算机编程知识的人都可以制造一个病毒。通常计算机病毒是一些误入歧途的、试图传播计算机病毒和破坏计算机的个人或组织制造的。

传染期：在一个病毒制造出来后，病毒的编写者将其复制并确认其已被传播出去。通常的办法是感染一个流行的程序，再将其放入 BBS 站点上、校园和其他大型组织当中分发其复制物。

潜伏期：病毒是自然地复制的。一个设计良好的病毒可以在它活化前长时期地被复制。这就给了它充裕的传播时间。这时病毒的危害在于暗中占据存储空间。

发作期：带有破坏机制的病毒会在遇到某一特定条件时发作，一旦遇上某种条件，如某个日期或出现了用户采取的某特定行为，病毒就被激活了，不同程度地影响计算机系统的正常运行。

发现期：这一阶段并非总是这样做，但通常如此。当一个病毒被检测到并被隔离出来后，它被送到计算机安全协会或反病毒厂家，在那里病毒被通报和描述给反病毒研究工作者。通常发现病毒是在病毒成为计算机社会的灾难之前完成的。

消化期：在这一阶段，反病毒开发人员修改他们的软件以使其可以检测到新发现的病毒。这段时间的长短取决于开发人员的素质和病毒的类型。

消亡期：若是所有用户安装了新版的杀毒软件，那么任何病毒都将被扫除。这样没有什么病毒可以广泛地传播，但有一些病毒在消失之前有一个很长的消亡期。至今，还没有哪种病毒已经完全消失，但是某些病毒已经在很长时间里不再是一个重要的威胁了。

2. 计算机病毒的特性

计算机病毒一般具有以下特性：

（1）可执行性。计算机病毒与其他合法程序一样，是一段可执行程序，但它不是一个完整的程序，而是寄生在其他可执行程序上，因此它享有一切程序所能得到的权力。在病毒运行时，与合法程序争夺系统的控制权。计算机病毒只有当它在计算机内得以运行时，才具有传染性和破坏性等活性。也就是说，计算机 CPU 的控制权是关键问题。若计算机在正常程序控制下运行，而不运行带病毒的程序，则这台计算机总是可靠的。相反，计算机病毒一经在计算机上运行，在同一台计算机内病毒程序与正常系统程序，或者某种病毒与其他病毒程序争夺系统控制权时往往会造成系统崩溃，导致计算机瘫痪。

（2）传染性。计算机病毒能通过各种渠道从已被感染的计算机或文件扩散到未被感染的计算机或文件中，在某些情况下造成被感染的计算机工作失常甚至瘫痪。与生物病毒不同的是，计算机病毒是一段人为编制的计算机程序代码，这段程序代码一旦进入计算机并得以执行，它就会搜寻其他符合传染条件的程序或存储介质，确定目标后再将自身代码插入其中，达到自我繁殖的目的。只要一台计算机感染病毒，如不及时处理，那么病毒会在这台计算机上迅速扩散，其中的大量文件（一般是可执行文件）就会被感染。而被感染的文件又成了新的传染源，再与其他计算机进行数据交换或通过网络接触，病毒会继续进行传染。计算机病毒可通过各种可能的渠道，如软盘、计算机网络传染其他的计算机。是否具有传染性，是判别一个程序是否为计算机病毒的重要条件，所以传染性是病毒的基本特征。

（3）潜伏性。一个编制精巧的计算机病毒程序，进入系统之后一般不会马上发作，可以在一段时间内隐藏在合法文件中，对其他文件或计算机进行传染，而不被人发现。潜伏性越好，其在系统中的存在时间就越长，病毒的传染范围就会越大。潜伏性的第一种表现是指，病毒程序没有被检查出来，因此病毒可以静静地躲在磁盘或磁带里待上几天甚至几年，一旦时机成熟，得到运行机会，就又要四处繁殖、扩散，继续为害。潜伏性的第二种表现是指，计算机病毒的内部往往有一种触发机制，不满足触发条件时，计算机病毒除了传染外不做什么破坏。触发条件一旦得到满足，有的在屏幕上显示信息、图形或特殊标志，有的则执行破坏系统的操作，如格式化磁盘、删除磁盘文件、对数据文件加密、封锁键盘及使系统死锁等。

（4）可触发性。病毒因某个事件或数值的出现，诱使病毒实施感染或进行攻击的特性称为可触发性。为了隐蔽自己，病毒必须潜伏，少做动作。如果完全不动，一直潜伏的话，病毒既不能感染也不能进行破坏，便失去了杀伤力。病毒既要隐蔽又要维持杀伤力，它必须具有可触发性。病毒的触发机制就是用来控制感染和破坏动作的频率的。病毒具有预定的触发条件，这些条件可能是时间、日期、文件类型或某些特定数据等。病毒运行时，触发机制检查预定条件是否满足。如果满足，启动感染或破坏动作，使病毒进行感染或攻击；如果不满足，使病毒继续潜伏。

（5）破坏性。所有的计算机病毒都是一种可执行程序，而这一可执行程序又必然要运行，所以对系统来讲，所有的计算机病毒都存在一个共同的危害，即降低计算机系统的工作效率，占用系统资源，其具体情况取决于入侵系统的病毒程序。同时计算机病毒的破坏性主要取决于计算机病毒设计者的目的。如果病毒设计者的目的在于彻底破坏系统的正常运行，那么这种病毒对于计算机系统进行攻击造成的后果是难以设想的，它可以毁掉系统的部分数据，也可以破坏全部数据并使之无法恢复。但并非所有的病毒都对系统产生极其恶劣的破坏作用。有时几种本没有多大破坏作用的病毒交叉感染，也会导致系统崩溃等重大恶果。

（6）针对性。计算机病毒是针对特定的计算机和特定的操作系统的。例如，有针对PC 的，有针对 Apple 公司的 MAC OS X 的，有针对 UNIX 和 Linux 的，还有针对 Android、IOS 的。

（7）依附性。病毒程序嵌入到宿主程序中，依赖于宿主程序的执行而生存，这就是计算机病毒的寄生性。病毒程序在侵入到宿主程序中后，一般对宿主程序进行一定的修改，宿主程序一旦执行，病毒程序就被激活，从而可以进行自我复制和繁衍。

6.2.2 计算机病毒的传播途径

计算机病毒的传染性是计算机病毒最基本的特性。病毒的传染性是病毒赖以生存繁殖的条件,如果计算机病毒没有传播渠道,则其破坏性小,扩散面窄,难以造成大范围流行。计算机病毒必须要"搭载"到计算机上才能感染系统,通常它们是附加在某个文件上。计算机病毒的主要传播途径有 5 类,本节将对此进行详述。

1. 光盘

光盘因为容量大,存储了大量的可执行文件,大量的病毒就有可能藏身于光盘,对只读式光盘,不能进行写操作,因此光盘上的病毒不能清除。以谋利为目的非法盗版软件的制作过程中,不可能为病毒防护担负专门责任,也绝不会有真正可靠可行的技术保障避免病毒的传入、传染、流行和扩散。当前,盗版光盘的泛滥给病毒的传播带来了极大的便利。

2. 硬盘、移动硬盘、U 盘

由于将带病毒的硬盘在本地或移到其他地方使用、维修等,将干净的软盘传染并再扩散。

3. 论坛、各种下载站点

由于论坛、下载站点一般没有严格的安全管理,也无任何限制,这样就给一些病毒程序编写者提供了传播病毒的场所。随着论坛、下载站点的增多,给病毒的传播又增加了新的介质。

4. 网络

现代通信技术的巨大进步已使空间距离不再遥远,数据、文件、电子邮件可以方便地在各个网络工作站间通过电缆、光纤或电话线路进行传送,但也为计算机病毒的传播提供了新的"高速公路"。计算机病毒可以附在正常文件中,当用户从网络另一端得到一个被感染的程序,并在自己的计算机上未加任何防护措施的情况下运行时,病毒就传染开来了。在信息国际化的同时,病毒也在国际化,大量的国外病毒随着互联网传入国内。

随着 Internet 的风靡,给病毒的传播又增加了新的途径,并将成为第一传播途径。Internet 开拓性的发展可能使病毒成为灾难,病毒的传播更迅速,反病毒的任务更加艰巨。Internet 带来两种不同的安全威胁:一种威胁来自文件下载,这些被浏览的或通过 FTP 下载的文件中可能存在病毒;另一种威胁来自电子邮件,大多数 Internet 邮件系统提供了在网络间传送附带格式化文档邮件的功能,因此,遭受病毒的文档或文件就可能通过网关和邮件服务器涌入企业网络。网络使用的简易性和开放性使得这种威胁越来越严重。

5. 移动互联网

目前,这种传播途径还不是十分广泛,但预计在未来的信息时代,移动互联网的传播途径很可能与网络传播途径成为病毒扩散的两大"时尚渠道"。

6.2.3 计算机病毒的分类

按照计算机病毒的特点及特性，计算机病毒的分类方法有许多种。因此，同一种病毒可能有多种不同的分法。

1．按照计算机病毒攻击的系统分类

（1）攻击 Windows 系统的病毒。由于 Windows 的图形用户界面（GUI）和多任务操作系统深受用户的欢迎，从而成为病毒攻击的主要对象。1998 年发现的首例破坏计算机硬件的 CIH 病毒就是一个 Windows 病毒。

（2）攻击 UNIX 系统的病毒。当前，UNIX 系统应用非常广泛，并且许多大型的操作系统均采用 UNIX 作为其主要的操作系统，所以 UNIX 病毒的出现，对人类的信息处理也是一个严重的威胁。

2．按照病毒的攻击机型分类

（1）攻击微型计算机的病毒。这是世界上传染最为广泛的一种病毒。

（2）攻击小型机的计算机病毒。小型机的应用范围是极为广泛的，它既可以作为网络的一个节点机，也可以作为小的计算机网络的主机。起初，人们认为计算机病毒只有在微型计算机上才能发生，而小型机则不会受到病毒的侵扰，但自 1988 年 11 月 Internet 受到蠕虫病毒程序的攻击后，使得人们认识到小型机也同样不能免遭计算机病毒的攻击。

（3）攻击工作站的计算机病毒。随着计算机工作站的发展和应用范围的扩大，不难想象，攻击计算机工作站的病毒的出现也是对信息系统的一大威胁。

（4）手机病毒。随着智能手机的普及，手机上安装的 Android、IOS、Windows Phone 等系统逐渐成了病毒攻击的目标。手机病毒可利用发送短信、彩信及电子邮件、浏览网站、下载铃声、蓝牙等方式进行传播。手机病毒可能会导致用户手机死机、关机、资料被删、向外发送垃圾邮件、拨打电话等，甚至还会损毁 SIM 卡、芯片等硬件。如今的手机病毒，受到 PC 病毒的启发与影响，也有所谓混合式攻击的手法出现。

3．按照计算机病毒的链接方式分类

由于计算机病毒本身必须有一个攻击对象以实现对计算机系统的攻击，计算机病毒所攻击的对象是计算机系统可执行的部分。

（1）源码型病毒。该病毒攻击高级语言编写的程序，该病毒在高级语言所编写的程序编译前插入到源程序中，经编译成为合法程序的一部分。

（2）嵌入型病毒。这种病毒是将自身嵌入到现有程序中，把计算机病毒的主体程序与其攻击的对象以插入的方式链接。这种计算机病毒是难以编写的，一旦侵入程序体后也较难消除。如果同时采用多态性病毒技术、超级病毒技术和隐蔽性病毒技术，将给当前的反病毒技术带来严峻的挑战。

（3）外壳型病毒。外壳型病毒将其自身包围在主程序的四周，对源程序不做修改。这种病毒最为常见，易于编写，也易于发现，一般测试文件的大小即可知。

（4）操作系统型病毒。这种病毒用它自己的程序意图加入或取代部分操作系统进行工作，具有很强的破坏力，可以导致整个系统的瘫痪。圆点病毒和大麻病毒就是典型的操作系统型病毒。这种病毒在运行时，用自己的逻辑部分取代操作系统的合法程序模块，根据病毒自身的特点和被替代的操作系统中合法程序模块在操作系统中运行的地位与作用，以及病毒取代操作系统的取代方式等，对操作系统进行破坏。

4．按照计算机病毒的破坏情况分类

按照计算机病毒的破坏情况可分为两类，具体介绍如下。

（1）良性计算机病毒。良性病毒是指其不包含立即对计算机系统产生直接破坏作用的代码。这类病毒为了表现其存在，只是不停地进行扩散，从一台计算机传染到另一台计算机，并不破坏计算机内的数据。其实良性、恶性都是相对而言的。良性病毒取得系统控制权后，会导致整个系统和应用程序争抢 CPU 的控制权，导致整个系统死锁，给正常操作带来麻烦。因此也不能轻视所谓良性病毒对计算机系统造成的损害。

（2）恶性计算机病毒。恶性病毒是指在其代码中包含损伤和破坏计算机系统的操作，在其传染或发作时会对系统产生直接的破坏作用。这类病毒是很多的，如米开朗基罗病毒。当米氏病毒发作时，硬盘的前 17 个扇区将被彻底破坏，使整个硬盘上的数据无法被恢复，造成的损失是无法挽回的。有的病毒还会对硬盘做格式化等破坏。因此，这类恶性病毒是很危险的，应当注意防范。

5．按照计算机病毒的寄生部位或传染对象分类

传染性是计算机病毒的本质属性，根据寄生部位或传染对象分类，也即根据计算机病毒的传染方式进行分类，可分为下列三种。

（1）磁盘引导区传染的计算机病毒。磁盘引导区传染的病毒，主要是用病毒的全部或部分逻辑取代正常的引导记录，而将正常的引导记录隐藏在磁盘的其他地方。由于引导区是磁盘能正常使用的先决条件，因此，这种病毒在运行的一开始（如系统启动）就能获得控制权，其传染性较大。由于在磁盘的引导区内存储着需要使用的重要信息，如果对磁盘上被移走的正常引导记录不进行保护，则在运行过程中就会导致引导记录的破坏。引导区传染的计算机病毒较多，如"大麻"和"小球"病毒就是这类病毒。

（2）操作系统传染的计算机病毒。操作系统是一个计算机系统得以运行的支持环境，它包括.dll、.exe 等许多可执行程序及程序模块。操作系统传染的计算机病毒，就是利用操作系统中所提供的一些程序及程序模块寄生并传染的。通常，这类病毒作为操作系统的一部分，只要计算机开始工作，病毒就处在随时被触发的状态。而操作系统的开放性和不绝对完善性给这类病毒出现的可能性与传染性提供了方便。操作系统传染的病毒目前已广泛存在，"黑色星期五"即为此类病毒。

（3）可执行程序传染的计算机病毒。可执行程序传染的病毒通常寄生在可执行程序中，一旦程序被执行，病毒也就被激活，病毒程序首先被执行，并将自身驻留内存，然后设置触发条件，进行传染。

6．按照计算机病毒激活的时间分类

按照计算机病毒激活时间可分为定时的和随机的。定时病毒仅在某一特定时间才发作，而随机病毒一般不是由时钟来激活的。

7. 按照传播媒介分类

按照计算机病毒的传播媒介来分类，可分为单机病毒和网络病毒。

（1）单机病毒。单机病毒的载体是磁盘，常见的是病毒从软盘传入硬盘，感染系统，然后再传染其他软盘，软盘又传染其他系统。

（2）网络病毒。网络病毒的传播媒介不再是移动式载体，而是网络通道，这种病毒的传染能力更强，破坏力更大。

8. 按照寄生方式和传染途径分类

人们习惯将计算机病毒按寄生方式和传染途径来分类。计算机病毒按其寄生方式大致可分为两类，一是引导型病毒，二是文件型病毒；它们再按其传染途径又可分为驻留内存型和不驻留内存型，驻留内存型按其驻留内存方式又可细分。混合型病毒集引导型和文件型病毒特性于一体。

（1）引导型病毒会去改写（即一般所说的"感染"）磁盘上的引导扇区的内容，软盘或硬盘都有可能感染病毒。再不然就是改写硬盘上的分区表（FAT32、NTFS等）。如果用已感染病毒的软盘来启动，则会感染硬盘。

引导型病毒几乎清一色都会常驻在内存中，差别只在于内存中的位置（所谓"常驻"，是指应用程序把要执行的部分在内存中驻留一份。这样就可不必在每次要执行它的时候都到硬盘中搜寻，以提高效率）。

（2）文件型病毒主要以感染文件扩展名为.com、.exe 和.dll 等的可执行程序为主。它的安装必须借助于病毒的载体程序，即要运行病毒的载体程序，方能把文件型病毒引入内存。已感染病毒的文件执行速度会减缓，甚至完全无法执行。有些文件遭感染后，一执行就会遭到删除。大多数的文件型病毒都会把它们自己的代码复制到其宿主的开头或结尾处。这会造成已感染病毒文件的长度变长，但用户不一定能用 dir 命令列出其感染病毒前的长度。也有部分病毒是直接改写"受害文件"的程序码，因此感染病毒后文件的长度仍然维持不变。

感染病毒的文件被执行后，病毒通常会趁机再对下一个文件进行感染。有的高明一点的病毒，会在每次进行感染的时候，针对其新宿主的状况而编写新的病毒码，然后才进行感染。因此，这种病毒没有固定的病毒码，以扫描病毒码的方式来检测病毒的查毒软件，遇上这种病毒可就一点儿用都没有了。但反病毒软件随病毒技术的发展而发展，针对这种病毒现在也有了有效手段。大多数文件型病毒都是常驻在内存中的。

（3）混合型病毒综合引导型和文件型病毒的特性，它的"性情"也就比引导型和文件型病毒更为"凶残"。这种病毒通过这两种方式来感染，更增加了病毒的传染性及存活率。不管以哪种方式传染，只要中毒就会经开机或执行程序而感染其他磁盘或文件，此种病毒也是难杀灭的。

6.2.4 计算机病毒的破坏行为及防范

随着计算机及计算机网络的发展，伴随而来的计算机病毒传播问题越来越引起人们的关注。例如，CIH 计算机病毒、"蠕虫"病毒等，给广大计算机用户带来了极大的损失。

当计算机系统或文件感染计算机病毒时，需要检测和消除，采取有效的防范措施，就能使系统不感染病毒，或者感染病毒后能减少损失。

1. 计算机病毒的破坏行为

计算机病毒的破坏行为体现了病毒的杀伤能力。病毒破坏行为的激烈程度取决于病毒作者的主观愿望和其所具有的技术能量。数以万计、不断发展扩张的病毒，其破坏行为千奇百怪。根据常见的病毒特征，可以把病毒的破坏目标和攻击部位归纳如下。

（1）攻击系统数据区。攻击部位包括硬盘主引导扇区、BOOT 扇区、分区表、文件目录。一般来说，攻击系统数据区的病毒是恶性病毒，受损的数据不易恢复。

（2）攻击文件。病毒对文件的攻击方式很多，一般包括删除、改名、替换内容、丢失部分程序代码、内容颠倒、写入时间空白、假冒文件、丢失文件簇、丢失数据文件等。

（3）攻击内存。内存是计算机的重要资源，也是病毒经常攻击的目标。病毒额外地占用和消耗系统的内存资源，可以导致一些程序受阻，甚至无法正常运行。

病毒攻击内存的方式有占用大量内存、改变内存容量、禁止分配内存、蚕食内存等。

（4）干扰系统运行。病毒会干扰系统的正常运行，以此达到自己的破坏行为。一般表现为不执行命令、干扰内部命令的执行、虚假报警、打不开文件、内部栈溢出、占用特殊数据区、时钟倒转、重启动、死机、强制游戏、扰乱串并行口等。

（5）速度下降。病毒激活时，其内部的时间延迟程序启动。在时钟中载入了时间的循环计数，迫使计算机空转，计算机速度明显下降。

（6）攻击磁盘。攻击磁盘表现为攻击磁盘数据、不写盘、写操作变读操作、写盘时丢字节等。

（7）扰乱屏幕显示。病毒扰乱屏幕显示一般表现为字符跌落、环绕、倒置、显示前一屏、光标下跌、滚屏、抖动、乱写、吃字符等。

（8）干扰键盘操作。病毒干扰键盘操作主要表现为响铃、封锁键盘、换字、抹掉缓存区字符、重复、输入紊乱等。

（9）使喇叭发声。许多病毒运行时，会使计算机的喇叭发出响声。有的病毒作者让病毒演奏旋律优美的世界名曲，在高雅的曲调中抹掉人们的信息财富。一般表现为演奏曲子、警笛声、炸弹噪声、鸣叫、咔咔声、嘀嗒声等。

（10）攻击 CMOS。在机器的 CMOS 中保存着系统的重要数据，如系统时钟、磁盘类型、内存容量等，并具有校验和。有些病毒激活时，能够对 CMOS 进行写入动作，破坏系统 CMOS 中的数据。

（11）干扰打印机。干扰打印机主要表现为假报警、间断性打印、更换字符。

2. 计算机病毒的防御

计算机病毒的防范技术就像治病不如防病一样，杀毒不如防毒。从技术上采取措施，防范计算机病毒，执行起来并不困难。常见的计算机病毒的预防措施如下所述。

1）新购置的计算机硬、软件系统的测试

新购置的计算机是有可能携带计算机病毒的。因此，在条件许可的情况下，要用检测计算机病毒软件检查已知计算机病毒，用手动检测方法检查未知计算机病毒，并经过证实没有计算机病毒感染和破坏迹象后再使用。

2）计算机系统的启动

在保证硬盘无计算机病毒的情况下，尽量使用硬盘引导系统。启动前，一般应将光盘从光盘驱动器中取出或将 U 盘取出。这是因为即使在不通过光盘启动的情况下，只要光盘在启动时被读过，计算机病毒仍然会进入内存进行传染。很多计算机中，可以通过设置 CMOS 参数，使启动时直接从硬盘引导启动，而根本不去读光盘。这样即使光盘驱动器中插着光盘，启动时也会跳过光驱，尝试由硬盘进行引导。

3）单台计算机系统的安全使用

在自己的计算机上用别人的软盘前应进行检查。在别人的计算机上使用过自己的已打开了写保护的软盘，再在自己的计算机上使用前，也应进行计算机病毒检测。对重点保护的计算机系统应做到专机、专盘、专人、专用，封闭的使用环境中是不会自然产生计算机病毒的。

4）重要数据文件要有备份

硬盘分区表、引导扇区等关键数据应做备份工作，并妥善保管。在进行系统维护和修复工作时可作为参考。

重要数据文件定期进行备份工作。不要等到由于计算机病毒破坏、计算机硬件或软件出现故障，使用户数据受到损伤时再去急救。

对于光盘和 U 盘，尽可能妥善保管，防霉、防潮，并做好数据的备份。在任何情况下，总应保留一张干净的、无计算机病毒的、带有常用系统维护命令文件的系统启动光盘，用以清除计算机病毒和维护系统。

5）谨慎收取邮件及下载软件

不要随便直接运行或直接打开电子邮件中夹带的附件文件，不要随意下载软件，尤其是一些可执行文件和 Office 文档。即使下载了，也要先用新的防杀计算机病毒软件来检查。

6）计算机网络的安全使用

以上这些措施不仅可以应用在单机上，也可以应用在作为网络工作站的计算机上。而对于网络计算机系统，还应采取下列针对网络的防杀计算机病毒措施。

（1）安装网络服务器时，应保证没有计算机病毒存在，即安装环境和网络操作系统本身没有感染计算机病毒。

（2）在安装网络服务器时，应将文件系统划分成多个文件卷系统，至少划分成操作系统卷、共享的应用程序卷和各个网络用户可以独占的用户数据卷。这种划分十分有利于维护网络服务器的安全稳定运行和用户数据的安全。

（3）一定要用硬盘启动网络服务器，否则在受到引导型计算机病毒感染和破坏后，遭受损失的将不是一个人的计算机，而会影响到整个网络的中枢。

（4）为各个卷分配不同的用户权限。将操作系统卷设置成对一般用户为只读权限，屏蔽其他网络用户对系统卷除读和执行以外的所有其他操作，如修改、改名、删除、创建文件和写文件等操作权限。应用程序卷也应设置成对一般用户是只读权限的，不经授权、不经计算机病毒检测，就不允许在共享的应用程序卷中安装程序。保证除系统管理员外，其他网络用户不可能将计算机病毒感染到系统中，使网络用户总有一个安全的联网工作环境。

（5）在网络服务器上必须安装真正有效的防杀计算机病毒软件，并经常进行升级。必要的时候还可以在网关、路由器上安装计算机病毒防火墙产品，从网络出入口保护整个网络不受计算机病毒的侵害。在网络工作站上采取必要的防杀计算机病毒措施，可使用户不必担心来自网络内和网络工作站本身的计算机病毒侵害。

由于计算机病毒防治方法在技术上尚无法达到完美的境地，难免会有新的计算机病毒突破防护系统的保护，传染到计算机系统中。因此对可能由计算机病毒引起的现象应予以注意，发现异常情况时，不使计算机病毒传播影响到整个网络。

6.3 蠕虫病毒

1988 年，一个由美国 CORNELL 大学研究生莫里斯编写的蠕虫病毒蔓延造成了数千台计算机停机，蠕虫病毒开始现身网络；而后来的红色代码、尼姆达病毒疯狂的时候，造成了几十亿美元的损失；北京时间 2003 年 1 月 26 日，一种名为"2003 蠕虫王"的计算机病毒迅速传播并袭击了全球，致使互联网网路严重堵塞。这种病毒利用系统漏洞，主动进行攻击，可以对整个互联网造成瘫痪性的后果。在接下来的内容中，将分别分析这两种病毒的一些特征及防范措施。

6.3.1 蠕虫病毒概述

1. 蠕虫病毒的定义

蠕虫病毒是无需计算机使用者干预即可运行的独立程序，它通过不停地获得网络中存在漏洞的计算机上的部分或全部控制权来进行传播。蠕虫病毒与其他病毒的不同在于它不需要人为干预，且能够自主不断地复制和传播。在产生的破坏性上，蠕虫病毒也不是普通病毒所能比拟的，网络的发展使得蠕虫病毒可以在很短的时间内蔓延整个网络，造成网络瘫痪。

2. 蠕虫病毒的工作流程

蠕虫病毒的工作流程可以分为漏洞扫描、攻击、传染、现场处理 4 个阶段，如图 6.3 所示。蠕虫病毒扫描到有漏洞的计算机系统后，将蠕虫主体迁移到目标主机。然后，蠕虫病毒进入被感染的系统，对目标主机进行现场处理。现场处理部分的工作包括隐藏、信息搜集等。同时，蠕虫病毒生成多个副本，重复上述流程。不同的蠕虫采取的 IP 生成策略可能并不相同，甚至随机生成。各个步骤的繁简程度也不同，有的十分复杂，有的则非常简单。

通过前面的分析，可以把蠕虫病毒的工作方式归纳如下。

（1）随机产生一个 IP 地址。

（2）判断对应此 IP 地址的计算机是否可被感染。

第6章 恶意代码分析与防范

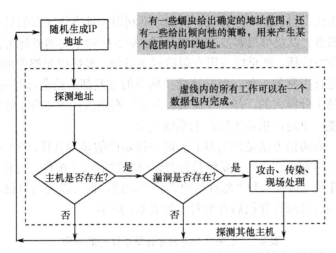

图 6.3 蠕虫病毒的工作流程

(3) 如果可被感染,则感染之。
(4) 重复(1)~(3)共 n 次,n 为蠕虫病毒产生的繁殖副本数量。

3. 蠕虫病毒的行为特征

通过对蠕虫病毒的整个工作流程进行分析,可以归纳得到它的行为特征。自我繁殖:蠕虫在本质上已经演变为黑客入侵的自动化工具,当蠕虫被释放(Release)后,从搜索漏洞,到利用搜索结果攻击系统,到复制副本,整个流程全由蠕虫自身主动完成。就自主性而言,这一点有别于通常的病毒。

(1) 利用软件漏洞。任何计算机系统都存在漏洞,蠕虫利用系统的漏洞获得被攻击的计算机系统的相应权限,使之进行复制和传播过程成为可能。这些漏洞是各种各样的,有的是操作系统本身的问题,有的是应用服务程序的问题,有的是网络管理人员的配置问题。正是由于漏洞产生原因的复杂性,导致各种类型的蠕虫泛滥。

(2) 造成网络拥塞。在扫描漏洞主机的过程中,蠕虫需要判断其他计算机是否存在、判断特定应用服务是否存在、判断漏洞是否存在等,这不可避免地会产生附加的网络数据流量。同时蠕虫副本在不同计算机之间传递,或者向随机目标发出的攻击数据都不可避免地会产生大量的网络数据流量。即使是不包含破坏系统正常工作的恶意代码的蠕虫,也会因为它产生了巨量的网络流量,导致整个网络瘫痪,造成经济损失。

(3) 消耗系统资源。蠕虫入侵到计算机系统之后,会在被感染的计算机上产生自己的多个副本,每个副本启动搜索程序寻找新的攻击目标。大量的进程会耗费系统的资源,导致系统的性能下降。这对网络服务器的影响尤其明显。

(4) 留下安全隐患。大部分蠕虫会搜集、扩散、暴露系统敏感信息(如用户信息等),并在系统中留下后门。这些都会导致未来的安全隐患。

4. 蠕虫病毒的防范

蠕虫病毒和一般的计算机病毒有着很大的区别。对于这种病毒,现在还没有一个成套的理论体系,但是一般认为,蠕虫病毒是一种通过网络传播的恶性病毒,它除了具有病毒的一些共性外，还具有自己的一些特征。例如，不利用文件寄生（有的只存在于内存中），对网络造成拒绝服务，以及与黑客技术相结合等。蠕虫病毒主要的破坏方式是大量地复制自身，然后在网络中传播，严重地占用有限的网络资源，最终引起整个网络的瘫痪，使用户不能通过网络进行正常的工作。每一次蠕虫病毒的暴发都会给全球经济造成巨大损失，因此它的危害性是十分巨大的。有一些蠕虫病毒还具有更改用户文件、将用户文件自动作为附件转发的功能，更是严重危害用户的系统安全。

蠕虫病毒的一般防治方法是使用具有实时监控功能的杀毒软件，防范邮件蠕虫的最好办法就是提高自己的安全意识，不要轻易打开带有附件的电子邮件。另外，可以启用很多杀毒软件的"邮件发送监控"和"邮件接收监控"功能，也可以提高自己对病毒邮件的防护能力。蠕虫病毒与普通计算机病毒的对照如表 6.1 所示。

表 6.1　蠕虫病毒与普通计算机病毒的对照

项　　目	普通病毒	蠕虫病毒
存在形式	寄生	独立个体
复制机制	插入到宿主程序（文件）中	自身的复制
传染机制	宿主程序运行	系统存在漏洞
搜索机制（传染目标）	主要是针对本地文件	主要是针对网络上的其他计算机
触发传染	计算机使用者	程序自身
影响重点	文件系统	网络性能、系统性能
计算机使用者角色	病毒传播中的关键环节	无关
防治措施	从宿主程序中摘除	为系统打补丁（Patch）

防范蠕虫病毒需要注意以下几点：

（1）选购合适的杀毒软件。蠕虫病毒的发展已经使传统的杀毒软件的"文件级实时监控系统"落伍，杀毒软件必须向内存实时监控和邮件实时监控发展。另外，面对防不胜防的网页病毒，也使得用户对杀毒软件的要求越来越高。

（2）经常升级病毒库。杀毒软件对病毒的查杀是以病毒的特征码为依据的，而病毒每天都层出不穷，尤其是在网络时代，蠕虫病毒的传播速度快、变种多，所以必须随时更新病毒库，以便能够查杀最新的病毒。

（3）不随意查看陌生邮件，尤其是带有附件的邮件。由于有的病毒邮件能够利用 Internet Explorer 和 Outlook 的漏洞自动执行，所以计算机用户需要升级 Internet Explorer 和 Outlook 程序，以及常用的其他应用程序。

6.3.2　蠕虫病毒案例

1．冲击波病毒

1）病毒概况

冲击波（Worm.Blaster）病毒是一种利用 NT 内核系统的 RPC 服务的漏洞对系统进行攻击的蠕虫病毒。该病毒针对没有打补丁的 Windows 2000、Windows XP 和 Windows Server 2003 系统等。事实上，在漏洞出现的时候就陆续出现了各种针对此漏洞的多种蠕虫病毒，早期的这些蠕虫病毒只是攻击此漏洞，造成远端系统的崩溃，而"冲击波"的出现将漏洞的危害发挥到极致——它利用漏洞进行快速传播。

该病毒感染系统后，会使计算机产生下列现象：系统资源被大量占用；有时会弹出 RPC 服务终止的对话框，并且系统反复重启，如图 6.4 所示；不能收发邮件、不能正常复制文件、无法正常浏览网页；复制粘贴等操作受到严重影响；DNS 和 IIS 服务遭到非法拒绝等。

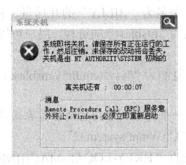

图 6.4 "冲击波"病毒感染后重启界面

2）病毒详细情况

（1）病毒运行时会将自身复制到 Window 目录下，并命名为 "msblast.exe"。

（2）病毒运行时会在系统中建立一个名为 "BILLY" 的互斥量，目的是病毒只保证在内存中有一份病毒体，为了避免用户发现。

（3）病毒运行时会在内存中建立一个名为 "msblast.exe" 的进程，该进程就是活的病毒体。

（4）病毒会修改注册表，在 "HKEY_LOCAL_MACHINE\SOFTWARE\Microsoft\Windows\CurrentVersion\Run" 中添加以下键值："windows auto update"="msblast.exe"，以便每次启动系统时，病毒都会运行。

（5）病毒体内隐藏有一段文本信息：

I just want to say LOVE YOU SAN!!

billy gates why do you make this possible？Stop making money and fix your software!!

（6）病毒会以 20s 为间隔，每 20s 检测一次网络状态，当网络可用时，病毒会在本地的 UDP/69 端口上建立一个 tftp 服务器，并启动一个攻击传播线程，不断地随机生成攻击地址，进行攻击，另外该病毒攻击时，会首先搜索子网的 IP 地址，以便就近攻击。

（7）当病毒扫描到计算机后，就会向目标计算机的 TCP/135 端口发送攻击数据。

（8）当病毒攻击成功后，便会监听目标计算机的 TCP/4444 端口作为后门，并绑定 "cmd.exe"。然后蠕虫会连接到这个端口，发送 "tftp" 命令，回连到发起进攻的主机，将 "msblast.exe" 传到目标计算机上并运行。

（9）当病毒攻击失败时，可能会造成没有打补丁的 Windows 系统 RPC 服务崩溃，Windows XP 系统可能会自动重启计算机。该蠕虫不能成功攻击 Windows Server 2003，但是可以造成 Windows Server 2003 系统的 RPC 服务崩溃，默认情况下是系统反复重启。

（10）病毒检测到当前系统月份是 8 月之后或日期是 15 日之后，就会向微软的更新站点 "windowsupdate.com" 发动拒绝服务攻击，使微软网站的更新站点无法为用户提供服务。

3）病毒的防范与清除

（1）用户可以先进入微软网站，下载相应的系统补丁，给系统打上补丁。每个 Windows 都有相应的版本，下面是一个 Windows XP 的 32 位版本的下载补丁地址：

http://microsoft.com/downloads/details.aspx? FamilyId=2354406C.C5B6.44AC.9532.3DE40F69C074 c}.displaylang=en

（2）病毒运行时会建立一个名为"BILLY"的互斥量，使病毒自身不重复进入内存，并且病毒在内存中建立一个名为"msblast"的进程，用户可以用任务管理器将该病毒进程终止。

（3）病毒运行时会将自身复制为"%systemdir%\msblast.exe"，用户可以手动删除该病毒文件。

注意："%systemdir%"是一个变量，它指的是操作系统安装目录中的系统目录，默认是"C:\Windows\system"或"C:\Winnt\system32"。

（4）病毒会修改注册表的"HKEY-LOCAL-MACHINE\SOFTWARE\Microsoft\Windows\CurrentVersion\Run"项，在其中加入"windows auto update"="msblast.exe"进行自启动，用户可以手工清除该键值。

（5）病毒会用到 135、4444、69 等端口，用户可以使用 Windows 防火墙软件将这些端口禁止或使用 TCP/IP 筛选功能禁止这些端口。

（6）用户也可以使用冲击波病毒专杀工具来进行查杀，如图 6.5 所示就是 RPC 漏洞蠕虫专用查杀工具界面。

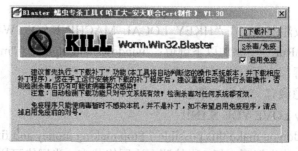

图 6.5 冲击波病毒专杀工具

2. 熊猫烧香病毒

1）病毒概况

熊猫烧香（worm.nimaya）又称武汉男生或尼姆亚，是一种蠕虫病毒，是由 Delphi 编程工具编写的，能终止大量的反病毒软件和防火墙软件。病毒会删除扩展名为.gh 的文件，使用户无法使用 Ghost 软件恢复操作系统。熊猫烧香病毒可感染系统的.exe、.com、.pif、.src、.html、.asp 文件，添加病毒网址，导致用户一打开这些网页文件，IE 浏览器就会自动连接到指定的病毒网址中下载病毒，并在硬盘各个分区下生成文件"autorun.inf"和"setup.exe"。

该病毒可以通过 U 盘和移动硬盘等方式进行传播，并且利用 Windows 系统的自动播放功能来运行，搜索硬盘中的.exe 可执行文件并感染，感染后的文件图标变成"熊猫烧香"图案。熊猫烧香病毒还可以通过共享文件夹、系统弱口令等多种方式进行传播。这是中国近年来发生的比较严重的一次蠕虫病毒发作,影响了较多公司,造成了较大的损失。如图 6.6 所示为感染病毒后的熊猫烧香图标。

图 6.6　中了熊猫烧香病毒的计算机桌面

2）病毒的防范和清除

防范熊猫烧香病毒的具体步骤如下：

（1）安装杀毒软件,并在上网时打开网页实时监控。

（2）网站管理员应该更改机器密码,以防止病毒通过局域网传播。

（3）当 QQ、UC 的漏洞已经被该病毒利用时,用户应该去相应的官方网站打好最新补丁。

（4）该病毒会利用 IE 浏览器的漏洞进行攻击,因此用户应该给 IE 浏览器打好所有的补丁。如果有必要,用户可以暂时使用 Firefox、Opera 等比较安全的浏览器。

如果计算机中了熊猫烧香病毒,则可以采取以下步骤来对它进行清除：

（1）断开网络。

（2）结束病毒进程 "%System%\FuckJacks.exe"。

（3）删除病毒文件 "%System%\FuckJacks.exe"。

（4）在分区盘符上单击右键,在弹出的快捷菜单中选择【打开】命令,进入分区根目录删除根目录下的两个文件 "X\autorun.inf" 和 "X:\setup.exe"。

（5）在注册表中删除病毒创建的启动项：

[HKEY-CURRENT-USER\Software\Microsoft\Windows\CurrentVersion\Run]
"FuckJacks"="%System%\FuckJacks .exe"
HKEY LOCAL MACHINE\SOFTWARE\Microsoft\Windows\CurrentVersion\Run]
"svohost"="%System%\FuckJacks.exe"

（6）修复或重新安装反病毒软件。
（7）使用反病毒软件或专杀工具进行全盘扫描，清除恢复被感染的.exe文件。

6.4 特洛伊木马攻防

6.4.1 木马的概念及其危害

"特洛伊木马"（trojan horse）简称"木马"，据说这个名称来源于希腊神话《木马屠城记》。如今黑客程序借用其名，有"一经潜入，后患无穷"的意思。目前，大多数安全专家统一认可的定义是："特洛伊木马是一段能实现有用的或必需的功能的程序，但是同时还完成一些不为人知的功能。"

木马利用自身所具有的植入功能，或者依附其他具有传播能力的程序，或者通过入侵后植入等多种途径，进驻目标机器，搜集其中各种敏感信息，并通过网络与外界通信，发回所搜集到的各种敏感信息，接受植入者指令，完成其他各种操作，如修改指定文件、格式化硬盘等。

目前，木马常被用作网络系统入侵的重要工具和手段。感染了木马的计算机将面临数据丢失和机密泄露的危险。木马往往又被用作后门，植入被攻破的系统，以便为入侵者再次访问系统提供方便；或者利用被入侵的系统，通过欺骗合法用户的某种方式暗中散发木马，以便进一步扩大入侵成果和入侵范围，为进行其他入侵活动，如分布式拒绝服务攻击（DDoS）等提供可能。

大型网络服务器也面临木马的威胁，入侵者可通过对其所植入的木马而偷窃到系统管理员的口令。而当一个系统服务器安全性较高时，入侵者往往会通过首先攻破庞大系统用户群中安全性相对较弱的普通计算机用户，然后借助所植入木马获得有效信息（如系统管理员口令），并最终达到入侵系统目标服务器的目的。

木马程序具有很大的危害性，主要表现在：
- 自动搜索已中木马的计算机；
- 管理对方资源，如复制文件、删除文件、查看文件内容、上传文件、下载文件等；
- 跟踪监视对方屏幕；
- 直接控制对方的键盘、鼠标；
- 随意修改注册表和系统文件；
- 共享被控计算机的硬盘资源；
- 监视对方任务且可终止对方任务；
- 远程重启和关闭机器。

一个典型的特洛伊木马（程序）通常具有以下4个特点：有效性、隐蔽性、顽固性和易植入性。此外，木马还具有以下辅助型特点：自动运行、欺骗性、自动恢复和功能的特殊性。

一个完整的木马系统由硬件部分、软件部分和具体连接部分组成。

（1）硬件部分：建立木马连接所必需的硬件实体，包括控制端（对服务端进行远程控制的一方）、服务端（被控制端远程控制的一方）和 Internet（数据传输的网络载体）。

（2）软件部分：实现远程控制所必需的软件程序，包括控制端程序（控制端用以远程控制服务端的程序）、木马程序（潜入服务端内部，获取其操作权限的程序）和木马配置程序（设置木马程序的端口号、触发条件、木马名称等，使其在服务端藏得更隐蔽的程序）。

（3）具体连接部分：通过 Internet 在服务端和控制端之间建立一条木马通道所必需的元素，包括控制端 IP、服务端 IP（木马进行数据传输的目的地）、控制端端口、木马端口（通过这个入口，数据可直达控制端程序或木马程序）。

6.4.2 特洛伊木马攻击原理

计算机"木马"大多都是网络客户/服务（Client/Server）程序组合。它常由一个可由攻击者用来控制被侵计算机的客户端程序和一个运行在被控计算机端的服务端程序组成。

当攻击者要利用"木马"进行网络入侵，一般需完成如下环节：
- 向目标主机植入木马；
- 启动和隐藏木马；
- 服务器端（目标主机）和客户端建立连接；
- 进行远程控制。

1. 植入技术

木马植入技术可以大概分为主动植入与被动植入两类。所谓主动植入，就是攻击者主动将木马程序种到本地或远程主机上，这个行为过程完全由攻击者主动掌握。而被动植入，是指攻击者预先设置某种环境，然后被动等待目标系统用户的某种可能的操作，只有这种操作执行，木马程序才有可能植入目标系统。

1）主动植入

主动植入一般需要通过某种方法获取目标主机的一定权限，然后由攻击者自己动手进行安装。按照目标系统是本地还是远程的区分，这种方法又有本地安装与远程安装之分。

由于在一个系统植入木马，不仅需要将木马程序上传到目标系统，还需要在目标系统运行木马程序；所以主动植入不仅需要具有目标系统的写权限，还需要可执行权限。如果仅仅具有写权限，只能将木马程序上传但不能执行，这种情况属于被动植入，因为木马仍然需要被动等待以某种方式被执行。

本地安装就是直接在本地主机上进行安装。试想一下，有多少人的计算机能确保除了自己之外不会被任何人使用。而在经常更换使用者的网吧计算机上，这种安装木马的方法更是非常普遍，也非常有效。

远程安装就是通过常规攻击手段获得目标主机的一定权限后，将木马上传到目标主机上，并使其运行起来。例如，某些系统漏洞的存在，使得攻击者可以利用漏洞远程将木马程序上传并执行。

以下是几种黑客常用的主动植入技术：

(1) 利用系统自身漏洞植入；
(2) 利用第三方软件漏洞植入。
2) 被动植入
就目前的情况，被动植入技术主要是利用以下方式将木马程序植入目标系统：
(1) 网页浏览植入；
(2) 利用电子邮件植入；
(3) 利用网络下载植入；
(4) 利用即时通信工具植入；
(5) 利用恶意文件植入；
(6) 利用移动存储设备植入。

如图 6.7 所示是木马植入者通过 QQ 即时通信软件传过来的伪装成美女图片的木马程序，只要用户双击该图片就会在本机上植入木马。

图 6.7 通过 QQ 植入木马

2. 自动加载技术

木马程序在被植入目标主机后，不可能寄希望于用户双击其图标来运行启动，只能不动声色地自动启动和运行，攻击才能以此为依据侵入被侵主机，完成控制。

针对 Windows 系统，木马程序的自动加载运行主要有以下一些方法：
(1) 修改系统文件；
(2) 修改系统注册表；
(3) 修改文件打开关联；
(4) 修改任务计划；
(5) 修改组策略；
(6) 修改启动文件夹；
(7) 替换系统自动运行的文件；
(8) 替换系统 DLL。

3. 隐藏技术

木马犹如过街老鼠，人人喊打。木马想要在目标主机上存活下来，还须注意隐藏自己，潜伏下来，使自身不被主机合法用户所发现。想要隐藏木马的服务端，可以是伪隐藏，也可以是真隐藏。伪隐藏是指程序的进程仍然存在，只不过是让它消失在进程列表里。真隐藏则是让程序彻底消失，不以一个进程或服务的方式工作。几种典型的隐藏技术如下：
(1) 设置窗口不可见（从任务栏中隐藏）；

（2）把木马程序注册为服务（从进程列表中隐藏）；
（3）欺骗查看进程的函数（从进程列表中隐藏）；
（4）使用可变的高端口（端口隐藏技术）；
（5）使用系统服务端口（端口隐藏技术）；
（6）替换系统驱动或系统 DLL （真隐藏技术）。

例如，让木马从进程列表中消失，是木马最基本的技术了；如果木马程序出现在进程列表中，只能说这是一个很"烂"的木马。在 Windows 7/Windows Server 2008 等系统下，把木马服务端程序注册为一个服务就可以了，这样，程序就会从任务列表中消失了，因为系统不认为它是一个进程，当按下 Ctrl+Alt+Del 组合键时，也就看不到这个程序了。但是，这种方法对于 Windows 7/Windows Server 2008 等操作系统来说，通过服务管理器，同样会发现在系统中注册过的服务。

4．连接技术

在网络客户/服务工作模式中，必须具有一台主机提供服务（服务器），另一台主机接受服务（客户端），这是最起码的硬件必需，也是"木马"入侵的基础。

建立连接时，作为服务器的主机会打开一个默认的端口进行侦听（Listen），如果有客户机向服务器的这一端口提出连接请求，服务器上的相关程序（木马服务器端）就会自动运行，并启动一个守护进程来应答客户机的各种请求。常见的木马使用的端口如表 6.2 所示。

表 6.2 常见的木马使用的端口

木马软件	端口号	木马软件	端口号
网络神偷	8102	WRY、赖小子、火凤凰	8011
黑洞 2000	2000	蓝色火焰	19191
网络公牛	23445	Netspy Dk	31339
BO、DeepBO	31338	The Spy	40412
黑洞 2001	2001	NetSpy	1033
广外女生	6267	BO jammerkillahv	121
网络精灵 3.0	7306	ICOTrpjan	4590
冰河	7626	Netbull	23444

传统的木马都是由客户端（控制端）向服务端（被控制端）发起连接，而反弹窗口木马是由服务端主动向客户端发起连接。这种连接技术与传统的连接技术相比，更容易通过防火墙，因为它是由内向外发起连接。

5．监控技术

木马连接建立后，客户端端口和服务器端口之间将会出现一条通道，客户端程序可由这条通道与服务器上的木马程序取得联系，并通过木马程序对服务器端进行远程控制。木马的远程监控功能概括起来有以下几点：
（1）获取目标机器信息；
（2）记录用户事件；
（3）远程操作。

6.4.3 特洛伊木马案例

下面看看两种比较流行的特洛伊木马：Back Orifice 和冰河。

1. Back Orifice

1998 年，Cult of the Dead Cow（死牛祭祀）开发了 Back Orifice，其界面如图 6.8 所示。这个程序很快在特洛伊木马领域出尽风头，它不仅有一个可编程的 API，还有许多其他新型的功能，令许多正规的远程控制软件也相形失色。

Back Orifice 2000（即 BO2K）是 BO 的后续版本，按照 GNUGPL（General Public License）发行，希望能够吸引一批正规用户，以此与老牌的远程控制软件如 pcAnywhere 展开竞争。但是，它默认的隐蔽操作模式和明显带有攻击色彩的意图使得许多用户不太可能在短时间内接受。攻击者可以利用 BO2K 的服务器配置工具配置许多服务器参数，包括 TCP 或 UDP、端口号、加密类型、秘密激活、密码、插件等。

Back Orifice 的许多特性给人以深刻的印象，如键盘事件记录、HTTP 文件浏览、注册表编辑、音频和视频捕获、密码窃取、TCP/IP 端口重定向、消息发送、远程重新启动、远程锁定、数据包加密、文件压缩、等等。Back Orifice 带有一个软件开发工具包（SDK），允许通过插件扩展其功能。

图 6.8　Back Orifice 界面

2. 冰河

冰河是一个非常有名的木马工具，它包括两个可运行的程序"G_Server"和"G_Client"，其中前者是木马的服务器端，就是用来植入目标主机的程序，后者是木马的客户端，也就是木马的控制台。运行客户端后其界面如图 6.9 所示。

通过使用冰河木马，我们可以实现对远程目标主机的控制。在远程目标主机上运行"G_Server"，作为服务器端，在当前主机上运行"G_Client"作为控制台。

冰河的主要功能有：

（1）自动跟踪目标机屏幕变化，同时可完全模拟键盘及鼠标输入，即在同步被控端屏幕变化的同时，监控端的一切键盘及鼠标操作将反映在被控端屏幕（局域网适用），如图 6.10 所示。

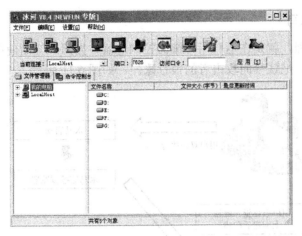

图 6.9 冰河的客户端运行界面

图 6.10 "冰河"捕获远程主机屏幕信息

（2）记录各种口令信息，包括开机口令、屏保口令、各种共享资源口令及绝大多数在对话框中出现过的口令信息。

（3）获取系统信息，包括计算机名、注册公司、当前用户、系统路径、操作系统版本、当前显示分辨率、物理及逻辑磁盘信息等多项系统数据。

（4）限制系统功能，包括远程关机、远程重启计算机、锁定鼠标、锁定系统热键及锁定注册表等多项功能限制。

（5）远程文件操作，包括创建、上传、下载、复制、删除文件或目录、文件压缩、快速浏览文本文件、远程打开文件（提供了 4 种不同的打开方式：正常、最大化、最小化和隐藏方式）等多项文件操作功能。

（6）注册表操作，包括对主键的浏览、增删、复制、重命名和对键值的读写等所有注册表操作功能。

（7）发送信息，以 4 种常用图标向被控端发送简短信息。

（8）点对点通信，以聊天室形式与被控端进行在线交谈。

3. 一种网购木马

网购木马的原理，就是在运行后持续监控浏览器。当用户开始使用目标付款页面时，木马修改页面元素，把钱导向攻击者的银行账户，如图 6.11 所示。

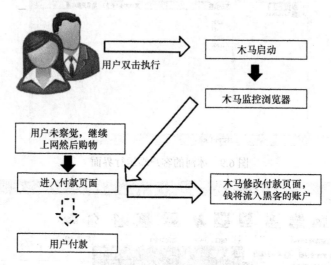

图 6.11　网购木马示意图

（1）一旦杀毒厂商获得最新木马样本，撷取木马特征并且下发规则，那么杀毒软件就有能力查杀网购木马，黑客的收入就会受到影响。

（2）从网购木马开始传播，一直到杀毒软件更新木马特征库这段时间越长，木马作者就能赚越多的钱。

（3）在开始传播网购木马之前，黑客会确定所有主流杀毒软件无法侦测此网购木马。网购木马越低调隐蔽，木马作者就能赚越多的钱。

6.4.4　特洛伊木马的检测和防范

1. 木马的检测

根据木马工作的原理，木马的检测一般有以下一些方法：端口扫描；检查系统进程；检查*.INI 文件、注册表和服务；监视网络通信。

（1）端口扫描。扫描端口是检测木马的常用方法。大部分的木马服务端会在系统中监听某个端口，因此，通过查看系统上开启了哪些端口能有效地发现远程控制木马的踪迹。操作系统本身就提供了查看端口状态的功能，在命令行下输入"netstat-an"可以查看系统内当前已经建立的连接和正在监听的端口，同时可以查看正在连接的远程主机 IP 地址。

对于 Windows 系统，有一些很有用的工具用于分析木马程序的网络行为。例如，fport 不但可以查看系统当前打开的所有 TCP/UDP 端口，而且可以直接查看与之相关的程序名称，为过滤可疑程序提供了方便。

（2）查看系统进程。既然木马的运行会生成系统进程，那么对系统进程列表进行分析和过滤也是发现木马的一个方法。虽然现在也有一些技术使木马进程不显示在进程管理器中，不过很多木马在运行期都会在系统中生成进程。因此，检查进程是一种非常有效的发现木马踪迹的方法。

使用进程检查的前提是需要管理员了解系统正常情况下运行的系统进程。这样当有不正常的系统进程出现时，管理员能很快发现。

（3）检查*.INI 文件、注册表和服务。Windows 系统中能提供开机启动程序的几个地方：开始菜单的启动项，这里太明显，几乎没有木马会用这个地方；Win.ini/System.ini，有部分木马采用，不太隐蔽；注册表，隐蔽性强且实现简单，多数木马采用；服务，隐蔽性强，部分木马采用。

（4）监视网络通信。一些特殊的木马程序（如通过 ICMP 协议通信），被控端不需要打开任何监听端口，也无需反向连接，更不会有什么已经建立的固定连接，使得 netstat 或 fport 等工具很难发挥作用。

对付这种木马，除了检查可疑进程之外，还可以通过 Sniffer 软件监视网络通信来发现可疑情况。首先关闭所有已知有网络行为的合法程序，然后打开 Sniffer 软件进行监听，若在这种情况下仍然有大量的数据传输，则基本可以确定后台正运行着恶意程序。这种方法并不是非常的准确，并且要求对系统和应用软件较为熟悉，因为某些带自动升级功能的软件也会产生类似的数据流量。

2. 木马的清除与防范

知道了木马加载的地方，首先要做的当然是将木马登记项删除，这样木马就无法在开机时启动了。不过有些木马会监视注册表，一旦你删除，它立即就会恢复回来。因此，在删除前需要将木马进程停止，然后根据木马登记的目录将相应的木马程序删除。

对于普通用户来说，清除木马最好的办法是借助专业杀毒软件或是清除木马的软件来进行。普通用户不可能有足够的时间和精力没完没了地应付各种有害程序；分析并查杀恶意程序是各大安全公司的专长，所以对于大多数用户来说，安装优秀的杀病毒和防火墙软件并定期升级，不失为一种安全防范的有效手段。

虽然木马程序隐蔽性强，种类多，攻击者也设法采用各种隐藏技术来增加被用户检测到的难度，但由于木马实质上是一个程序，必须运行后才能工作，所以会在计算机的文件系统、系统进程表、注册表、系统文件和日志等中留下蛛丝马迹，用户可以通过"查、堵、杀"等方法检测和清除木马。

其具体防范技术方法主要包括：检查木马程序名称、注册表、系统初始化文件和服务、系统进程和开放端口，安装防病毒软件，监视网络通信，堵住控制通路和杀掉可疑进程等。

以下提出的是防范木马程序的一般方法：

（1）不使用来历不明的软件；

（2）多一份提防心；

（3）加强自身安全建设；

（4）即时发现，即时清除。

随着计算机网络技术和程序设计技术的发展，木马程序的编制技术也在不断变化更新。目前主要体现出以下一些发展趋势：跨平台、模块化设计、无连接木马、主动植入和木马与病毒的融合。

本 章 小 结

本章主要介绍了常见恶意代码如病毒、蠕虫、木马等的相关知识，包括基本概念、特征、感染方式及途径等。当今对计算机感染的恶意代码远远不止这些，如逻辑炸弹（Logic Bombs）、后门、Rootkit、网页恶意脚本（Malicious Scripts）和恶意 ActiveX 控件等，这些恶意代码也给世界经济、文化、军事方面带来了不可估量的影响。

本 章 习 题

一、填空题

1. 计算机病毒，是指编制或在计算机程序中插入的破坏计算机功能或毁坏数据，影响计算机使用，并能自我复制的一组_____或_____。
2. 计算机病毒的产生过程可分为：程序设计→传播→潜伏→触发→运行→_____。
3. 按照计算机病毒的破坏情况可分为两类：_____、_____。
4. 计算机病毒防范，是指通过建立合理的计算机病毒_____和_____，及时发现计算机病毒侵入，并采取有效的手段阻止计算机病毒的传播和破坏，恢复受影响的计算机系统和数据。
5. 一般木马分为_____端和_____端两部分。

二、选择题

1. 下列属于操作系统传染的计算机病毒的是（　　）。
   A．"大麻"病毒　　　　　　　　B．"小球"病毒
   C．"黑色星期五"病毒　　　　　D．Word 宏病毒
2. 计算机病毒的（　　）是病毒的基本特征。
   A．程序性　　B．传染性　　C．潜伏性　　D．破坏性
3. （　　）是无需计算机使用者干预即可运行的独立程序，它通过不停地获得网络中存在漏洞的计算机上的部分或全部控制权来进行传播。
   A．蠕虫病毒　　B．Word 宏病毒　　C．CIH 病毒　　D．引导型病毒

三、简答题

1. 简述计算机病毒的定义、分类、特性、感染途径。
2. 简述计算机病毒的破坏行为。
3. 简述恶意代码的一般运行机制。

4. 什么是蠕虫病毒，防治蠕虫病毒的要点是什么？
5. 简述蠕虫病毒行为特征和防治措施。
6. 简述蠕虫和病毒的异同。
7. 什么是木马？如何对木马进行检测、清除和防范？

实训 6 Symantec 企业防病毒软件的安装与配置

一、实训目的

了解企业防病毒软件的安装、配置和客户端配置技巧。通过企业防病毒软件的使用基本掌握企业防病毒的实现方式。

二、实训要求

本实训假定某公司采用 Symantec Endpoint Protection（端点保护，简称为 SEP）作为安全防护解决方案，网络管理员需要在一台安装 Windows Server 2008 操作系统的计算机上安装 SEP 服务器端软件，然后对其受管的所有客户端进行部署。

三、实训环境

操作系统：Windows Server 2008 中文版（用于安装 SEP）。
虚拟机：VMware Workstation 9.0。
企业防病毒软件：Symantec Endpoint Production 12.1。
Symantec 的管理是基于 Web 方式进行管理的，因此它在安装部署控制台的时候需要安装 IIS 组件。在 IIS6.0 下只要安装基本的 IIS 组件就可以了，但是在 IIS7.0 下需要安装 IIS 之外还需要安装 ASP.NET、CGI 和 IIS6.0 兼容组件。

四、相关知识

防病毒是网络安全的重中之重。当网络中的个别客户端感染病毒后，就有可能在极短的时间内感染整个网络，造成网络服务中断或瘫痪，所以局域网的防病毒工作非常重要。最常用的方法就是在网络中部署企业版杀毒软件，如 Symantec AntiVirus、McAfee 与趋势科技等企业的网络版杀毒软件等。本实训重点介绍 Symantec 公司推出的新一代企业版网络安全防护产品——Symantec Endpoint Protection（SEP）。它将 Symantec AntiVirus 与高级威胁防御功能相结合，可以为笔记本电脑、台式机和服务器提供安全防护功能。它在一个客户端代理和管理控制台中无缝集成了基本安全技术，不仅提高了防护能力，而且还有助于降低总拥有成本。Symantec Endpoint Production 的安装和部署可以根据用户企业内部的 PC 人员的数量来进行推送部署，并且在推送和管理的时候可以根据 Web 来管理和设定很复杂的防火墙及相应的策略管制。

新一代 Symantec 安全防护产品主要包括 Symantec Endpoint Protection（端点保护）和 Symantec Network Access Control（端点安全访问控制）两种。每一种功能都可以提供强大的 Symantec Endpoint Protection Manager（端点保护管理），以帮助管理员快速完成网络安全的统一部署和管理。

SEP 的主要功能如下：

（1）无缝集成了一些基本技术，如集成了防病毒、反间谍软件、防火墙、入侵防御和设备控制技术。

（2）只需要一个代理，通过一个管理控制台，即可进行管理。

（3）由端点安全领域的市场领导者提供无可匹敌的端点防护。

（4）无需对每个端点额外部署软件，即可立即进行 NAC 升级。

SEP 的主要优势如下：

（1）阻截恶意软件，如病毒、蠕虫、特洛伊木马、间谍软件、零日威胁和 Rootkit。

（2）防止安全违规事件的发生，从而降低管理开销。

（3）降低保障端点安全的总体拥有成本（TCO）。

五、实训步骤

1. 安装 Symantec Endpoint Protection Manager

（1）将安装光盘插入计算机光驱，双击光盘根目录下的 Setup.exe 文件，启动安装程序，显示如图 6.12 所示的【Symantec Endpoint Protection 安装程序】对话框。选择【安装 Symantec Endpoint Protection Manager 安装管理服务器和控制台，并部署受管客户端】项。

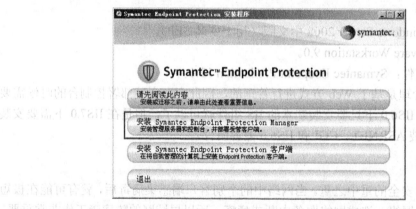

图 6.12 【Symantec Endpoint Protection 安装程序】对话框

（2）单击【下一步】按钮，弹出【授权许可协议】对话框，选择【我接受该许可证协议中的条款】单选按钮。

（3）单击【下一步】按钮，弹出如图 6.13 所示的【目标文件夹】对话框，单击【更改】按钮可以重新选择安装目录，建议使用默认安装路径。

（4）单击【下一步】按钮，弹出如图 6.14 所示的【选择网站】对话框。若要在该服务器上使 Symantec Endpoint Protection Manager IIS Web 和原有的 Web 站点同时运行，则选择【使用默认网站】单选按钮；若要将 Symantec Endpoint Protection Manager IIS Web 配置为当前服务器上唯一的 Web 站点，则选择【创建自定义网站（建议）】单选按钮。为了提高服务器的安全性，建议选择【创建自定义网站（建议）】单选按钮。

图 6.13　选择目标文件夹

（5）单击【下一步】按钮，弹出【准备安装程序】对话框，提示安装向导已经准备就绪，单击【安装】按钮，即开始安装。需要等待几分钟的时间，弹出如图 6.15 所示的【安装向导已完成】对话框。

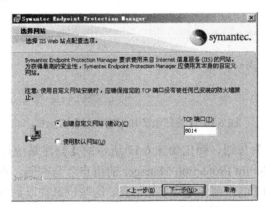

图 6.14　【选择网站】对话框

图 6.15　【完成安装】对话框

2．配置 Symantec Endpoint Protection Manager

安装完成 Symantec Endpoint Protection Manager 后，还应该对其进行配置，包括创建服务器组、设置站点名称、管理员密码、客户端安装方式，以及制作客户端安装包等。其

具体操作步骤如下:

(1) 选择【开始】|【程序】|【Symantec Endpoint Protection Manager】|【管理服务器配置向导】命令,弹出如图 6.16 所示的【管理服务器配置向导】对话框。此处提供【简单】与【高级】两种配置类型。其区别在于:【简单】是指小于 100 个用户的情况,并且使用嵌入式数据库;而【高级】是指大于 100 个用户,同时可以使用 Microsoft SQL Server 作为数据库,根据客户端的数量进行选择,这里选择【简单】单选按钮。

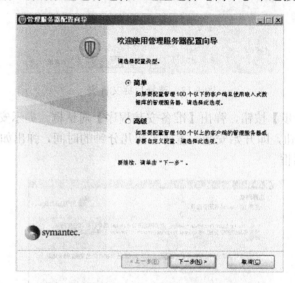

图 6.16 【管理服务器配置向导】对话框

(2) 单击【下一步】按钮,弹出如图 6.17 所示的【创建系统管理员账户】对话框,设置登录 Symantec Endpoint Protection Manager 的用户名与密码。在这里输入【用户名】、【密码】、【确认密码】和【电子邮件地址】等信息。这些信息在以后打开 SEPM 并管理 SEP 客户端和制定相应的策略时需要用到。

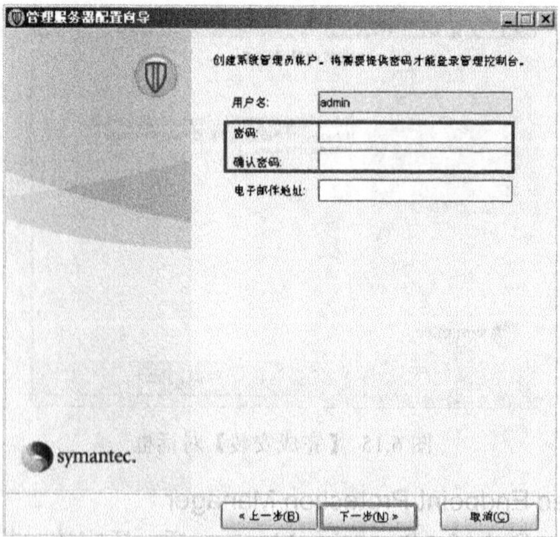

图 6.17 【创建系统管理员账户】对话框

（3）单击【下一步】按钮，弹出如图 6.18 所示的显示配置相关信息对话框，显示管理服务器使用的相关配置信息。单击【下一步】按钮，等待系统创建好数据库之后，弹出如图 6.19 所示的【管理服务器配置向导已完成】对话框，完成 Symantec Endpoint Protection Manager 的配置。

图 6.18　显示配置相关信息

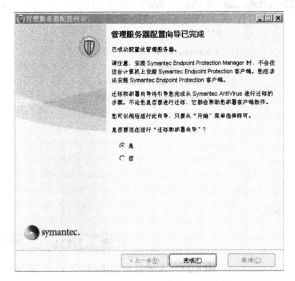

图 6.19　【管理服务器配置向导已完成】对话框

3．迁移和部署向导

迁移和部署向导主要用来帮助管理员完成客户端的部署，或者将客户端从旧版本 Symantec AntiVirus 迁移到 Symantec Endpoint Protection 管理平台。

迁移和部署向导的具体操作步骤如下：

（1）用户可以在完成管理服务器配置向导后立即开始部署，也可以选择【开始】|【迁移和部署向导】命令，弹出【迁移和部署向导】对话框，如图 6.20 所示。

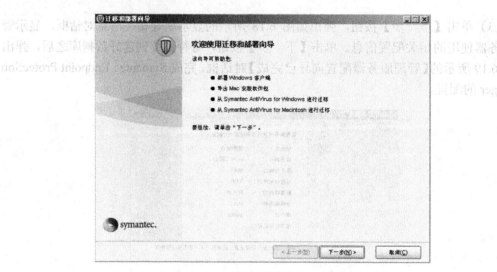

图 6.20 【迁移和部署向导】对话框

（2）单击【下一步】按钮，如图 6.21 所示。如果要部署防病毒软件客户端，选择【部署 Windows 客户端】单选按钮；如果已经部署了防病毒软件客户端，也可以选择【从 Symantec AntiVirus for Windows 进行迁移】单选按钮。这里因为是首次安装，可以选择【部署 Windows 客户端】单选按钮。

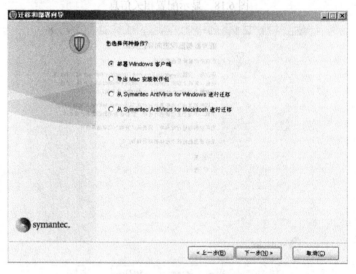

图 6.21 部署客户端选择

（3）单击【下一步】按钮，如图 6.22 所示。【指定您要部署客户端的新组名】是要指定一个将要部署给某个组的组名，这一项适合于首次进行安装部署客户端。【选择现有客户端安装软件包以进行部署】是指已经有了新组名，而且已经有了导出的要部署的 SEP 客户端了，然后再选择导出过的 SEP 客户端安装包的路径，部署给你想要的某个组的某台 PC，此选项适合于局域网有新添加进来的 PC，或者重装操作系统后再重新给某台机器部署 SEP 客户端。这里是首次部署，因此要选择【指定您要部署客户端的新组名】单选按钮，并输入"keynex2003"。

第6章 恶意代码分析与防范 | 179

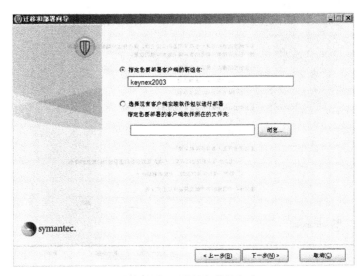

图 6.22 选择需要安装的组名

（4）单击【下一步】按钮。弹出【选择要包含的功能】对话框，如图 6.23 所示。这里选择将要部署的客户端里包含哪些功能。可根据需要来决定勾选或不勾选哪项功能，以便决定在部署的时候 SEP 客户端里面是否包含这些功能，若有些功能没有勾选，那么部署完成后的 SEP 的防护里面就没有这些防护功能，一般选择默认即可。

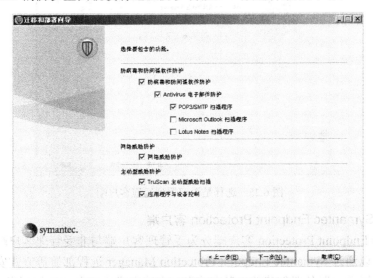

图 6.23 选择客户端要部署的软件的功能

（5）单击【下一步】按钮，弹出如图 6.24 所示的定制客户端软件功能对话框，这里选中【32 位客户端安装软件包】和【64 位客户端安装软件包】复选框，让每个客户端安装软件包使用单个的.exe 文件。选择【无人参与】模式，并指定保存部署用的客户端安装软件包的文件夹。

（6）单击【下一步】按钮，弹出如图 6.25 所示的是否立即部署到远程客户端对话框，如果选择【是】单选按钮，则立即开始在远程计算机上安装 SEP 客户端，本任务选择【否，只要创建即可，我稍后会部署】单选按钮。单击【完成】按钮，完成客户端的部署。

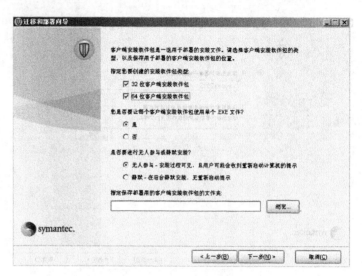

图 6.24　定制客户端软件包

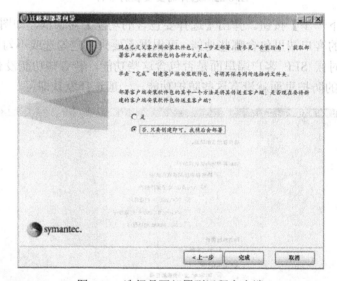

图 6.25　选择是否部署到远程客户端

4．安装 Symantec Endpoint Protection 客户端

Symantec Endpoint Protection 客户端分为受管理客户端与非受管理客户端。其中，受管理客户端可以通过 Symantec Endpoint Protection Manager 远程部署等方式安装，也可以在客户端上使用管理服务器创建的安装包安装。安装完成后将自动添加到指定的组中，并接受服务器的统一管理。而非受管理客户端则可以通过安装光盘完成，虽然同样可以被添加到服务器控制台中，但不接受服务器的管理。需要注意的是，Symantec Endpoint Protection 客户端在安装过程中至少需要 700MB 的硬盘空间，如果空间不足，将导致失败。

对于受管理客户端的安装，用户可以通过以下几种方法部署接受 Symantec Endpoint Protection Manager 服务器管理的客户端：

- 迁移和部署向导的"推"式安装；
- 客户端映射网络驱动安装；

- 使用"查找非受管计算机"部署；
- 客户端手动安装；
- 使用 Altiris 安装和部署软件安装。

下面介绍通过使用【迁移和部署向导】的"推"式安装的具体安装步骤。

（1）启动迁移与部署向导，连续单击【下一步】按钮，直至弹出如图 6.26 所示的【迁移和部署向导】对话框，选择【选择现有客户端安装软件包以进行部署】单选按钮。

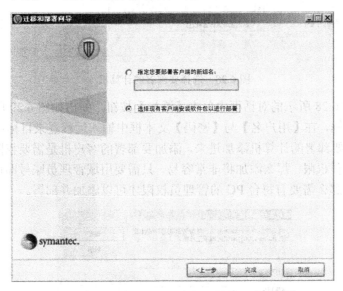

图 6.26 选择现有客户端安装软件包以进行部署

（2）在图 6.27 所示的【推式部署向导】对话框。单击该对话框中的【浏览】按钮，选择已经创建完成的安装程序所在的目录，在【指定并行部署数量上限】文本框中输入相应的值，默认是 10 个。

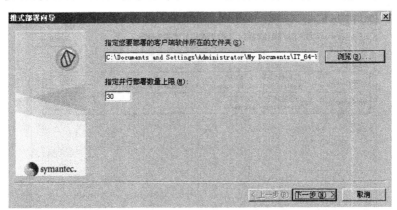

图 6.27 选择部署客户端的位置及部署上限

（3）单击【下一步】按钮，弹出如图 6.28 所示的选择部署的计算机对话框，选择希望添加为客户端的计算机。比如，需要在"Keyenx2003"这台计算机上部署客户端，只需要将此计算机添加到右边的【要部署到的计算机】即可。

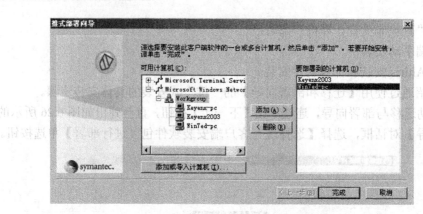

图 6.28　选择要部署的计算机

（4）在如图 6.28 所示的对话框中单击【添加】按钮，弹出如图 6.29 所示的【远程客户端验证】对话框，在【用户名】与【密码】文本框中输入远程登录目标计算机时使用的用户名信息。把要部署的计算机添加进来，添加要部署的客户机是需要权限的，如果是域环境下并有管理员权限，那么添加将非常容易，只需要用域管理员账号即可添加。但如果是工作组环境，那么需要有每台 PC 的管理员权限才可以添加并部署。

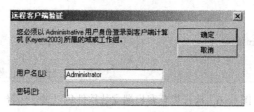

图 6.29　【远程客户端验证】对话框

（5）添加完所有需要部署的客户端之后，在如图 6.28 所示的对话框中单击【完成】按钮，即可以开始安装，系统将弹出如图 6.30 所示的【远程客户端安装状态】对话框。

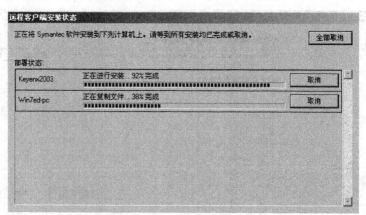

图 6.30　【远程客户端安装状态】对话框

（6）安装完成后，弹出【推式部署向导】提示对话框，提示是否查看部署日志。如果并发部署多个客户端，则可能由于服务器性能导致部分客户端无法正常完成，此时可以通过日志确定完成情况。至此，管理服务器上的远程部署工作完成了，客户端将开始自动安装,安装完成后将提示用户是否立即重新启动计算机。

(7)可登录 Symantec Endpoint Protection Manager Web 控制台对系统和远程客户端进行管理。登录界面如图 6.31 所示。

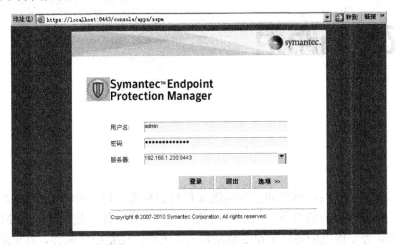

图 6.31　SEPM 登录界面

(8)登录后的管理界面如图 6.32 所示,可以通过控制台完成策略设置、软件配置等相关操作。

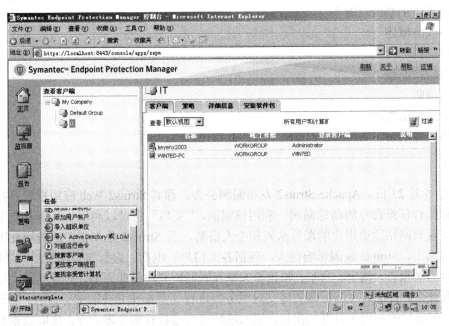

图 6.32　SPEM 管理界面

六、思考题

试比较 McAfee ePO 与 Symantec SEP 的异同。

请定制如下策略:在每周三的中午 12:00 将对所有客户端进行病毒查杀;每天通过 LiveUpdate 进行病毒的升级。

第 7 章 网络攻击与防范

【知识要点】

随着互联网的飞速发展，网络的安全问题显得日益重要。每一台与 Internet 联网的计算机都有可能成为黑客攻击的对象。当用户浏览网页、下载文件、使用 QQ 和 MSN、使用智能手机、iPad 等平板电脑时，无论是登录账号、密码，还是电子邮件，甚至涉及商业秘密的文档操作时都有可能被黑客偷窥。本章主要介绍黑客的常用攻击方法及手段，从而让我们可以做到"知己知彼、百战不殆"，让系统更安全可靠。通过对本章的学习，了解黑客攻击的一般手法及防范策略，重点掌握缓冲区溢出攻击和拒绝服务攻击等常见的网络攻击方法。本章主要内容如下：

- 网络攻防概述
- 端口扫描
- 网络嗅探原理
- 密码攻防
- 缓冲区溢出攻防
- 拒绝服务攻击与防范

【引例】

2013 年 5 月 23 日，Apache Struts2 发布漏洞公告，称其 Struts2 Web 应用框架存在一个可以远程执行任意命令的高危漏洞。利用该漏洞，"菜鸟"也可以利用工具轻易攻陷网站服务器，获取网站注册用户的账号密码和个人资料，而 Struts2 框架正广泛应用在国内大量知名网站上，Struts2 漏洞影响巨大，包括各大门户、电商、银行等官网也受其影响。据乌云平台漏洞报告，淘宝、京东、腾讯等大型互联网厂商均受此影响，而且漏洞利用代码已经被强化，可直接通过浏览器的提交对服务器进行任意操作并获取敏感内容。而且一些自动化、傻瓜化的利用工具开始出现，填入地址可直接执行服务器命令，读取数据甚至直接关机等。国家互联网应急中心为此发出红色警报，呼吁相关网站尽快更新 Struts2 漏洞补丁。

7.1 网络攻防概述

有评论称为世界上"头号电脑黑客"的凯文·米特尼克（Kevin Divid Mitnick）于1964年出生于美国洛杉矶，如图7.1所示。这位"著名人物"现年不过49岁，但其传奇的黑客经历足以令全世界为之震惊。米特尼克3岁时父母离异，导致性格内向、沉默寡言。4岁玩游戏达到专家级水平。他在13岁喜欢上无线电活动，开始与世界各地爱好者联络，编写的计算机程序简洁实用、倾倒教师。中学时，使用学校的计算机闯入了其他学校的网络，因而不得不退学。在15岁时闯入"北美空中防务指挥系统"主机，翻阅了美国所有的核弹头资料，令大人不可置信。不久后又破译了美国"太平洋电话公司"某地的用户密码，使得可以随意更改用户的电话号码，并与中央联邦调查局的特工恶作剧。后来被"电脑信息跟踪机"发现第一次被逮捕。出狱后，又连续非法修改多家公司计算机的财务账单。1988年再次入狱，被判一年徒刑，成了世界上第一名"电脑网络少年犯"。

图7.1 凯文·米特尼克

1993年在他29岁时打入联邦调查局的内部网，逃脱其设下的圈套。1994年向圣地亚哥超级计算机中心发动攻击，该中心安全专家下村勉决心将其捉拿归案。期间米特尼克还入侵了美国摩托罗拉、NOVELL、SUN公司及芬兰NOKIA公司的计算机系统，盗走各种程序和数据共计价值4亿美金。日本籍专家下村勉用"电子隐形化"技术跟踪，最后准确地从无线电话中找到行迹，并抄获其住处计算机。1995年2月他被送上法庭，2000年1月出狱，被判3年内禁止使用计算机、手机及互联网。凯文·米特尼克的代表作有《欺骗的艺术》和《入侵的艺术》。

当前，互联网上黑客技术的泛滥和无处不在的黑手，对我们的个人计算机安全、工作计算机安全、单位网络乃至社会公共秩序已经造成了不容忽视的威胁。截止到2012年，攻击者利用黑客技术获取机密信息、牟取暴利已经形成了一条完整的地下产业链。2013年1月，CNNIC发布的第27次互联网报告显示，中国网民数已达到4.57亿，手机网民已超过3亿，2010年，遇到过病毒或木马攻击的网民比例为45.8%，有过账号或密码被盗经历的网民占21.8%，网络安全形势不容乐观。造成网络安全问题的根源主要是黑客攻击。

网络黑客的主要攻击手法有：获取口令、放置木马程序、WWW的欺骗技术、电子邮件攻击、通过一个节点攻击另一个节点、网络监听、寻找系统漏洞、利用账号进行攻击、窃取特权等。网络安全的主要威胁来源如图 7.2 所示。

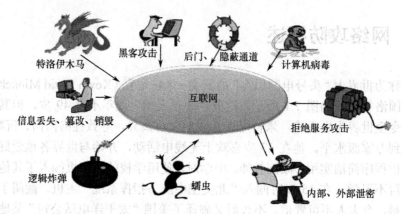

图 7.2　网络安全的主要威胁来源

攻击是指任何的非授权行为，攻击的范围从简单的使服务器无法提供正常的服务到完全破坏和控制服务器。在网络上成功实施的攻击级别依赖于用户采用的安全措施。根据攻击的法律定义，攻击仅仅发生在入侵行为完全完成而且入侵者已经在目标网络内。但专家的观点是：可能使一个网络受到破坏的所有行为都被认定为攻击。

网络攻击可以分为以下两类。

（1）被动攻击（Passive Attacks）：在被动攻击中，攻击者简单地监听所有信息流以获得某些秘密。这种攻击可以是基于网络（跟踪通信链路）或基于系统（秘密抓取数据的特洛伊木马）的，被动攻击是最难被检测到的。

（2）主动攻击（Active Attacks）：攻击者试图突破用户的安全防线。这种攻击涉及数据流的修改或创建错误流，主要攻击形式有假冒、重放、欺骗、消息篡改、拒绝服务等。例如，系统访问尝试是指，攻击者利用系统的安全漏洞获得用户或服务器系统的访问权。

7.1.1　网络攻击的一般目标

从黑客的攻击目标上分类，攻击类型主要有两类：系统型攻击和数据型攻击，其所对应的安全性也涉及系统安全和数据安全两个方面。从比例上分析，前者占据了攻击总数的 30%，造成损失的比例也占到了 30%；后者占到攻击总数的 70%，造成的损失也占到了 70%。

系统型攻击的特点是：攻击发生在网络层，破坏系统的可用性，使系统不能正常工作。可能留下明显的攻击痕迹，用户会发现系统不能工作。

数据型攻击主要来源于内部，该类攻击的特点是：发生在网络的应用层，面向信息，主要目的是篡改和偷取信息（这一点很好理解，数据放在什么地方，有什么样的价值，被篡改和窃用之后能够起到什么作用，通常情况下只有内部人员知道），不会留下明显的痕迹（原因是攻击者需要多次地修改和窃取数据）。

从攻击和安全的类型分析，得出一个重要结论：一个完整的网络安全解决方案不仅能防止系统型攻击，也能防止数据型攻击，既能解决系统安全，又能解决数据安全两方面的问题。

这两者当中，应着重强调数据安全，重点解决来自内部的非授权访问和数据的保密问题。

7.1.2 网络攻击的原理及手法

网络攻击是最令广大网民头痛的事情，它是计算机网络安全的主要威胁。下面着重分析黑客进行网络攻击的几种常见手法。

1. 密码入侵

所谓密码入侵是指使用某些合法用户的账号和密码登录到目的主机，然后再实施攻击活动。这种方法的前提是必须先得到该主机上的某个合法用户的账号，然后再进行合法用户密码的破译。

2. Web 欺骗

在网上用户可以利用 IE 等浏览器对各种各样的 Web 站点进行访问，如咨询产品价格、订阅报纸、电子商务等。一般的用户恐怕不会想到有下面问题存在：正在访问的网页已经被黑客篡改过，网页上的信息是虚假的。例如，黑客把用户要浏览的网页的 URL 改写为指向他们自己的服务器，当用户浏览目标网页的时候，实际上是向黑客服务器发出请求，那么黑客就可以达到欺骗的目的了。

一般 Web 欺骗使用两种技术手段，即 URL 地址重写技术和相关信息掩盖技术。利用 URL 地址，使这些地址都指向攻击者的 Web 服务器，即攻击者可以将自己的 Web 地址加在所有 URL 地址的前面。这样，当用户与站点进行链接时，就会毫不防备地进入攻击者的服务器，于是所有信息便处于攻击者的监视之中。

3. 电子邮件攻击

电子邮件是互联网上运用得十分广泛的一种通信方式。攻击者可以使用一些邮件炸弹软件或 CGI 程序向目的邮箱发送大量内容重复、无用的垃圾邮件，从而使目的邮箱被撑爆而无法使用。当垃圾邮件的发送流量特别大时，还有可能造成邮件系统对于正常的工作反映缓慢，甚至瘫痪。相对于其他攻击手段来说，这种攻击方法具有简单、见效快等特点。电子邮件攻击主要表现为两种方式。

（1）邮件炸弹，是指用伪造的 IP 地址和电子邮件地址向同一信箱发送数以千计、万计甚至无穷多次的内容相同的垃圾邮件，致使受害人邮箱被"炸"，严重者可能会给电子邮件服务器操作系统带来危险，甚至瘫痪。

（2）电子邮件欺骗，攻击者佯称自己为系统管理员（邮件地址和系统管理员完全相同），给用户发送邮件要求用户修改密码（密码可能为指定字符串）或在貌似正常的附件中加载病毒或其他木马程序。

4. 通过傀儡计算机攻击其他节点

攻击者在突破一台主机后，往往以此主机作为根据地，攻击其他主机（以隐蔽其入侵路径，避免留下蛛丝马迹）。他们可以使用网络监听方法，尝试攻破同一网络内的其他主机；也可以通过 IP 欺骗和主机信任关系，攻击其他主机。

这类攻击很狡猾，但某些技术很难掌握，如 TCP/IP 欺骗攻击。攻击者通过外部计算机伪装成另一台合法机器来实现。它能破坏两台机器间通信链路上的数据，其伪装的目的在于哄骗网络中的其他机器误将其攻击者作为合法机器加以接受，诱使其他机器向他发送数据或允许它修改数据。TCP/IP 欺骗可以发生在 TCP/IP 系统的所有层次上，包括数据链路层、网络层、传输层及应用层都容易受到影响。如果底层受到损害，则应用层的所有协议都将处于危险之中。另外，由于用户本身不直接与底层相互交流，因而对底层的攻击更具有欺骗性。

5．网络监听

网络监听是主机的一种工作模式，在这种模式下，主机可以接收到本网段在同一条物理通道上传输的所有信息，而不管这些信息的发送方和接收方是谁。因为系统在进行密码校验时，用户输入的密码需要从用户端传送到服务器端，而攻击者就能在两端之间进行数据监听。此时若两台主机进行通信的信息没有加密，只要使用某些网络监听工具（如 NetXRay、Sniffer、Wireshark 等）就可以轻而易举地截取包括密码和账号在内的信息资料。

6．安全漏洞攻击

许多系统都有这样那样的安全漏洞。其中一些是操作系统或应用软件本身具有的，如缓冲区溢出攻击。由于很多系统在不检查程序与缓冲之间变化的情况下，就接受任意长度的数据输入，把溢出的数据放在堆栈里，系统还照常执行命令。这样攻击者只要发送超出缓冲区所能处理的长度的指令，系统便进入不稳定状态。若攻击者特别配置一串准备用作攻击的字符，他甚至可以访问根目录，从而拥有对整个网络的绝对控制权。另一些是利用协议漏洞进行攻击，如 ICMP 协议也经常被用于发动拒绝服务攻击。它的具体手法就是向目的服务器发送大量的数据包，几乎占取该服务器所有的网络宽带，从而使其无法对正常的服务请求进行处理，而导致网站无法进入、网站响应速度大大降低或服务器瘫痪。现在常见的蠕虫病毒或与其同类的病毒都可以对服务器进行拒绝服务攻击。它们的繁殖能力极强，比如可以通过微软的 Outlook 软件向众多邮箱发出带有病毒的邮件，使邮件服务器无法承担如此庞大的数据处理量而瘫痪。对于个人上网用户而言，也有可能遭到大量数据包的攻击使其无法进行正常的网络操作。

每一种黑客攻击方法的难易程度是不一样的，常见的黑客攻击方法与入侵者水平的关系如图 7.3 所示。

7.1.3　网络攻击的步骤及过程分析

攻击的一般步骤如下：

（1）隐藏自己的位置。攻击者可以利用别人的计算机当"肉鸡"，隐藏他们真实的 IP 地址。

（2）寻找目标主机并分析目标主机。攻击者首先要寻找目标主机并分析目标主机。在 Internet 上能真正标识主机的是 IP 地址，域名是为了便于记忆主机的 IP 地址而另起的名字，只要利用域名和 IP 地址就可以顺利地找到目标主机。当然，知道了要攻击目标的位置还远远不够，还必须对主机的操作系统类型及其所提供服务等资料做全面的了解。攻击

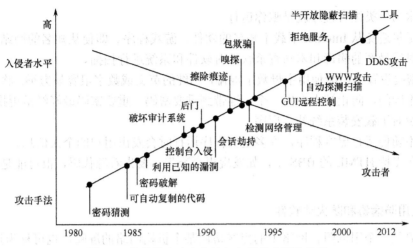

图 7.3 常见黑客攻击方法与入侵者水平的关系

者可以使用一些扫描器工具，轻松获取目标主机运行的是哪种操作系统的哪个版本，系统有哪些账户，WWW、FTP、Telnet、SMTP 等服务器程序是何种版本等资料，为入侵做好充分准备。

(3) 获取账号和密码，登录主机。攻击者要想入侵一台主机，首先要有该主机的一个账号和密码，否则连登录都无法进行。他们先设法盗窃账户文件，进行破解，获取某用户的账户和密码，再寻找合适时机以此身份进入主机。

(4) 获得控制权。攻击者用 FTP、Telnet 等工具利用系统漏洞进入目标主机系统获得控制权之后，还要做两件事：清除记录和留下后门。他会更改某些系统设置、在系统中置入特洛伊木马或其他一些远程操纵程序，以便日后可以不被觉察地再次进入系统。

(5) 窃取网络资源和特权。攻击者找到攻击目标后，会继续下一步的攻击，如下载敏感信息等。

入侵者的常用攻击步骤如图 7.4 所示。

图 7.4 网络攻击的一般步骤

7.1.4 网络攻击的防范策略

在对网络攻击进行上述分析的基础上，我们应当认真制定有针对性的策略；明确安全对象，设置强有力的安全保障体系；有的放矢，在网络中层层设防，使每一层都成为一道关卡，从而让攻击者无隙可钻；还必须做到未雨绸缪，预防为主，备份重要的数据，并时刻注意系统运行状况。以下是针对众多令人担心的网络安全问题所提出的几点建议。

1. 提高安全意识

(1) 不要随意打开来历不明的电子邮件及文件，不要随便运行不太了解的人给你的程序,如"木马"类黑客程序就是骗你运行。

(2) 尽量避免从 Internet 下载不知名的软件、游戏程序。即使从知名的网站下载的软件也要及时用最新的病毒和木马查杀软件对软件和系统进行扫描。

(3) 密码设置尽可能使用字母数字混排,单纯的英文或数字很容易穷举。将常用的密码设置成不同的,防止被人查出一个,连带到重要密码。重要密码最好经常更换。

(4) 及时下载安装系统补丁程序。

(5) 不随便运行黑客程序,许多这类程序运行时会发出用户的个人信息。

(6) 在支持 HTML 的 BBS 上,如发现提交警告,要先看源代码,很可能是骗取密码的陷阱。

2. 使用防病毒和防火墙软件

防火墙是一个用以阻止网络中的黑客访问某个机构网络的屏障,也可称为控制进/出两个方向通信的门槛。在网络边界上通过建立起来的相应网络通信监控系统来隔离内部和外部网络,以阻挡外部网络的侵入。

3. 安装网络防火墙或代理服务器,隐藏自己的 IP 地址

保护自己的 IP 地址是很重要的。事实上,即便用户的机器上安装了木马程序,若没有该用户的 IP 地址,攻击者也是没有办法的,而保护 IP 地址的最好方法就是设置代理服务器。代理服务器能起到外部网络申请访问内部网络的中间转接作用,其功能类似于一个数据转发器,它主要控制哪些用户能访问哪些服务类型。当外部网络向内部网络申请某种网络服务时,代理服务器接受申请,然后根据其服务类型、服务内容、被服务的对象、服务者申请的时间、申请者的域名范围等来决定是否接受此项服务。如果接受,就向内部网络转发这项请求。另外,用户还要将防毒当成日常例行工作,定时更新防毒组件,将防毒软件保持在常驻内存状态,以彻底防毒。由于黑客经常会针对特定的日期发动攻击,计算机用户在此期间应特别提高警戒。对于重要的个人资料做好严密的保护,并养成备份资料的习惯。

7.2 网络扫描

网络扫描可以通过执行一些脚本文件来模拟对网络系统进行攻击的行为并记录系统的反应,从而搜索目标网络内的服务器、路由器、交换机和防火墙等设备的类型与版本,以及在这些远程设备上运行的脆弱服务,并报告可能存在的脆弱性。

7.2.1 网络扫描概述

网络扫描能扫描哪些信息呢?主要有以下几方面:

(1) 扫描目标主机识别其工作状态(开/关机);

(2) 识别目标主机端口的状态(监听/关闭);

（3）识别目标主机操作系统的类型和版本；
（4）识别目标主机服务程序的类型和版本；
（5）分析目标主机、目标网络的漏洞（脆弱点）；
（6）生成扫描结果报告。

对于非法入侵者而言，网络扫描是一种获得主机信息的好方法。在 UNIX 操作系统中，使用网络扫描程序不需要超级用户权限，任何用户都可以使用，而且简单的网络扫描程序非常易于编写。掌握了初步的 Socket 编程知识就可以轻而易举地编写出能在 UNIX 和 Windows XP/Windows 7 下运行的网络扫描程序。

网络扫描程序使系统管理员能够及时发现网络的弱点，有助于进一步加强系统的安全性。例如，当系统管理员扫描到 FTP 服务所在的端口号（21）时，就应想到这项服务是否应该关闭。如果原来是关闭的，现在又被扫描到，则说明有人非法取得了系统管理员的权限。因为只有系统管理员才能修改，它表明了系统的安全正处于威胁中。

另外，如果扫描到一些标准端口之外的端口，系统管理员必须清楚这些端口提供了一些什么服务，是否允许访问。许多系统常常将 WWW 服务的端口放在 8080，系统管理员必须知道端口 8080 被 WWW 服务使用了。

还有许多入侵者将为自己开的后门设在一个非常高的端口上，因为使用一些不常用的端口常常会被扫描程序忽略。入侵者通过这些端口可以任意地使用系统的资源，也为他人非法访问这台主机开了方便之门。许多不能直接访问国外资源的主机用户会将一些 Proxy 之类的程序偷偷地安装在一些能够方便访问国外资源的主机上，将大笔的流量账单转嫁给他人，使用网络扫描程序就能检测到这种活动。

网络扫描技术是网络安全领域的重要技术之一，端口扫描技术和漏洞扫描技术是其中的两种主要技术。网络扫描技术与防火墙、入侵检测系统互相配合，能够有效提高网络的安全性。通过对网络的扫描，网络管理员可以了解网络的安全配置和运行的应用服务，及时发现安全漏洞，客观评估网络风险等级。网络管理员可以根据扫描的结果更正网络安全漏洞和系统中的错误配置，在黑客攻击前进行防范。如果说防火墙和网络监控系统是被动的防御手段，那么网络扫描就是一种主动的防范措施，可以有效避免黑客攻击行为，做到防患于未然。

7.2.2 网络扫描的步骤及防范策略

安全扫描技术主要分为两类：主机安全扫描技术和网络安全扫描技术。网络安全扫描技术主要针对系统中不合适的设置脆弱的口令，以及针对其他同安全规则抵触的对象进行检查等；而主机安全扫描技术则是通过执行一些脚本文件模拟对系统进行攻击的行为并记录系统的反应，从而发现其中的漏洞。

1. 网络扫描的步骤

最简单的网络扫描程序仅仅是检查目标主机在哪些端口可以建立 TCP 连接，如果可以建立连接，则说明主机在那个端口被监听。当然，这种网络扫描程序不能进一步确定端口提供什么样的服务，也不能确定该服务是否有众所周知的缺陷。一次完整的网络安全扫描分为三个阶段。

（1）第一阶段：发现目标主机或网络。

（2）第二阶段：发现目标后进一步搜集目标信息，包括操作系统类型、运行的服务及服务软件的版本等。如果目标是一个网络，还可以进一步发现该网络的拓扑结构、路由设备及各主机的信息。

（3）第三阶段：根据搜集到的信息判断或进一步测试系统是否存在安全漏洞。

网络安全扫描技术包括 PING 扫射（Ping Sweep）、操作系统探测（Operating System Identification）、如何探测访问控制规则（Firewalking）、端口扫描（Port Scan）及漏洞扫描（Vulnerability Scan）等。这些技术在网络安全扫描的三个阶段中各有体现。

端口扫描技术和漏洞扫描技术是网络安全扫描技术中的两种核心技术，并且广泛运用于当前较成熟的网络扫描器中，如著名的 Nmap 和 Nessus。

端口扫描主要有经典的扫描器（全连接）及所谓的 SYN（半连接）扫描器。此外还有间接扫描和秘密扫描等。

漏洞扫描主要通过以下两种方法来检查目标主机是否存在漏洞：在端口扫描后得知目标主机开启的端口及端口上的网络服务，将这些相关信息与网络漏洞扫描系统提供的漏洞库进行匹配，查看是否有满足匹配条件的漏洞存在；通过模拟黑客的攻击手法，对目标主机系统进行攻击性的安全漏洞扫描，如测试弱势口令等，若模拟攻击成功，则表明目标主机系统存在安全漏洞。

2. 网络扫描的防范策略

在了解各种网络扫描技术原理的基础上，就可以有针对性地进行扫描的防范。其方法主要有访问控制、改变操作系统参数、修改服务标志、提供虚假的服务信息、网络拓扑结构伪装、控制 Arp 功能等技术。

（1）访问控制。访问控制是网络安全防范和保护的主要核心策略，它的主要任务是保证网络资源不被非法使用和访问。防火墙、代理服务器、路由器和专用访问控制服务器都可以看作实现访问控制的产品。防火墙是防范网络安全扫描的重要手段，在第 5 章中详细介绍了防火墙的使用。代理服务器实际上也是一种防火墙，它的另一个常见名称为应用级防火墙。通常的防火墙不适合用来控制内部人员访问外界网络，因此代理服务器应运而生。路由器访问控制列表提供了对路由器端口的一种基本访问控制技术，也可以认为是一种内部防火墙技术。专用访问控制服务器是基于角色访问控制策略实现的。在角色验证方面，专用访问控制服务器有两种实现方式。一种是基于用户名加口令的方式，一种是基于 PKI 技术的方式。这两种实现方式在确认访问者身份的基础上，均实现了对不同访问者的权限控制。尤其是基于 PKI 技术的验证方式，在实现身份验证的同时还具有加密传输功能。

（2）通过修改操作系统参数。通过修改操作系统参数可以让操作系统扫描不到正确的信息，进而影响对主机采取的进一步攻击。例如，将一台 Windows 的操作系统标志改成 Linux 操作系统的标志，攻击者就会采用攻击 Linux 操作系统的工具，当然也就不会攻击成功。修改操作系统参数比较可行的方法是修改 TTL，但这种方法不能对抗 Nmap 扫描，修改 TCP/IP 栈指纹并不是一件很容易的事情。

对付操作系统指纹扫描的最有效的办法应该是使用目的网络地址转换（DNAT）技术。比如访问一台服务器，其 IP 为 192.168.0.1，端口为 21，但通过 DNAT 后，真正提供 FTP 服务的却是另一台服务器，并且其 IP 对外是隐蔽的。所以，扫描 IP 为 192.168.0.1。服务器的操作系统类型并不会得到正确的结果。

（3）修改服务进程标志。修改服务进程默认的守护端口用来应付一般类型的扫描是足够的。但高级的服务进程扫描如 Amap 能够根据服务进程返回的标志来判断服务类型，即使在修改了守护端口的情况下仍能得到正确的扫描结果，可以通过修改服务进程的标志的方法来防御服务进程类型扫描。

（4）网络拓扑结构伪装。网络拓扑结构伪装就是通过构造出大量的位于不同网段的 IP 地址出来，通过增加搜索 IP 地址空间来显著地增加入侵者的工作量，从而达到安全防护的目的。利用操作系统的多宿主能力，在只有一块以太网卡的计算机上实现具有众多 IP 地址，所以只要极低的代价就可建立一大段虚假的 IP 地址空间。理论上，可以将 65535 个 IP 地址绑定在一台运行 Linux 的计算机上。这意味着利用几台计算机组成的网络系统，就可做到覆盖大量的 IP 地址空间，从而伪装了网络的拓扑结构。

（5）提供虚假的服务信息。提供虚假的服务信息能够扰乱攻击者的视线，做出错误的判断，更容易使其暴露。可以通过使用各种蜜罐（Honeypot）来提供虚假的服务信息。

（6）控制 ARP 功能。在以太网上传输的协议数据单元（PDU）是以网卡的物理地址（MAC 地址）进行识别源和目的的，但在网络层及以上是使用 IP 地址识别源和目的的。Arp 协议的作用就是将某一主机的 IP 解析成其网卡所对应的 MAC 地址的协议。Arp 数据报的类型有两种：Arp request 和 Arp replay。使用 Arp request 来询问拥有某一 IP 的主机的 MAC，收到此广播信息的主机使用 Arp replay 回答其 MAC。MAC 地址扫描就是根据这一原理实现的。

Linux 操作系统提供了控制 Arp 使用的功能，合理地使用这一功能就可以防御 MAC 扫描。

7.2.3 网络扫描的常用工具及方法

网络扫描软件是检测远程或本地系统安全脆弱性的软件；通过与目标主机 TCP/IP 端口建立连接和并请求某些服务（如 TELNET、FTP 等）、记录目标主机的应答、搜集目标主机相关信息（如匿名用户是否可以登录等），从而发现目标主机某些内在的安全弱点。如果扫描范围具有一定的规模，比如要在一个较大的范围内对网络系统进行安全评估，那就需要使用一些多功能的综合性工具。一般来说，这些多功能的综合性扫描工具，都可以对大段的网络 IP 进行扫描，其扫描内容非常广泛，基本上包含了各种专项扫描工具的各个方面。下面将要介绍的扫描工具都是综合性扫描工具。

1. SATAN

SATAN 是 Security Administrator Tool for Analyzing Networks（用于分析网络的安全管理员工具）的缩写，作者是 Dan Farmer 和 Wietse Venema。1995 年 4 月 5 日，SATAN 的发布引起了轩然大波。但是引起争论的更重要的原因，主要是 SATAN 带来了关于网络安全的全新观念。模糊安全的概念是大多数软件、操作系统厂商喜欢处理安全漏洞的一种方法，他们认为安全漏洞应该隐藏，不要在文档中公布，因为很少人会发现这些漏洞，即使有人发现这些漏洞，也不会去研究和利用漏洞。实际上随着软件规模的日益增大，软件出现安全漏洞是不可避免的，尽管程序员一般不会故意在程序中留下漏洞。及时地公布安全漏洞和补丁，让网络管理员及时进行补救，才是正确的方法。而 SATAN 的公布，的确促使所有的操作系统厂商及时地修正了他们的系统中的漏洞。SATAN 的出现，带来了网络安全方面的全新的观念：以黑客的方式来思考网络安全的问题。

SATAN 是一个分析网络的安全管理，并进行测试与报告的工具。它用来收集网络上主机的许多信息，可以识别并且自动报告与网络相关的安全问题。对所发现的每种问题类型，SATAN 都提供对这个问题的解释及它可能对系统和安全造成影响的程度，并且通过所附的资料，还可以知道如何处理这些问题。

SATAN 作为最早的并且是最典型的扫描工具，具备以下特点：
- 扫描指定的主机系统；
- 扫描常见的弱点；
- 给数据分析提供帮助。

总之，SATAN 能够自动扫描本地和远程系统的弱点，为系统的安全或远程攻击提供帮助。

2. NMAP

Nmap（Network Mapper）是由 Fyodor 制作的到目前为止最广为使用的国外端口扫描工具之一。其官方网站是 http://nmap.org，最新版本为 6.25 版。从官方网站上可以下载 Nmap 的最新版本，Nmap 支持 Windows 操作系统和 UNIX/Linux 操作系统，在 UNIX/Linux 操作系统中 Nmap 是集成到系统安装程序中的，在 Windows 下 Nmap 有命令行下的版本和图形界面下的版本。Nmap 图形界面下的运行情况如图 7.5 所示。

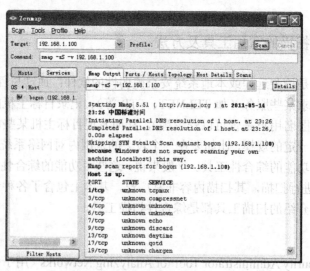

图 7.5 Nmap 图形界面下的运行情况

Nmap 有三个基本功能：通过主机扫描技术探测一组主机是否在线；通过端口扫描技

术扫描主机端口，嗅探所提供的网络服务；Nmap 还有一个卓越的功能，那就是采用一种叫做"TCP 栈指纹鉴别（Stack Fingerprinting）"的技术来探测目标主机的操作系统类型。通过远程主机 OS 指纹识别来推断主机所用的操作系统。OS 指纹识别除了提供基本的 TCP 和 UDP 端口扫描功能外，还综合集成了众多扫描技术，可以说，现在的端口扫描技术很大程度上是根据 Nmap 的功能设置来划分的。

Nmap 被开发用于允许系统管理员察看一个大的网络系统有哪些主机及其上运行何种服务。它支持多种协议的扫描，TCP connect()、TCP SYN（half open）、ICMP ping、FIN、ACK、Xmas-Tree、SYN 和 Null 扫描等。

Nmap 还提供一些实用功能，如通过 TCP/IP 来甄别操作系统类型、秘密扫描、动态延迟和重发、通过并行的 PING 侦测下属的主机、欺骗扫描、端口过滤探测、直接的 RPC 扫描、分布扫描、灵活的目标选择及端口的描述等。

运行 Nmap 后通常会得到一个关于你扫描的机器的一个实用的端口列表。Nmap 总是显示该服务的服务名称、端口号、状态及协议。

Nmap 的命令行下的版本使用格式如下：

nmap　[扫描类型]　[选项]　目标主机

例如，在命令提示符状态下输入：nmap -sS –v 192.168.0.100

关于目标主机，最简单的形式是直接输入一个主机名（域名）或一个 IP 地址。如果希望扫描某个 IP 地址的一个子网，可以使用 CIDR 的表示方式，如 192.168.1.0/24 表示 192.168.1 网段内的所有主机。

Nmap 可以灵活地指定 IP 地址。例如，如果要扫描这个 B 类网络 128.210.*.*，可以使用下面三种方式来指定这些地址：

128.210.*.*

128.210.0-255.0-255

128.210.0.0/16

以上三种形式是等价的。另一个有趣的是可以用其他方法将整个网络"分割"，如可以用 210.*.5.5.7 来扫描所有以 .5.5、.5.6 或 .5.7 结束的 IP 地址。

关于扫描类型主要有如下几种：

- -sT（TCP connect()扫描）

这是对 TCP 的最基本形式的侦测。如果该端口被监听，则连接成功，否则代表这个端口无法到达。这个技术的很大好处就是无需任何特殊权限，在大多数的系统下这个命令可以被任何人自由地使用。

但是这种形式的探测很容易被目标主机察觉并记录下来。因为服务器接受了一个连接但它却马上断开，于是其记录会显示出一连串的连接及错误信息。

- -sS（TCP SYN 扫描）

这是一种"半开"式的扫描，因为不打开完整的 TCP 连接，发送一个 SYN 信息包就像要打开一个真正的连接而且在等待对方的回应。一个 SYN | ACK（应答）会表明该端口是开放监听的。一个 RST 则代表该端口未开放。如果 SYN | ACK 的回应返回，则会马上发送一个 RST 包来中断这个连接。

这种扫描的最大好处是只有极少的站点会对它做出记录，但是你需要有 root 权限来定制这些 SYN 包。

- -sF -sX -sN（FIN、Xmas-Tree 和 Null 扫描）

有时甚至 SYN 扫描都不够隐蔽，一些防火墙及信息包过滤装置会在重要端口守护，SYN 包在此时会被截获，一些应用软件如 Synlogger 及 Courtney 对侦测这类型的扫描都是行家。使用这三种方式可以进一步确定端口的开放情况，相对 SYN 扫描更加隐蔽，但其准确性要低一些。

- -sP（Ping 扫描）

仅希望了解网络上有哪些主机是开放的，Nmap 可以通过对指定的 IP 地址发送 ICMP 的 echo request 信息包来做到这一点，有回应的主机就是开放的。但一些站点比如 microsoft.com 对 echo request 包设置了障碍。这样的话 Nmap 还能发送一个 TCP ACK 包到 80 端口（默认），如果获得了 RST 返回，则机器是开放的。第三个方法是发送一个 SYN 信息包并等待 RST 或 SYN/ACK 响应。作为非 root 的用户可以使用的，常用 connect( )模式。对 root 来说，默认的 Nmap 同时使用 ICMP 和 ACK 的方法扫描，只有不想探测任何的实际端口扫描只想大面积地搜索一下活动的主机，可以使用此选项。图 7.6 是对一个网段进行 Ping 扫描的情况。

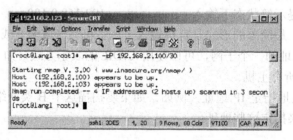

图 7.6　在 Linux 下 Nmap Ping 扫描情况

- -sU（UDP 扫描）

这一方法是用来确定哪个 UDP（User Datagram Protocol）端口在主机端开放。这一技术是以发送零字节的 UDP 信息包到目标机器的各个端口，如果收到一个 ICMP 端口无法到达的回应，那么该端口是关闭的，否则可以认为它是敞开大门的。

- -sR（RPC 扫描）

这一方法是结合 nmap 多种扫描的一种模式，它取得所有的 TCP/UDP 开放端口并且用 Sun RPC 程序的 NULL 命令来试图确定是否是 RPC 端口，如果是的话，会进一步查看其上运行什么程序、何种版本等。

- -sA（TCP ACK 扫描）

这种扫描与目前为止讨论的其他扫描的不同之处在于它不能确定 open（开放的）或 open|filtered（开放或过滤的）端口。它用于发现防火墙规则，确定它们是有状态的还是无状态的，哪些端口是被过滤的。

关于选项，可以参考 Nmap 的相关帮助文档，这里举几个 Nmap 的例子：

nmap –sT –F –v 222.73.207.74-76

nmap –sS -O -vv 192.168.0.88

nmap -sX -p 21，22，3389 128.210.172.20-80

nmap –sF –sX –P0 192.168.0.88

nmap –pT –v –oX 192.168.0.0/24

其中，

-F：指快速扫描模式。指定只希望扫描 Nmap 里提供的 services file 中列出的端口列表里的端口。这明显会比扫描所有 65536 个端口来得快。

-v：指详细模式。这是被强烈推荐的选项，因为它能带来想要的更多信息。可以重复使用它以获得更大效果。如果需要获得更详细的信息时可以使用 "-v" 命令两次（-v -v 或-vv）。

-O（大写的字母 O）：指经由 TCP/IP 获取"指纹"来判别主机的 OS（Operating System，操作系统）类型，用另一说法，就是用一连串的信息包探测出所扫描的主机位于操作系统有关堆栈信息并区分其精细差别，以此判别操作系统。它用搜集到的信息建立一个"指纹"用来同已知的操作系统的指印相比较（the nmap-os-fingerprints file）——这样判定操作系统就有了依据。

-p <portnumber>：这一参数可以指定希望扫描的端口，如使用 "-p 21，22" 则只会对主机的 21、22 端口进行探测，默认扫描的是从 1～1024 端口，或者也可以用 Nmap 里带的 services file 里的端口列表。

-P0（数字 0）：指在扫描前不尝试或 Ping 主机，这是用来扫描那些不允许 ICMP echo 请求（或应答）的主机。

-PT：指用 TCP 的 Ping 来确定主机是否打开。作为替代发送 ICMP echo 请求包并等待回应的方式，可以往目标网络（或单机）发送大量 TCP ACK 包并一点点地等待它的回应，打开的主机会返回一个 RST。这一参数可以让在 Ping 信息包阻塞时仍能高效率地扫描一个网络/主机。对非 root 的用户，用 connect()以如下格式设置目标探针-PT<portnumber>，默认的端口是 80，因为这个端口往往未被过滤。

3. Nessus

Nessus 是一个功能强大而又简单易用的网络安全扫描工具，对网络管理员来说，它是不可多得的审核堵漏工具。它被认为是目前全世界最多人使用的系统漏洞扫描与分析软件，总共有超过 75000 个机构使用 Nessus 作为扫描该机构计算机系统的软件。1998 年，Nessus 的创办人 Renaud Deraison 展开了一项名为 "Nessus" 的计划，其计划目的是希望能为互联网社群提供一个免费、威力强大、更新频繁并简易使用的远端系统安全扫瞄程序。经过了数年的发展，包括 CERT 与 SANS 等著名的网络安全相关机构皆认同此工具软件的功能与可用性。2002 年，Renaud 与 Ron Gula、Jack Huffard 创办了一个名为 Tenable Network Security 的机构。在第 3 版的 Nessus 发布之时，该机构收回了 Nessus 的版权与程序源代码（原本为开放源代码），并注册成为该机构的网站。目前此机构位于美国马里兰州的哥伦比亚。

在 2000 年、2003 年、2006 年，Nmap 官方在 Nmap 用户中间分别发起"Top 50 Security Tools"、"Top 75 Security Tools"、"Top100 Security Tools"的评选活动，Nessus "战胜"众多的商业化漏洞扫描工具而三次夺魁。Nessus 被誉为黑客的血滴子，网管的百宝箱。

Nessus 采用基于插件的技术。工作原理是通过插件模拟黑客的攻击，对目标主机系统进行攻击性的安全漏洞扫描，如测试弱势口令等，若模拟攻击成功，则表明目标主机系统存在安全漏洞。Nessus 可以完成多项安全工作，如扫描选定范围内的主机的端口开放情况、提供的服务、是否存在安全漏洞等。

Nessus 的特点主要有如下几点：它是免费的，比起商业的安全扫描工具如 ISS 具有价格优势；采用了基于多种安全漏洞的扫描，避免了扫描不完整的情况；Nessus 基于插件体制，扩展性强，支持及时在线升级，可以扫描自定义漏洞或最新安全漏洞；Nessus 采用客户端/服务端机制，容易使用、功能强大。Nessus 具有主机扫描技术、端口扫描技术、远程主机 OS 识别，它与 Nmap 相比多了漏洞扫描技术，Nessus 自带的上万个扫描插件是其最引人注目的功能。

Nessus 的服务器可以安装在 Linux、FreeBSD、Solaris、Mac OS X 和 Windows 等操作系统上。Nessus 从 4.2.0 版本开始采用了 B/S 的结构，而不是以前的 C/S 结构，也就是说客户端只要使用浏览器（如 Internet Explorer）就可以访问服务器了。如果想在多台计算机中使用 Nessus，可以在一台计算机中安装服务器，其他计算机中安装客户端，客户端连接到服务器就可以进行扫描。Nessus 服务器的运行情况如图 7.7 所示。

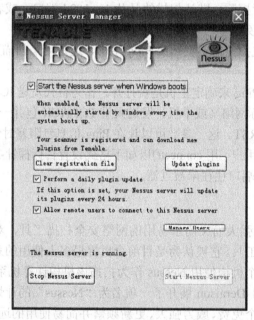

图 7.7　Nessus 服务器的运行情况

Nessus 的结构如图 7.8 所示。当用户访问系统时可以直接通过浏览器，而不必要再安装一个可执行文件，远程的计算机也可以访问。在添加访问账号之后，打开浏览器，输入安装 Nessus 主机的地址，通过 https 方式而不是 http 方式访问，端口是 8834。例如，访问地址为 https://192.168.1.100:8834/，输入在服务器端添加的账号和密码就可以了。

客户端浏览器启动后，主界面上面有 4 个按钮，分别是：Reports（报表）、Scans（扫描）、Policies（策略）、User（用户）。要进行安全评估，则首先要制定扫描策略，然后添加扫描范围，才能进行扫描，扫描完毕可以查看报表，这就是上面说的几个按钮的用途。如图 7.9 所示是 Nessus 客户端的运行界面，有关 Nessus 的使用，请参考软件帮助信息。

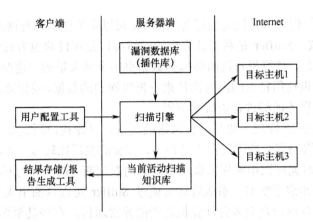

图 7.8　Nessus 的结构示意图

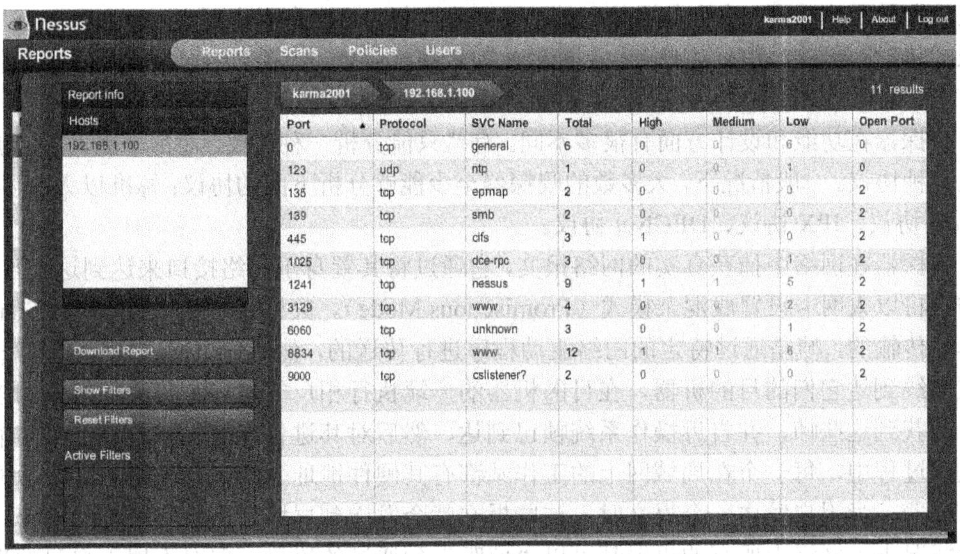

图 7.9　Nessus 客户端的运行情况

7.3　网络嗅探器

嗅探器（Sniffer）本身是应用于网络管理目的的，主要是分析网络的流量，以便找出所关心的网络中潜在的问题。但也可以被用于窃听网络，因此也属于一种攻击手段。

7.3.1　嗅探器的工作原理

嗅探器可被理解为一种安装在计算机上的窃听设备。它可以用来窃听计算机在网络上所产生的众多信息。简单地说，一部电话的窃听设备，可以用来窃听双方通话的内容，而计算机网络嗅探器则可以窃听计算机程序在网络上发送和接收到的数据。这些数据可以是用户的账号和密码，也可以是机密数据等。Sniffer可以作为能够捕捉网络报文的设备，ISS为Sniffer这样定义：Sniffer是利用计算机的网络接口截获目的地为其他计算机的数据报文的一种工具。可是，计算机直接所传输的数据事实上是大量的二进制数据，因此，一个网络窃听程序必须也使用特定的网络协议来分析嗅探到的数据，嗅探器能够识别出协议对应的数据片段，这样才能够进行正确的解码。

Sniffer应用于网络管理主要是分析网络的流量，以便找出所关心的网络中潜在的问题。例如，假设网络的某一段运行得不是很好，报文的发送比较慢，而我们又不知道问题出在什么地方，此时就可以用嗅探器做出精确的问题判断。在合理的网络中，Sniffer的存在对系统管理员是非常重要的，系统管理员通过Sniffer可以诊断出大量的不可见的模糊问题，这些问题涉及两台乃至多台计算机之间的异常通信，有些甚至牵涉到各种的协议，借助于Sniffer，系统管理员可以方便地确定出多少通信量属于哪个网络协议、占主要通信协议的主机是哪一台、大多数通信目的地是哪台主机、报文发送占用多少时间、相互主机的报文传送间隔时间等，这些信息为管理员判断网络问题、管理网络区域提供了非常宝贵的信息。

嗅探器在功能和设计方面有很多不同。有些只能分析一种协议，而另一些可能能够分析几百种协议。一般情况下，大多数的嗅探器至少能够分析下面的协议：标准以太网协议、TCP/IP协议、IPX协议、DECNet协议。

嗅探器在网络中捕获真实的网络报文，它通过将其置身于网络接口来达到这个目的。例如，将以太网卡设置成混杂模式（Promiscuous Mode）。数据在网络上是以帧（Frame）为单位传输的，帧是通过特定的网络驱动程序进行传送的，然后通过网卡发送到网线上。通过网线到达它们的目的机器，在目的机器的一端执行相反的过程。接收端机器的以太网卡捕获到这些帧，并告诉操作系统帧已到达，然后对其进行存储。就是在这个传输和接收的过程中，每一个在局域网上的工作站都有其硬件地址，这些地址唯一地表示网络上的机器。当用户发送一个报文时，这些报文就会发送到局域网上所有可用的机器。在一般情况下，网络上所有的机器都可以"侦听"到通过的流量，但对不属于自己的报文则不予响应。如果某工作站的网络接口处于混杂模式，那么它就可以捕获网络上所有的报文和帧，如果一个工作站被配置成这样的方式，它就是一个嗅探器。这也是嗅探器会造成安全方面问题的原因。通常使用嗅探器的入侵者，都必须拥有基点用来放置嗅探器。对于外部入侵者来说，能通过入侵外网服务器、往内部工作站发送木马等获得所需信息，然后用基点来放置其嗅探器，而内部破坏者就能够直接获得嗅探器的放置点，如使用附加的物理设备作为嗅探器。

嗅探器可能造成的危害有：
- 能够捕获口令；
- 能够捕获专用的或机密的信息；
- 可以用来危害网络邻居的安全，或者用来获取更高级别的访问权限；
- 分析网络结构，进行网络渗透。

我们来看一个简单的例子，如图7.10所示，机器A、B、C与集线器HUB相连接，集线器HUB通过路由器Router访问外部网络。

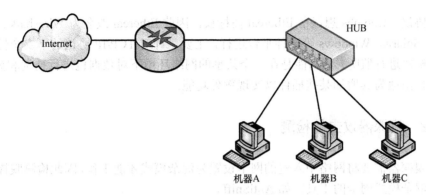

图 7.10 嗅探网络结构

实际应用中的嗅探器分软、硬两种。软件嗅探器便宜易于使用，缺点是往往无法抓取网络上所有的传输数据（如碎片），也就无法全面了解网络的故障和运行情况；硬件嗅探器通常称为协议分析仪，它的优点恰恰是软件嗅探器所欠缺的，但是价格昂贵。目前使用的嗅探器仍是以软件为主。

在使用集线器的以太网中，数据的传输是基于"共享"原理的，所有的同一网段范围内的计算机共同接收同样的数据包。这意味着计算机之间的通信都是透明的。网卡工作在正常模式时将屏蔽掉和自己无关的网络信息，事实上是忽略掉了与自身 MAC 地址不符合的信息。嗅探程序则是利用以太网的特点，将设备网卡设置为"混杂模式"，从而能够接收到整个以太网内的网络数据信息。

在使用交换机的以太网中，Sniffer 是利用 Arp 欺骗的所谓中间介入攻击的技术，诱骗网络上的工作站先把数据包传到 Sniffer 所在的网卡，再传给目标工作站。

值得注意的一点是，机器 A、B、C 使用一个普通的集线器（HUB）连接的，不是用交换机，使用交换机相连的情况要比这复杂得多。

假设机器 A 上的管理员为了维护机器 C，使用了一个 FTP 命令向机器 C 进行登录，那么在这个 HUB 连接的网络里数据走向过程是这样的：首先机器 A 上的管理员输入的登录机器 C 的 FTP 命令经过应用层 FTP 协议、传输层 TCP 协议、网络层 IP 协议、数据链路层上的以太网驱动程序一层一层的包裹，最后送到了物理层所连接的网线上。接下来数据帧送到了 HUB 上，再由 HUB 向每一个接点广播由机器 A 发出的数据帧，机器 B 接收到由 HUB 广播发出的数据帧，并检查在数据帧中的地址是否和自己的地址相匹配，发现不是发向自己的数据后就把这个数据帧丢弃，不予理睬；而机器 C 也接收到了数据帧，并在比较之后发现是发给自己的数据帧，接下来就对这个数据帧进行接收和分析处理，这是正常的工作过程。但是，假设机器 B 上的管理员很好奇，想知道究竟登录机器 C 上 FTP 口令是什么，其实很简单，仅仅需要把自己机器上的网卡置于混杂模式，即可接收数据，接着对接收到的数据帧进行分析，从而可得到包含在数据帧中所想知道的信息。

常用的嗅探器有 Sniffer Pro 和 Wireshark 等。Sniffer 最早是一种网络监听工具的名称，后来其也就成为网络监听的代名词，在最初的时候，它是作为网络管理员检测网络通信的一种工具。Wireshark 也是一个有名的网络端口探测器，它的前身是 Ethereal，2006 年 6 月 8 日，Ethereal 软件的创始人 Gerald Coombs 宣布了一则通知：我离开了 NIS 公司（Ethereal 所属公司），现加入 CaceTech 公司（Winpcap 所属的公司）。由于 Coombs 最终没有与 NIS

公司达成协议，Coombs 想保留 Ethereal 商标权，因此 Ethereal 改名为 Wireshark。它可以在 Linux、Solaris、Windows 等多种平台运行，主要是针对 TCP/IP 协议的不安全性对运行该协议的机器进行监听。其功能是在一个共享的网络环境下对数据包进行捕捉和分析，而且还能够自由地为其增加某些插件以实现额外功能。

7.3.2 嗅探器攻击的检测

由于嗅探器需要将网络中入侵的网卡设置为混杂模式才能工作，因此检测嗅探器可以采用检测混杂模式网卡的工具，如 AntiSniff。

检测网络是否被嗅探主要有以下三种方法。

1. 网络通信丢包率非常高

通过一些网管软件，可以看到信息包传送情况，最简单是 Ping 命令。它会显示掉了百分之多少的包。如果网络结构正常，而又有 20%～30%数据包丢失以致数据包无法顺畅地流到目的地，就有可能有人在监听，这是由于嗅探器拦截数据包导致的。

2. 网络带宽出现反常

通过某些带宽控制器，可以实时看到目前网络带宽的分布情况，如果某台机器长时间占用了较大的带宽，这台机器就有可能在监听，也可以察觉出网络通信速度的变化。

对于 SunOS（或 Solaris 系统）和其他 BSD UNIX 系统可以使用 lsof 来检测嗅探器的存在。lsof 最初的设计目的并非为了防止嗅探器入侵，但因为在嗅探器入侵的系统中，嗅探器会打开其输出文件，并不断传送信息给该文件，这样该文件的内容就会越来越大。如果利用 lsof 发现有文件的内容不断增大，就可以怀疑系统被嗅探。因为大多数嗅探器都会把截获的 "TCP/IP" 数据写入自己的输出文件中。这里可以用 ifconfig le0 检查端口，然后用命令：

   #/usr/sbin/lsof > test
   #vi test 或 grep [打开的端口号]

检测文件大小的变化。

如果确信有人接了嗅探器到自己的网络上，可以找一些验证的工具。这种工具称为时域反射计量器（Time Domaio Reflectometer，TDR）。TDR 对电磁波的传播和变化进行测量，将一个 TDR 连接到网络上，能够检测到未授权的获取网络数据的设备。

3. 查看进程

在 Windows 系统中，可以使用组合键 "Ctrl+Alt+Del" 查看 "应用程序"、"进程" 和 "用户" 项，若发现可疑的程序、进程和用户，则可怀疑机器被 Sniffer，或是被病毒侵袭，或是正在被黑客攻击。

7.3.3 网络嗅探的防范对策

由于嗅探器是一种被动攻击技术，因此发现比较困难。完全主动的解决方案很难找到并且因网络类型而有一些差异,但可以先采用一些被动但却是通用的防御措施,主要包括安全的网络拓扑结构和数据加密技术两方面。

1. 安全的网络拓扑结构

网络分段越细,嗅探器能够收集的信息就越少。

(1)网络分段将网络分成一些小的网络,每一个网段的集线器被连接到一个交换器(Switch)上,所以数据包只能在该网段的内部被网络监听器截获,这样网络的剩余部分(不在同一网段)便被保护了。网络有三种网络设备是嗅探器不可能跨过的:交换机、路由器、网桥,可以通过灵活地运用这些设备来进行网络分段。

(2)划分 VLAN:使得网络隔离不必要的数据传送,一般可以采用 20 个工作站为一组,这是一个比较合理的数字。网络分段只适应于中小网络。网络分段需要昂贵的硬件设备。

2. 数据加密

(1)建立各种数据传输加密通道。正常的数据都是通过事先建立的通道进行传输的,以往许多应用协议中明文传输的账号、口令的敏感信息将受到严密保护。目前的数据加密通道方式主要有 SSH、SSL(Secure Socket Layer,安全套接字应用层)和 VPN。

(2)对于数据内容进行加密。其主要采用的是用目前被证实的较为可靠的加密机制对互联网上传输的邮件和文件进行加密。

7.4 口令破解

20 世纪 80 年代,当计算机开始在公司里广泛应用时,人们很快就意识到需要保护计算机中的信息。如果仅仅使用一个 UserID 来标志自己,那么别人很容易得到这个 UserID,出于这个考虑,用户登录时不仅要提供 UserID 来标志自己是谁,还要提供只有自己才知道的口令来向系统证明自己的身份。虽然口令的出现使得登录系统时的安全性大大提高,但是这又产生了一个很大的问题。如果口令过于简单,容易被人猜解出来;如果过于复杂,用户往往需要把它抄下来,这种做法会增加口令的不安全性。

当前,计算机用户的口令现状是令人担忧的。攻击者攻击目标时常常把破译用户的密码作为攻击的开始。只要攻击者能猜测或确定用户的密码,就能获得机器或网络的访问权,并能访问到用户能访问到的任何资源。如果这个用户有域管理员或 root 用户权限,将是极其危险的。

7.4.1 口令破解方式

1. 手工破解和自动破解

口令破解是入侵一个系统比较常用的方法,有两种方法可以实现:第一种方法是手工破解,第二种方法是自动破解。

1) 手工破解

攻击者要猜测口令必须手动输入。要完成这一攻击，必须知道用户的 UserID 并能进入被攻系统的登录状态。这种方法虽然比较简单，但是费时间。手工口令破解的步骤为：

（1）产生可能的口令列表；
（2）按口令的可能性从高到低排序；
（3）输入每个口令；
（4）如果系统允许访问则成功；
（5）如果没有成功，则重试。注意不要超过口令的限制次数。

2) 自动破解

只要得到了加密口令的副本，就可以离线破解。这种破解方法是需要花一番工夫的，因为要得到加密口令的副本就必须得到系统访问权。但是一旦得到口令文件，口令的破解就会非常快，而且不易被察觉出来，因为这是在脱机的情况下完成的。速度快的原因是因为使用了程序搜索一串单词来检查是否匹配，这样就能同时破解多个口令。

自动破解的一般过程如下：
（1）找到可用的 UserID；
（2）找到所用的加密算法；
（3）获取加密口令；
（4）创建可能的口令名单；
（5）对每个单词加密；
（6）对所有的 UserID 观察是否匹配；
（7）重复以上过程，直到找出所有口令为止。

2. 字典攻击

因为大多数人都会使用普通字典中的单词作为口令，发起字典攻击通常是一个比较好的开端。字典攻击使用的是一个包含大多数字典单词的文件，利用这些单词来猜测口令。在大多数系统中，和尝试所有的组合相比，字典攻击能在很短的时间内完成。

图 7.11 字典的例子

用字典攻击检查系统的安全性的好处是能针对用户或公司制定。如果有一个词很多人都用来作为口令，那么就可以把它添加到字典中。例如，在一家公司里有很多体育迷，那么就可以在核心字典中添加一部关于体育名词的字典。在 Internet 上，有许多已经编好的字典可以用，包括外文字典和针对特定类型公司的字典。有调查研究显示，只要把当地球队、吉祥物、所有明星有关的词语，甚至是奥运会方面的信息加入到字典中，那么，75% 以上的口令能用字典攻击破解。字典的例子如图 7.11 所示。

3. 暴力破解

很多人认为，如果使用足够长的口令或使用足够完善的加密模式，就能有一个攻不破的口令。事实上，没有攻不破的口令，攻破只是一个时间的问题，哪怕是花上 100 年才能破解一个高级加密方式，但是起码它是可以破解的，而且破解的时间会随着计算机速度的提高而减少。可能 10 年前花 100 年才能破解的口令现在只要花一星期就可以了。

如果有速度足够快的计算机能尝试字母、数字、特殊字符所有的组合，将最终能破解所有的口令。这种攻击方式称为暴力破解（Brute Force）。使用暴力破解时会一个个去尝试所有密码组合的可能性。例如，对于小写字母的密码，先从字母 a 开始，尝试 aa、ab、ac 等，然后尝试 aaa、aab、aac……

使用强行攻击，基本上是 CPU 的速度和破解口令的时间上的矛盾。现在的台式机性能和十多年前的多数公司使用的高端服务器差不多，也就是说，口令的破解会随着内存价格的下降和处理器速度的上升而变得越来越容易了。

还有一种强行攻击称为分布式暴力破解，也就是说如果攻击者希望在尽量短的时间内破解口令，他不必购买大批昂贵的计算机，而是把一个大的破解任务分解成许多小任务，然后利用互联网上的计算机资源来完成这些小任务就可以进行口令破解了。

4．组合攻击

字典攻击虽然速度快，但是只能发现字典单词口令；暴力破解能发现所有口令，但是破解的时间长。而且在很多情况下，管理员会要求用户的口令是字母和数字的组合，而这个时候，许多用户就仅仅会在他们的口令后面添加几个数字，如把口令从"Security"，改成"Security1234"，而实际上这样的口令是很弱的。有一种攻击是在使用字典单词的基础上为单词串接几个字母和数字，这种攻击就叫做组合攻击。

组合攻击是使用字典中的单词，但是对单词进行了重组，它介于字典攻击和暴力破解之间。三种攻击的比较如表 7.1 所示。

表 7.1 字典攻击、暴力破解及组合攻击的比较

比 较 项 目	字 典 攻 击	暴 力 破 解	组 合 攻 击
攻击速度	快	慢	中等
破解口令数量	找到所有字典单词	找到所有口令	找到以字典为基础的口令

7.4.2 口令破解的常用工具及方法

1．Windows 系统密码破解程序

1）L0phtCrack

L0phtCrack 是一个 Windows 密码审计工具，能根据操作系统中存储的加密哈希计算 Windows 密码，功能非常强大、丰富，是目前市面上最好的 Windows 密码破解程序之一。它有 4 种方式可以破解口令：快速口令破解、普通口令破解、复杂口令破解、自定义口令破解。

快速口令破解：仅仅把字典中的每个单词和口令进行简单的对照尝试破解。只有字典中包含的密码才能被破解。

普通口令破解：使用字典中的单词进行普通的破解，并把字典中的单词进行修正破解。

复杂口令破解：使用字典中的单词进行普通的破解，并把字典中的单词进行修正破解，

并且执行暴力破解，把字典中的字、数字、符号进行尽可能的组合。

自定义口令破解：自定义的口令破解可以自己设置口令破解方式。有4个选项可供选择：字典攻击（Dictionary Attack）可以选择字典列表进行破解；混合破解（Hybrid Attack）把单词、数字或符号进行组合破解；预定散列（Precomputed Hash Attack）利用预先生成的口令散列值与SAM中的散列值进行匹配；暴力破解（Brute Force Attack）可以设置为"字母+数字"、"字母+数字+普通符号"、"字母+数字+全部符号"。

2）NTSweep

NTSweep 使用的方法和其他密码破解程序不同，它不是下载密码并离线破解，而是利用了 Microsoft 允许用户改变密码的机制。它首先取定一个单词，然后使用这个单词作为账号的原始密码，并试图把用户的密码改为同一个单词。因为成功地把密码改成原来的值，用户永远不会知道密码曾经被人修改过。如果主域控制机器返回失败信息，就可知道这不是原来的密码；反之，如果返回成功信息，就说明这一定是账号的密码。

3）PWDump

PWDump 不是一个密码破解程序，但是它能用来从 SAM 数据库中提取密码（Hash）。目前很多情况下 L0phtCrack 的版本不能提取密码（Hash）。如 SYSkey 是一个能在 Windows XP 下运行的程序，为 SAM 数据库提供了很强的加密功能，如果 SYSkey 在使用，L0pht Crack 就无法提取哈希密码，但是 PWDump 还能使用；而且要在 Windows XP 下提取密码（Hash）必须使用 PWDump，因为系统使用了更强的加密模式来保护信息。

2．UNIX密码破解程序

1）Crack

Crack 是一个旨在快速定位 UNIX 密码弱点的密码破解程序。Crack 使用标准的猜测技术确定密码。它检查密码是否为如下情况之一：和 user id 相同、单词 password、数字串、字母串。Crack 通过加密一长串可能的密码，并把结果和用户的加密密码相比较，看其是否匹配。用户的加密密码必须是在运行破解程序之前就已经提供的。

2）John the Ripper

该程序是 UNIX 密码破解程序，但也能在 Windows 平台运行，功能强大、运行速度快，可进行字典攻击和强行攻击。

3）XIT

XIT 是一个执行字典攻击的 UNIX 密码破解程序。XIT 的功能有限，因为它只能运行字典攻击，但程序很小、运行很快。

4）Slurpie

Slurpie 能执行字典攻击和定制的强行攻击，要规定所需要使用的字符数目和字符类型。和 John、Crack 相比，Slurpie 的最大优点是能分布运行，它能把几台计算机组成一台分布式虚拟机器在很短的时间里完成破解任务。

7.4.3 密码攻防对策

密码防范的办法很简单，只要使自己的密码不在英语字典中，且不可能被别人猜测出就可以了。一个好的密码应当至少有 8 个字符长，不要用个人信息（如生日、名字等），密码中要有一些非字母（如数字、标点符号、控制字符等），还要好记一些，不能写在纸上或计算机中的文件中。例如，"P@ssw0rd2011" 比 "password" 作口令要强很多。保持密码安全的要点如下：

（1）不要将密码写下来。
（2）不要将密码保存在计算机文件中。
（3）不要选取显而易见的信息作为密码。
（4）不要让别人知道。
（5）不要在不同系统中使用同一密码。
（6）为防止手疾眼快的人窃取密码，在输入密码时应确认无人在身边。
（7）定期改变密码，至少 6 个月改变一次。

最后这点是十分重要的，永远不要对自己的密码过于自信，我们很容易在无意中泄露了密码。定期改变密码，会使自己遭受黑客攻击的风险降到一定的程度内。一旦发现自己的密码不能进入计算机系统，应立即向系统管理员报告，由管理员来检查原因。系统管理员也应当定期运行这些破译密码的工具，来尝试破译 shadow 文件，若有用户的密码被破译出，说明这些用户的密码取得过于简单或有规律可循，应尽快通知他们，及时更正密码以防止黑客的入侵。

7.5 缓冲区溢出漏洞攻击

什么是缓冲区？它是指程序运行期间，在内存中分配的一个连续的区域，用于保存包括字符数组在内的各种数据类型。所谓溢出，其实就是所填充的数据超出了原有的缓冲区边界，并非法占据了另一段内存区域。两者结合进来，所谓缓冲区溢出，就是由于填充数据越界而导致原有流程的改变，黑客借此精心构造填充数据，让程序转而执行特殊的代码，最终获取控制权。缓冲区溢出是一种非常普遍、非常危险的漏洞，在各种操作系统、应用软件中广泛存在。

利用缓冲区溢出攻击，可以导致程序运行失败、系统宕机、重新启动等后果。更为严重的是，可以利用它执行非授权指令，甚至可以取得系统特权，进而进行各种非法操作。与其他的攻击类型相比，缓冲区溢出攻击不需要太多的先决条件，杀伤力很强，技术性强。目前，第一个缓冲区溢出攻击——Morris 蠕虫，发生在 25 年前，它曾造成了全世界 6000 多台网络服务器瘫痪。利用缓冲区溢出漏洞进行的攻击已经占到了网络攻击次数的一半以上。

7.5.1 缓冲区溢出的原理

缓冲区溢出攻击是指通过往程序的缓冲区写超出其长度的内容，造成缓冲区的溢出，从而破坏程序的堆栈，使程序转而执行其他指令，以达到攻击的目的。造成缓冲区溢出的原因是没有仔细检查程序中用户输入的参数。例如下面的程序：

```
void function （char *str）
{
    char buffer[16];
    strcpy （buffer, str）;
}
```

上面例子中 strcpy( )将直接把 str 中的内容复制到 buffer 中。这样只要 str 的长度大于 16，就会造成 buffer 的溢出，使程序运行出错。存在像 strcpy 这样的问题的标准函数还有 strcat( )、sprintf( )、vsprintf( )、gets( )及 scanf( )等。

当然，随便往缓冲区中填东西造成它溢出一般只会出现"分段错误"，而不能达到攻击的目的。最常见的缓冲区溢出攻击手段是通过制造缓冲区溢出使程序运行一个用户 shell，再通过 shell 执行其他命令。如果该程序属于 root 且有 suid 权限，攻击者就获得了一个有 root 权限的 shell，可以对系统进行任意操作。一般而言，攻击者是通过攻击 root 程序，然后执行类似"exec（sh）"的执行代码来获得 root 权限的 shell。为了达到这个目的，攻击者必须达到如下的两个目标：

（1）在程序的地址空间里安排适当的代码。

（2）通过适当的初始化寄存器和内存，让程序跳转到入侵者安排的地址空间执行。

缓冲区溢出攻击之所以成为一种常见安全攻击手段，其原因在于缓冲区溢出漏洞太普遍了，并且易于实现。而且缓冲区溢出成为远程攻击的主要手段，原因在于缓冲区溢出漏洞给予了攻击者想要的一切：植入并且执行攻击代码。被植入的攻击代码以一定的权限运行有缓冲区溢出漏洞的程序，从而得到被攻击主机的控制权。

7.5.2 缓冲区溢出攻击示例

Windows 的 IIS 服务提供了几个主要的 Internet 服务，如提供 Web 服务、FTP 服务和 SMTP 服务等。IIS 服务器在方便用户使用的同时，带来了许多安全隐患。IIS 漏洞有近千余种，其中能被用来入侵的漏洞大多数属于"溢出"型漏洞。对于溢出型漏洞，入侵者可以通过发送特定指令格式的数据使远程服务区的缓冲区溢出，从而突破系统的保护，在溢出的空间中执行任意指令。IIS 存在.ida&.idq 漏洞、Painter 漏洞、Unicode 漏洞和.asp 映射分块编码漏洞等。

Windows 的 Index Server 可以加快 Web 的搜索能力，提供对管理员脚本和 Internet 数据的查询，默认支持管理脚本.ida 和查询脚本.idq，管理脚本.ida 和查询脚本.idq 都是使用 idq.dll 来进行解析的。idq.dll 存在一个缓冲溢出，问题存在于 idq.dll 扩展程序上，由于没有对用户提交的输入参数进行边界检查，将会导致远程攻击者利用溢出来获得系统权限访问远程系统。

下面主要介绍.ida&.idq 漏洞的 iisidq 入侵方式。.ida&.idq 缓冲区溢出漏洞主要存在于 IIS 5.0 的系统中，假定服务器的操作系统为中文 Windows 2000 Server SP0，服务器的 IP 地址为 192.168.0.106。步骤如下：

（1）漏洞检测。在 IE 中输入 http://192.168.0.106/*.ida 或 http://192.168.0.106/*.idq，按

回车键确认后如果提示"找不到**文件的信息",就说明存在该漏洞,如图 7.12 所示。也可以用本章后面实训 10 提供的 X-Scan 扫描工具"扫描模块"中选中"IIS 漏洞",如果得到"可能存在'IIS Index Server ISAPI 扩展远程溢出漏洞(/null.ida)或(/null.idq)'"则说明存在该漏洞。

图 7.12 检测到 ida&idq 漏洞

(2) 使用 iisidq 进行溢出。iisidq 有命令行和图形界面两种方式。使用 iisidq 命令行攻击命令如下:

iisidq.exe <操作系统类型> <目标 IP> <Web 端口> <1> <端口监听端口> [输入命令 1]

例如,使用下面命令对 Windows 2000 Server SP0 中文版进行 idq 漏洞溢出,其中 0 表示操作系统类型,521 表示监听端口,192.168.0.106 是攻击目标计算机的 IP 地址:

D:\>iisidq 0 192.168.0.106 80 1 521

从图 7.13 可以看出,成功对目标计算机进行了攻击。

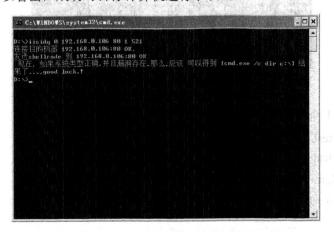

图 7.13 使用 iisidq 攻击

(3) 使用 NC 连接服务器。NC 在网络工具中有"瑞士军刀"的美誉,通过 NC,入侵者可以方便地连接远程服务器。NC 有两种方法进行连接。

主动连接到外部:nc [-options] hostname port[s] [ports]
监听等待外部连接:nc–l–p port [-option] [hostname] [port]

NC 的参数说明如下:
- -e: prog 程序重定向,一旦连接,就执行。
- -g: 网关路由跳数,可设置到 8。
- -h: 帮助信息。
- -i: secs 延时的间隔。
- -l: 监听模式,用于入站连接。
- -n: 指定数字的 IP 地址,不能用 hostname。
- -o: file 记录十六进制的传输。
- -p: port 本地端口号。
- -r: 任意指定本地及远程端口。
- -s: addr 本地源地址。
- -u: UDP 模式。
- -v: 详细输出(用两个-v 可得到更详细的内容)。
- -w: secs 超时时间。
- -z: 将输入/输出关掉——用于扫描时。

本例中使用命令 nc -v 192.168.0.106 521 进行连接,如图 7.14 所示。

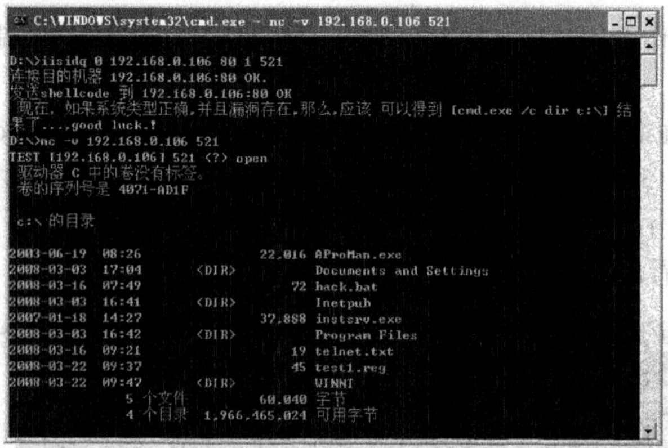

图 7.14 使用 NC 连接主机

(4)使用如下命令建立后门账号 test,并设定密码为 test123:
D:\>net user test test123/add
(5)将账号 test 加入到 administrators 管理员组:
D:\>net localgroup   administrators test/add
(6)使用 exit 命令断开连接。

7.5.3 缓冲区溢出攻击的防范方法

1. 编写正确的代码

编写正确的代码是一件有意义但耗时的工作,特别是编写像 C 语言那种具有容易出错倾向的程序(如字符串的零结尾)。尽管人们知道了如何编写安全的程序,具有安全漏洞的程序依旧出现。因此人们开发了一些工具和技术来帮助程序员编写安全正确的程序。

最简单的方法就是用 grep 搜索源代码中容易产生漏洞的库的调用，如 strcpy 的 sprinf 的调用，都没有检查输入参数的长度。

2．非执行的缓冲区

通过使被攻击程序的数据段地址空间不可执行，从而使得攻击者不可能执行被攻击程序输入缓冲区的代码，这种技术被称为非执行的缓冲区技术。非执行堆栈的保护可以有效地对付把代码植入自动变量的缓冲区溢出攻击，而对于其他形式的攻击则没有效果。通过引用一个驻留程序的指针，就可以跳过这种保护措施。其他攻击可以把代码植入堆栈或静态数据中来跳过保护。

3．数组边界检查

植入代码引起缓冲区溢出是一个方面，扰乱程序的执行流程是另一个方面。不像非执行的缓冲区保护，数组边界检查完全防止了缓冲区溢出的产生和攻击。

4．程序指针完整性检查

与边界检查略有不同，也与防止指针被改变不同，程序指针完整性检查是在程序指针被引用之前检测到宏观世界的改变。因此，即便一个攻击者成功地改变了程序的指针，由于系统事先检测到了指针的改变，因此这个指针将不会被使用。

与数组边界检查相比，这种方法不能解决所有的缓冲区溢出问题，采用其他的缓冲区溢出方法就可以避免这种检查。但是这种方法在性能上有很大的优势，而且兼容性也很好。

7.6 拒绝服务攻击与防范

7.6.1 拒绝服务攻击的概念和分类

"拒绝服务"这个词来源于英文 Denial of Service（简称 DoS），它是一种简单的破坏性攻击，通常攻击者利用 TCP/IP 协议中的某个弱点，或者系统存在的某些漏洞，对目标系统发起大规模的进攻，致使攻击目标无法对合法的用户提供正常的服务。简单地说，拒绝服务攻击就是让攻击目标瘫痪的一种"损人不利己"的攻击手段。

历史上最著名的拒绝服务攻击服务恐怕要数 Morris 蠕虫事件，1988 年 11 月，全球众多连在互联网上的计算机在数小时内无法正常工作，这次事件中遭受攻击的包括 5 个计算机中心和 12 个地区节点，连接着政府、大学、研究所和拥有政府合同的 6000 台计算机。这次病毒事件，使计算机系统直接经济损失达 9600 万美元。

拒绝服务攻击可能是蓄意的，也可能是偶然的。当未被授权的用户过量使用资源时，攻击是蓄意的；当合法用户无意地操作而使得资源不可用时，则是偶然的。应该对两种拒绝服务攻击都采取预防措施。但是拒绝服务攻击问题也一直得不到合理的解决，究其原因是因为它是由于网络协议本身的安全缺陷造成的。

DoS 的攻击方式有很多种。最基本的 DoS 攻击就是利用合理的服务请求来占用过多的服务资源，致使服务超载，无法响应其他的请求。这些服务资源包括网络带宽、文件系统空间容量、开放的进程或向内的连接。这种攻击会导致资源的匮乏，无论计算机的处理速度多么快、内存容量多么大、网络速度多么快都无法避免这种攻击带来的后果。

传统上，攻击者所面临的主要问题是网络带宽，由较小的网络规模和较慢的网络速度，无法使攻击者发出过多的请求。高带宽是大公司所拥有的，而以个人为主的黑客很难享用。为了克服这个缺点，恶意的攻击者开发了分布式的拒绝服务攻击。这样，攻击者就可以利用工具集合许多的网络带宽来对同一个目标发送大量的请求。

有两种拒绝服务攻击类型：第一种是使一个系统或网络瘫痪；第二种是向系统或网络发送大量信息，使系统或网络不能响应。这两种攻击既可以在本地机上进行也可以通过网络进行。

如果攻击者发送一些非法的数据或数据包，使得系统死机或重新启动，那么攻击者就进行了一次拒绝服务攻击，因为没有人能够使用资源。以攻击者的角度来看，攻击的刺激之处在于可以只发送少量的数据包就使一个系统无法访问。在大多数情况下，系统重新上线需要管理员的干预。所以，第一种攻击是最具破坏力的，因为做一点点就可以破坏系统，而修复却需要人的干预。

如果一个系统在一分钟之内只能处理 10 个数据包，攻击者却每分钟向它发送 20 个数据包，这时，当合法用户要连接系统时，用户将得不到访问权，因为系统资源已经不足。进行这种攻击时，攻击者必须连续地向系统发送数据包。当攻击者不向系统发送数据包时攻击停止，系统也就恢复正常了。此攻击方法攻击者要耗费很多精力，因为他必须不断地发送数据包。有时，这种攻击会使系统瘫痪，然而大多数情况下，恢复系统只需要少量人为干预。因此第二种攻击对系统的影响也非常大。

7.6.2 分布式拒绝服务攻击

分布式拒绝服务攻击（DDoS）是目前黑客经常采用而难以防范的攻击手段。本节从概念开始详细介绍这种攻击方式，着重描述黑客是如何组织并发起 DDoS 攻击的，并结合其中的 SYN Flood 实例，使读者可以对 DDoS 攻击有一个更形象的了解。最后结合国内网络安全的现况探讨一些防御 DDoS 的实际手段。

1. DDoS 攻击概念

DoS 的攻击方式有很多种，最基本的 DoS 攻击就是利用合理的服务请求来占用过多的服务资源，从而使合法用户无法得到服务的响应。DDoS 攻击手段是在传统的 DoS 攻击基础之上产生的一类攻击方式。单一的 DoS 攻击一般是采用一对一方式的，当攻击目标 CPU 速度低、内存小或网络带宽小等各项性能指标不高时，它的效果是明显的。随着计算机与网络技术的发展，计算机的处理能力迅速增长，内存大大增加，同时也出现了千兆级别的网络，这使得 DoS 攻击的困难程度加大了——目标对恶意攻击包的"消化能力"加强了很多，如攻击软件每秒钟可以发送 3000 个攻击包，但目标主机与网络带宽每秒钟可以处理 10000 个攻击包，这样一来攻击就不会产生什么效果。这时分布式拒绝服务攻击手段（DDoS）就应运而生了。理解了 DoS 攻击，DDoS 的原理就很容易说明。如果说计算机与网络的处理能力加大了 10 倍，用一台攻击机来攻击不再能起作用，那么攻击者使用 10 台攻击机同时攻击呢？用 100 台呢？DDoS 就是利用更多的傀儡机来发起进攻，以比从前更大的规模来进攻受害者。

高速广泛连接的网络带来了方便，也为 DDoS 攻击创造了极为有利的条件。在低速网络时代，黑客占领攻击用的傀儡机时，总是会优先考虑离目标网络距离近的机器，因为经过路由器的跳数越少、效果越好。而现在电信骨干节点之间的连接都是以千兆为级别的，大城市之间更可以达到 2.5GB 的连接，这使得攻击可以从更远的地方或其他城市发起，攻击者的傀儡机位置可以分布在更大的范围，选择起来更灵活。

2. 被 DDoS 攻击时的现象

被攻击主机上有大量等待的 TCP 连接，网络中充斥着大量的无用数据包，源地址为假的，制造高流量无用数据，造成网络拥塞，使受害主机无法正常和外界通信，利用受害主机提供的服务或传输协议上的缺陷，反复高速地发出特定的服务请求，使受害主机无法及时处理所有正常请求，严重时会造成系统死机。

3. 攻击运行原理

如图 7.15 所示，一个比较完善的 DDoS 攻击体系分成 4 大部分，先来看一下最重要的第二部分和第三部分，它们分别用作控制和实际发起攻击。注意控制机与攻击机的区别，对第四部分的受害者来说，DDoS 的实际攻击包是从第三部分攻击傀儡机上发出的，第二部分的控制机只发布命令而不参与实际的攻击。对第二和第三部分计算机，黑客有控制权或是部分控制权，并把相应的 DDoS 程序上传到这些平台上，这些程序与正常的程序一样运行并等待来自黑客的指令，通常它还会利用各种手段隐藏自己不被别人发现。在平时，这些傀儡机器并没有什么异常，只是一旦黑客连接到它们进行控制并发出指令时，攻击傀儡机就成为害人者发起攻击了。

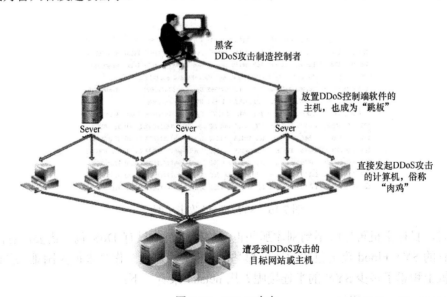

图 7.15　DDoS 攻击

4. DDoS 攻击实例——SYN Flood 攻击

SYN Flood 是目前最流行的 DDoS 攻击手段之一，早先的 DoS 攻击手段在向分布式这一阶段发展的时候也经历了大浪淘沙的过程。SYN Flood 的攻击效果最好，应该是众黑客不约而同选择它的原因。SYN Flood 是一种利用了 TCP 协议缺陷，发送大量伪造的 TCP 连接请求，使被攻击方资源耗尽（CPU 满负荷或内存不足）的攻击方式，是通过三次握手实现的。

TCP 连接的三次握手中，假设一个用户向服务器发送了 SYN 报文后突然死机或掉线，那么服务器在发出 SYN+ACK 应答报文后是无法收到客户端的 ACK 报文的，这种情况下服务器端一般会重试，并等待一段时间后丢弃这个未完成的连接。这段时间的长度称为 SYN Timeout，一般来说这个时间是分钟的数量级。

一个用户出现异常导致服务器的一个线程等待 1 分钟并不是什么很大的问题，但如果有一个恶意的攻击者大量模拟这种情况（伪造 IP 地址），服务器端将为了维护一个非常大的半连接列表而消耗非常多的资源。即使是简单的保存并遍历半连接列表也会消耗非常多的 CPU 时间和内存，何况还要不断对这个列表中的 IP 进行 SYN+ACK 的重试。

实际上如果服务器的 TCP/IP 栈不够强大，最后的结果往往是堆栈溢出崩溃——即使服务器端的系统足够强大，服务器端也将忙于处理攻击者伪造的 TCP 连接请求而无暇理睬客户的正常请求，此时从正常客户的角度看来，服务器失去响应，这种情况就称为服务器端受到了 SYN Flood 攻击（SYN 洪水攻击）。

我们构造一个局域网攻击环境，假设有一台攻击机器，被攻击的是一台 Solaris 10.0 的主机，网络设备是 Cisco 的百兆交换机，后面将显示在 Solaris 上进行 snoop 抓包的记录，snoop 与 tcpdump 等网络监听工具一样，是一个网络抓包与分析工具。

攻击机器开始发包，DoS 开始了，突然间 Solaris 主机上的 snoop 窗口开始飞速地翻屏，显示出接到数量巨大的 SYN 的请求。这时的屏幕就好像是时速 300 公里的列车上的一扇车窗。SYN Flood 攻击时的 snoop 输出结果如图 7.16 所示。

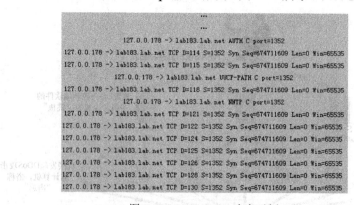

图 7.16 SYN Flood 攻击示例

此时，目标主机再也收不到刚才那些正常的网络包，只有 DoS 包。需要注意的是，这里所有的 SYN Flood 攻击包的源地址都是伪造的，给追查工作带来很大困难。这时在被攻击主机上积累了多少 SYN 的半连接呢？用 netstat 来看一下：

netstat -an | grep SYN

结果如图 7.17 所示。

```
                                  …
                                  …
192.168.0.183.9    127.0.0.79.1801    0    0 24656    0 SYN_RCVD
192.168.0.183.13   127.0.0.79.1801    0    0 24656    0 SYN_RCVD
192.168.0.183.19   127.0.0.79.1801    0    0 24656    0 SYN_RCVD
192.168.0.183.21   127.0.0.79.1801    0    0 24656    0 SYN_RCVD
192.168.0.183.22   127.0.0.79.1801    0    0 24656    0 SYN_RCVD
192.168.0.183.23   127.0.0.79.1801    0    0 24656    0 SYN_RCVD
192.168.0.183.25   127.0.0.79.1801    0    0 24656    0 SYN_RCVD
192.168.0.183.37   127.0.0.79.1801    0    0 24656    0 SYN_RCVD
192.168.0.183.53   127.0.0.79.1801    0    0 24656    0 SYN_RCVD……
```

图 7.17　SYN Flood 攻击时出现的半连接情况

SYN Flood 攻击比较难以防御，主要可以通过以下几种方法解决：缩短 SYN Timeout 时间、设置 SYN Cookie、设置负反馈策略、设置退让策略、采用分布式 DNS 负载均衡及使用防火墙等。

本 章 小 结

为了更好地做好防范措施，就必须了解各种各样的网络攻击方式。本章主要介绍了端口扫描、网络嗅探、密码攻防、缓冲区溢出攻防、拒绝服务攻击与防范等内容。除此之外，由于篇幅的限制，还有很多其他的网络攻击技术本章并未提及。有兴趣的读者可以了解 BackTrack、Metasploit 等有关渗透测试方面的知识。

本 章 习 题

一、填空题

1. ______是一种自动检测远程或本地主机安全性弱点的程序，通过使用它并记录反馈信息，可以不留痕迹地发现远程服务器中各种 TCP 端口的分配。

2. ______是一个程序，它驻留在目标计算机里，可以随目标计算机自动启动并在某一端口进行侦听，在接收到攻击者发出的指令后，对目标计算机执行特定的操作。

3. ________就是利用更多的傀儡机对目标发起进攻，以比从前更大的规模进攻受害者。

二、选择题

1. ________利用以太网的特点，将设备网卡设置为“混杂模式”，从而能够接收到整个以太网内的网络数据信息。
        A．嗅探程序   B．木马
        C．拒绝服务攻击   D．缓冲区溢出漏洞
　2．字典攻击被用于_____。
        A．用户欺骗   B．远程登录
        C．网络嗅探   D．破解密码
　3．_____包含的 ida/idq 组件不充分检查传递给部分系统组件的数据，远程攻击者利用这个漏洞对 ida/idq 进行缓冲区溢出攻击。
        A．Microsoft Office   B．IIS 5.0
        C．Redhat Linux   D．Apache

三、简答题

1．简述扫描器的基本原理及防范措施。
2．密码破解有哪几种方式？
3．网络嗅探的工作原理是什么？
4．简述拒绝服务的常用攻击方法和原理。

实训 7　使用 L0phtCrack 6.0 破解 Windows 密码

一、实训目的

本实验旨在掌握账号口令破解技术的基本原理、常用方法及相关工具，并在此基础上掌握如何有效防范类似攻击的方法和措施。

二、实训环境

本实验需要一台安装了 Windows XP 或 Windows 7 的 PC，安装 L0phtCrack6.01 密码破解工具。

三、实训步骤

（1）下载后请解压缩并安装 L0phtCrack6.01（简称为 LC6）。首先运行 lc6setup.exe，如图 7.18 所示，然后一直单击【Next】按钮，直到单击【Accept】接受协议。接下来选择安装路径，单击【Next】按钮即选择默认的安装路径，一直单击【Next】按钮进入安装过程。

（2）LC6 需要 WinPcap 的支持，在安装 LC6 的过程中，安装程序自动进入 WinPcap 的安装过程，如图 7.19 所示。单击【Next】按钮，直到安装程序完成 WinPcap 和 LC6 的安装。

（3）破解 LC6。选择【开始】|【程序】|【L0phtCrack 6】|【L0phtCrack 6】命令，进入 LC6 的注册界面，记下机器的指纹"Hardware fingerprint"，如本机的指纹为"D51F-C1B2"，如图 7.20 所示。

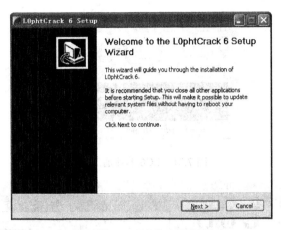

图 7.18　LC6 安装向导界面

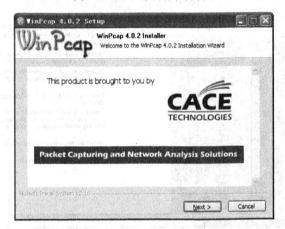

图 7.19　WinPcap 的安装界面

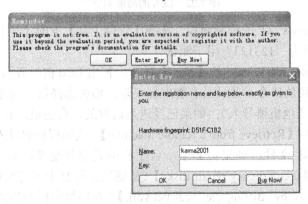

图 7.20　LC6 的注册界面

（4）将 LC6 的破解程序 Keygen.exe 复制到 LC6 的安装目录，单击【PATCH】按钮进行破解。然后将图 7.20 所示页面上的"Hardware fingerprint"和设定的【Name】名称输入到注册机中的相应栏目，单击【GENERATE】按钮产生注册码，如图 7.21 所示。

（5）将此密码复制到图 7.20 所示的 LC6 的注册页面的【Key】文本框中，完成注册过程。LC6 会自动进入到向导界面，如图 7.22 所示。

图 7.21 LC6 的注册工具

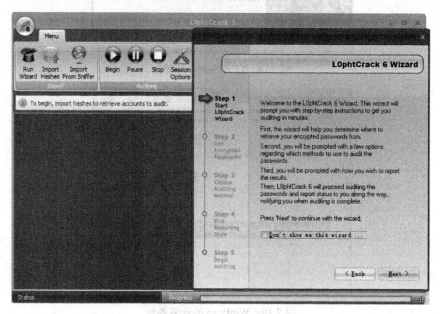

图 7.22 LC6 的破解向导

（6）进入 Windows XP 的控制面板，选择【管理工具】下的【计算机管理】，建立用户名 test，口令设置为"123123"用于测试。

（7）单击 L0phtCrack Wizard 的【Next】按钮，弹出 LC6 向导界面，如图 7.23 所示。如果破解本台计算机的口令，并且具有管理员权限，那么选择第一项【Retrieve from the local machine】（从本地机器导入）；如果已经进入远程的一台主机，并且有管理员权限，那么可以选择第二项【Retrieve from a remote machine】（从远程机器导入），这样就可以破解远程主机的 SAM 文件；如果得到了一台主机的紧急修复盘，那么可以选择第三项【Retrieve from NT 4.0 emergency repair disks】（破解紧急修复盘中的 SAM 文件）；LC6 还提供第四项【Retrieve by sniffing the local network】（在网络中探测加密口令），LC6 可以在一台计算机向另一台计算机通过网络进行认证的"质询/应答"过程中截获加密口令散列，这也要求和远程计算机建立连接。

（8）本实验破解本地计算机口令，所以选择【Retrieve from the local machine】（从本地计算机导入）单选按钮，再单击【Next】按钮，弹出如图 7.24 所示对话框。由于设置的密码比较简单，所以选择【Quick Password Auditing】（快速口令破解）单选按钮即可以破解口令。

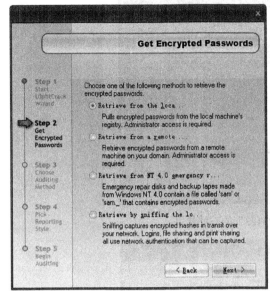 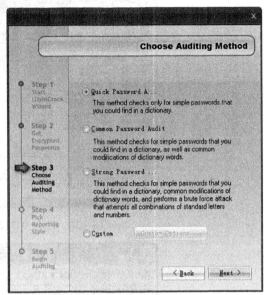

图 7.23　选择导入加密口令的方法　　　　　图 7.24　快速口令破解

（9）单击【Next】按钮，弹出如图 7.25 所示对话框，选择报告风格。选择默认的选项即可。单击【Next】按钮，并单击【Finish】按钮，LC6 将对密码进行破解。可以看到用户 test 的口令"123123"，软件很快就破解出来了。破解结果如图 7.26 所示。

（10）把 user 账号的口令设置得复杂一些，不选用数字，选用某些英文单词，如"security"，再次测试，由于口令组合复杂一些，在图 7.24 所示的破解方法中选择【Common Password Auditing】（普通口令破解）单选按钮，破解结果如图 7.27 所示。可以看到口令"security"也被破解出来，只是破解时间稍微有点长而已。

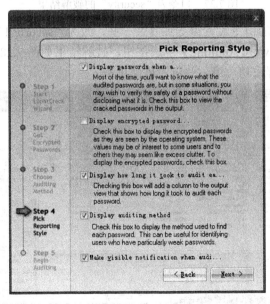

图 7.25　选择报告风格

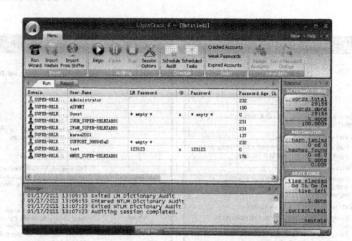

图 7.26　口令为"123123"的破解结果

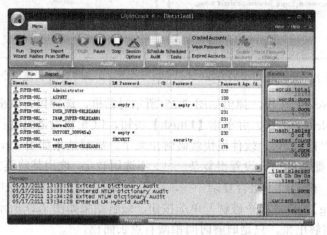

图 7.27　口令为"security"的破解结果

（11）把 user 账号的口令设置得更加复杂一些，改为"security123"，选择普通口令破解方法【Common Password Auditing】单选按钮，破解结果如图 7.28 所示。可见，普通口令破解并没有完全破解成功，最后几位没破解出来。

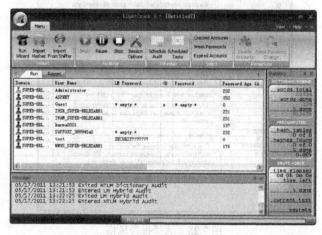

图 7.28　普通口令破解的破解结果

（12）在图 7.29 中选择复杂口令破解方法【Strong Password Auditing】单选按钮，因为这种方法可以把字母和数字进行尽可能的组合。如果用复杂口令破解方法破解，虽然速度较慢，但是最终还是可以破解的。破解结果如图 7.29 所示。

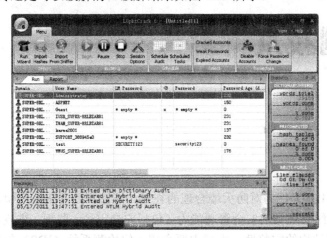

图 7.29　复杂口令破解的破解结果

（13）我们可以设置更加复杂的口令，采用更加复杂的自定义口令破解模式，在图 7.24 中选择【Custom】（自定义），设置界面如图 7.30 所示。其中，"字典攻击"中我们可以选择字典列表的字典文件进行破解，LC6 本身带有简单的字典文件，也可以自己创建或利用字典工具生成字典文件；"混合字典"破解口令把单词、数字或符号进行混合组合破解；"预定散列"攻击是利用预先生成的口令散列值和 SAM 中的散列值进行匹配，这种方法由于不用在线计算 Hash，所以速度很快；利用"暴力破解"中的字符设置选项，可以设置为"字母+数字"、"字母+数字+普通符号"、"字母+数字+全部符号"，这样就从理论上把大部分口令组合采用暴力方式遍历所有字符组合而破解出来，只是破解时间可能很长。

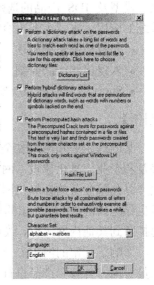

四、思考题

1．如何使用 LC6 进行远程口令的破解？
2．如何用 Nmap 进行典型的探测，如主机探测、系统探测、TCP 扫描等。

图 7.30　自定义破解

第8章 入侵检测技术

【知识要点】

入侵检测系统（IDS）作为对防火墙合理的补充，能够帮助网络系统快速发现网络攻击的发生，扩展了系统管理员的安全管理能力（包括安全审计、监视、进攻识别和响应），提高了信息安全基础结构的完整性。本章主要介绍入侵检测系统（IDS）的基本概念、功能、模型及 IDS 产品的选购、性能指标和应用。要求掌握入侵检测系统技术和入侵检测系统的应用。本章主要内容如下：
- 入侵检测系统概述
- 入侵检测产品介绍
- Snort 入侵检测系统安装及使用

【引例】

某制造企业和网络安全看上去似乎是相去甚远的两个行业，但随着计算机办公网络的普及和企业信息化建设，网络安全问题日益突出。早在 2001 年，该公司就逐步建立覆盖生产办公等业务的计算机网络，提升了工作效率和办公信息化水平。但是一些网络安全问题也伴随出现，比较突出的就是计算机病毒。某台办公用的主机不慎感染了网络病毒后迅速扩散到其他内网主机，致使大范围的计算机不能正常工作，甚至还造成节点路由器的瘫痪，影响了正常的网上办公和使用。为了解决这些问题，早在 2003 年该公司的网管技术人员对国内外安全产品进行了深入的考察和对比，在网络中部署了入侵检测系统，对全网流量进行实时监控。

根据报警信息中显示的主机地址和所属部门等信息，网管人员能够快速定位到问题主机，将主机网络隔离后进行病毒清查，根据 IDS 提供的解决方法清除病毒，确认问题解决后允许其重新接入网络。通过几次这样的处理过程，网管人员建立了问题处理工作机制，有效地遏制了病毒在内网的扩散和传播，在几次全国大范围计算机病毒爆发时，网管人员都采取了及时有效的措施，增强了网络抵御能力，使得公司网络免受波及和损失。

在熟练使用 IDS 的过程中，网管人员不但能够对内网安全状态了然于胸，更找到了网络安全运维的"感觉"。依托 IDS 的基础数据和指导建议，公司有针对性地采购和部署了防火墙、防病毒网关等网络安全产品。针对不同网段的应用，配置了合理的防火墙访问规则；科学地对端口使用进行限制；根据不同级别对内部网络进行 VLAN 划分。如何衡量这些安全产品是否物尽其用，网络安全状况是否得到了改善，网管人员可以通过入侵检测系统进行前后比对，进行改进和调整策略。2007 年年初熊猫烧香病毒爆发时，网管人员不仅及时发现了"中毒"主机，隔断了传染源，而且还相应地调整了防火墙的端口策略配置。在解决问题的基础上，网管人员推动厂里建立和下发了一系列网络安全管理措施，对像利用 U 盘进行文件复制等日常行为进行了规范，取得了很好的安全建设效果。

8.1 入侵检测系统概述

随着网络技术及应用的迅猛发展，网络在带给人们方便快捷生活的同时，针对网络的各类攻击与破坏也与日俱增。网络安全一直是困扰人们的一个难题。据 Gartner 统计，信息窃贼在过去 5 年中以 150%速度增长，95%以上的大公司都发生过大的入侵事件。世界著名的商业网站，如 Yahoo、Buy、CNN 都曾被黑客入侵过，甚至连世界著名网络安全公司 RSA 的网站也受到黑客的攻击。

攻击和入侵事件给这些机构和企业带来了巨大的经济损失，有的甚至直接威胁到国家的安全。对入侵攻击的检测与防范、保障计算机系统、网络系统及整个信息基础设施的安全已经成为刻不容缓的重要课题。网络安全已成为国家与国防安全的重要组成部分，同时也是国家网络经济发展的关键。

那么，面对越来越多、越来越复杂的网络攻击，应用的安全措施处于什么状态呢？传统上一般采用防火墙作为安全的第一道防线，也是作为最主要的安全防范手段。但是随着攻击者知识的日趋成熟，攻击工具与手法的日趋复杂多样，单纯的防火墙策略已经无法满足对安全高度敏感的部门的需要。与此同时，当今的网络环境也变得越来越复杂，各式各样复杂的设备及需要不断升级、补漏的系统使得网络管理员的工作不断加重，不经意的疏忽便有可能造成安全的重大隐患。防火墙已经不能满足人们对网络安全的需求。在这种背景下，这几年来，入侵检测技术得到了迅速的发展。入侵检测是一种动态地监控、预防或抵御系统入侵行为的安全机制。它主要通过监控网络、系统的状态来检测系统用户的越权行为和系统外部的入侵者对系统的攻击企图。与传统的安全机制相比，入侵检测技术具有智能监控、动态响应、易于配置的优点。作为对防火墙及其有益的补充，入侵检测系统能够帮助网络系统快速发现网络攻击的发生，扩展了系统管理员的安全管理能力，提高了信息安全基础结构的完整性。

8.1.1 入侵检测系统概述

1. 入侵检测系统的定义

入侵检测技术是为保证计算机系统的安全而设计与配置的一种能够及时发现并报告系统中未授权或异常现象的技术，是一种用于检测计算机网络中违反安全策略行为的技术。

入侵检测系统（Intrusion Detection System，IDS）是对系统的运行状态进行监视，发现各种攻击企图、攻击行为或攻击结果的软件和硬件的组合。事实上入侵检测系统就是"计算机和网络为防止网络小偷安装的警报系统"。与其他安全产品不同的是，入侵检测系统需要更多的智能，它必须可以对得到的数据进行分析，并得出有用的结果。它不但要收集关键点的信息，还要对收集的信息进行分析，从中发现不安全因素的蛛丝马迹并对其做出反应。有些反应是自动的，它包括通知网络安全管理员（通过控制台、电子邮件）、中止入侵进程、关闭系统、断开与互联网的连接、使该用户无效或执行一个准备好的命令等。一个合格的入侵检测系统能大大地简化管理员的工作，保证网络安全运行。入侵检测系统应具备下列功能：

- 监视、分析用户及系统活动。
- 识别已知攻击模式并报警。
- 异常行为的统计分析。
- 对操作系统进行审计管理，识别用户违反安全策略的行为。

典型的入侵检测系统的模型如图 8.1 所示。

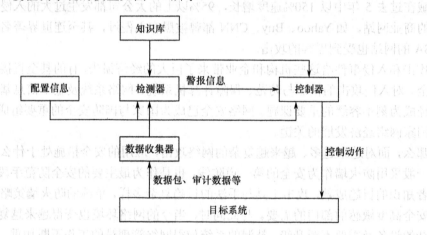

图 8.1 典型的入侵检测系统的模型

2．入侵检测系统的发展历史

  1980 年 James P·Anderson 在给一个保密客户写的一份题为《计算机安全威胁监控与监视》的技术报告中指出，审计记录可以用于识别计算机误用，他给威胁进行了分类，第一次详细阐述了入侵检测（Intrusion Detection）的概念。1984—1986 年，乔治敦大学的 Dorothy Denning 和 SRI 公司计算机科学实验室的 Peter Neumann 研究出了一个实时入侵检测系统模型——IDES（Intrusion Detection Expert Systems，入侵检测专家系统）。它是第一个在一个应用中运用了统计和基于规则两种技术的系统，是入侵检测研究中最有影响的一个系统。1990 年是入侵检测系统发展史上的一个分水岭。这一年，加州大学戴维斯分校的 L. T. Heberlein 等人提出了一个新的概念：基于网络的入侵检测 NSM（Network Security Monitor），NSM 与此前的 IDS 系统最大的不同在于它并不检查主机系统的审计记录，它可以通过在局域网上主动地监视网络信息流量来追踪可疑的行为。这是第一次直接将网络流作为审计数据来源，因而可以在不将审计数据转换成统一格式的情况下监控异种主机。从此之后，入侵检测系统发展史翻开了新的一页，入侵检测系统中的两个重要研究方向开始形成：基于网络的 IDS 和基于主机的 IDS。2000 年 2 月，对 Yahoo、CNN 等大型网站的 DDoS（分布式拒绝服务）攻击引发了对 IDS 系统的新一轮研究热潮。

3．入侵检测系统的工作过程

IDS 处理过程分为数据采集阶段、数据处理及过滤阶段、入侵分析及检测阶段、报告及响应阶段 4 个阶段。

数据采集阶段：数据采集是入侵检测的基础。入侵检测系统能否检测出非法入侵，在很大程度上依赖于采集的数据的准确性和可靠性。在数据采集阶段，入侵检测系统主要收集目标系统中引擎提供的主机通信数据包和系统使用等情况。

数据处理及过滤阶段：这个阶段中，把采集到的数据进行处理，转换为可以识别是否发生入侵的形式，为下一阶段打下良好的基础。

入侵分析及检测阶段：通过分析上一阶段提供的数据来判断是否发生入侵。这一阶段是整个入侵检测系统的核心阶段，根据系统是以检测异常使用为目的，还是以检测利用系统的脆弱点或应用程序的 Bug 来进行入侵为目的，可以区分为异常行为和错误使用检测。

报告及响应阶段：针对上一个阶段中进行的判断做出响应。如果被判断为发生入侵，系统将对其采取相应的响应措施，或者通知管理人员发生入侵，以便采取安全管理措施。

上述的这个工作过程是由入侵检测系统的三个组成部分实现的，它们分别是：感应器（Sensor）、分析器（Analyzer）和管理器（Manager），如图 8.2 所示。感应器主要负责收集信息，工作在数据采集阶段。分析器从感应器接收信息，并进行分析，判断是否有入侵行为发生，如果有入侵行为发生，分析器应提供可能采取的措施。分析器工作在入侵分析阶段。管理器工作在报告及响应阶段，向用户提供分析结果。用户根据该分析结果做出相应的安全管理措施。

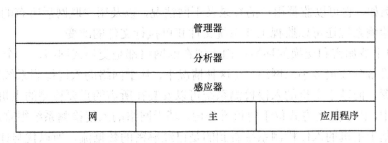

图 8.2　入侵检测系统的组成部分

4．入侵检测系统的分类

前面介绍了入侵检测系统的定义、工作过程，下面介绍入侵检测系统的分类。

1）根据其监测的对象分类

根据其监测的对象是主机还是网络，分为基于主机的入侵检测系统和基于网络的入侵检测系统，在实际应用中，也可以将二者结合使用，即分布式入侵检测系统。

（1）基于主机的入侵检测系统。主机型入侵检测系统所监测的是系统日志、应用程序日志等数据源，对所在的主机收集信息进行分析，以判断是否有入侵行为。主机型入侵检测系统通常用于保护关键应用的服务器。典型的基于主机的入侵检测系统结构如图 8.3 所示。

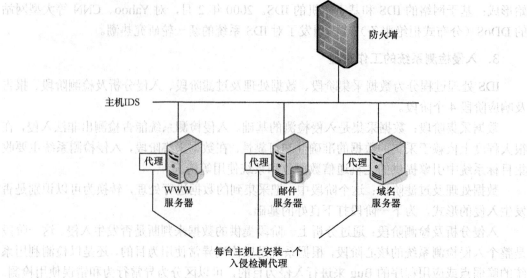

图 8.3 基于主机的入侵检测系统

基于主机的入侵检测系统具有检测效率高、分析代价小、速度快的优点，能够迅速准确地定位入侵者，可以结合操作系统和应用程序的行为特征对入侵进行更深的分析。下面详细介绍这些优点。

① 准确定位入侵：由于基于主机的入侵检测系统使用含有已发生事件的信息，可以准确地确定攻击是否成功，检测的效率较高。

② 可以监视特定的系统活动：由于基于主机的入侵检测系统主要监测系统、事件及操作系统下的系统记录，因此它可以监视用户和访问文件的活动，包括文件访问、改变文件权限等。例如，它可以监督用户的登录及下网情况，以及用户联网后所有的行为。基于主机的入侵检测系统还可以监视主要系统文件和可执行文件的改变。

③ 适用于被加密和交换的环境：由于现在的网络都是交换式网络，一个大的网络可以通过交换设备分成很多小的网络，在这种情况下，基于网络的入侵检测系统很难确定检测的最佳位置，而基于主机的入侵检测系统可以安装在所需的重要检测的主机上。另外，在加密环境中，由于加密方式位于协议堆栈内，基于网络的入侵检测系统很难对这些攻击有反应，而基于主机的入侵检测系统看到的是已经解密的数据流，所以优势比较明显。

④ 成本低，不需要额外的硬件设备：基于主机的入侵检测系统存在于现行的系统结构当中，效率很高，不需要在网络上另外安装登记、维护和管理的硬件设备。

当然，基于主机的入侵检测系统也有它的缺点：它在一定程度上依靠系统的可靠性，要求系统本身具有基本的安全功能，才能提取入侵信息。由于基于主机的入侵检测系统是通过监视与分析主机的审计记录检测入侵，而主机能够提供的信息有限，有的入侵手段会绕过日志，所以在数据提取的可靠性方面不是很好。另外，全面部署主机入侵系统的代价较大，一个很大的企业很难将所有主机用主机入侵系统保护，只能选择一些重要的主机来保护。基于主机的入侵检测系统除了检测自身的主机之外，根本不检测网络上的情况，这也是它的缺陷之一。

（2）基于网络的入侵检测系统。基于网络的入侵检测系统主要用于实时监控网络关键路径的信息,该系统通过在共享网段上对通信数据进行侦听,分析通过网络的所有通信业务来检测入侵行为。一般网络型入侵检测系统担负着保护整个网段的任务。与基于主机的入侵检测系统相比,这类系统对于入侵者来说是透明的。

基于网络的入侵检测系统如图 8.4 所示。基于网络的入侵检测系统通常利用一个运行在混杂模式下的网络适配器来实时监视,并分析通过网络的所有通信业务,它能够检测那些来自网络的攻击及超过授权的非法访问。一旦攻击被检测到,响应模块按照配置对攻击做出反应。通常这些反应包括发送电子邮件、寻呼、记录日志、切断网络连接等。

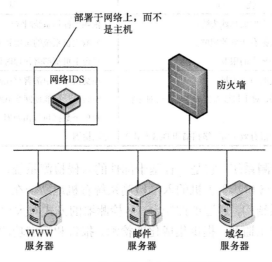

图 8.4 基于网络的入侵检测系统

基于网络的入侵检测系统有着许多仅靠基于主机的入侵检测系统无法提供的优点。

① 拥有成本较低:对于一个大公司来说,基于网络的入侵检测系统只要在几个关键访问点上进行策略配置,就可以观察发往多个系统的网络通信。

② 实时检测和响应:基于网络的入侵检测系统可以在可疑的攻击发生的同时将其检测出来,并做出很快的响应,实时性很强;而基于主机的系统只有在可疑的登录信息被记录下来以后,才能识别并做出反应。这时关键系统极有可能已经遭到破坏。

③ 收集更多的信息以检测未成功的攻击和不良企图:基于网络的入侵检测系统会收集许多有价值的数据以检测未成功的攻击。即使防火墙正在拒绝这些访问,位于防火墙之外的基于网络的入侵检测系统可以查找出这些访问的攻击意图,而基于主机的系统是无法做到这一点的。

④ 不依靠操作系统:基于网络的入侵检测系统与主机的操作系统无关。而基于主机的入侵检测系统在一定程度上依靠系统的可靠性。

⑤ 可以检测基于主机的入侵检测系统漏掉的攻击:基于网络的入侵检测系统可以检查所有包的头部,从而可以发现可疑的行动迹象。而基于主机的入侵检测系统无法查看包的头部,所以它无法检测这一类的攻击。另外,基于主机的入侵检测系统本身就会漏掉所有的网络信息。

当然,基于网络的入侵检测系统也有它的缺点:

① 基于网络的入侵检测系统只能检查它直接连接的网段的通信,不能检测在不同网

段的网络包。这使得它在交换以太网的环境中会存在检测范围的局限。

② 基于网络的入侵检测系统通常采用特征检测的方法,只可以检测出一些普通的攻击,而对一些复杂的需要计算和分析的攻击检测难度会大一些。

③ 基于网络的入侵检测系统只能监控明文格式数据流,处理加密的会话过程比较困难。

基于主机的入侵检测系统和基于网络的入侵检测系统比较如表 8.1 所示。

表 8.1 主机 IDS 和网络 IDS 比较

IDS 类型	优 点	缺 点
主机 IDS	检测一个可能攻击的成功或失败; 对出入主机的数据有明确的理解; 不受带宽或数据加密的限制	依赖于操作系统/平台,不能支持所有的操作系统; 影响主机系统的可用资源; 每台主机都部署代理时代价较高
网络 IDS	保护所监视网段的所有主机; 与操作系统无关,对主机没有影响(运行时对主机透明); 对一些低层攻击很有效(如网络扫描和 DoS 攻击)	在交换环境中部署存在问题; 网络流量可能使网络 IDS 系统负荷过重; 对单个数据包攻击及对隐藏在加密数据包中的攻击无法检测

(3) 分布式入侵检测系统。它是一种基于部件的入侵检测系统,具有良好的分布性和可扩展性。它将基于网络和基于主机的入侵检测系统有机地结合在一起,采用了基于通用硬件平台的分布式体系结构,通过单控制台、多检测器的方式对大规模网络的主干网信道进行入侵检测和宏观安全监测,提供集成化的检测、报告和响应功能,具有良好的可扩展性和灵活的可配置性。

分布式入侵检测系统检测的数据包也是来源于网络,不同的是,它采用分布式检测、集中管理的方法。即在每个网段安装一个监听设备,相当于在每个网段安装了基于网络的入侵检测系统,用来监测其所在网段上的数据流,然后根据集中安全管理中心制定的安全策略、响应规则等来分析检测网络数据,同时向集中安全管理中心发回安全事件信息。分布式入侵检测系统适用于数据流量大、网络比较复杂的环境。

2) 根据检测系统分类

根据检测系统对入侵行为的响应方式分为主动的入侵检测系统和被动的入侵检测系统。

(1) 主动的入侵检测系统。主动的入侵检测系统在发现入侵行为后,主动地实施响应措施。比如,它会查找已知的攻击模式或命令,并阻止这些命令的执行;或者自动地对目标系统中的漏洞进行修补。

(2) 被动的入侵检测系统。被动的入侵检测系统在发现入侵行为后,只是产生报警信号来通知系统管理员,提醒这里有入侵行为,至于如何处理,则由系统管理员来实施安全措施。

3) 根据工作方式分类

根据工作方式分为在线检测系统和离线检测系统。

(1) 在线检测系统:在线检测系统是实时联机的检测系统,它的特点是实时入侵检测在网络连接过程中进行。系统对实时网络数据包分析,对实时主机审计分析,一旦发现入侵迹象立即断开入侵者与主机的连接,并搜集证据和实施数据恢复。

(2) 离线检测系统:离线检测系统是非实时工作的系统,它在事后分析审计事件,从中检查入侵活动。事后入侵检测由网络管理人员进行，根据计算机系统对用户操作所做的历史审计记录判断是否存在入侵行为，如果有就断开连接，并记录入侵证据和进行数据恢复。

5．入侵检测系统的作用

入侵检测被认为是防火墙之后的第二道安全闸门，在不影响网络性能的情况下能对网络进行监测，从而提供对内部攻击、外部攻击和误操作的实时保护。入侵检测系统的主要优势是监听网络流量，不会影响网络的性能。有了入侵检测系统，就像在一个大楼里安装了监视器一样，可对整个大楼进行监视，让用户感觉很踏实。具体来说，入侵检测系统的主要功能包括下列几项：

（1）监测并分析系统和用户的活动，查找非法用户和合法用户的越权操作。
（2）核查系统配置和漏洞，并提示管理员修补漏洞。
（3）评估系统关键资源和数据文件的完整性。
（4）识别已知的攻击行为，并向管理人员发出警告。
（5）对异常行为进行统计分析以发现入侵行为的规律。
（6）操作系统日志管理和审计跟踪管理，并识别违反安全策略的用户活动。

8.1.2 入侵检测技术分类

入侵检测技术通过对入侵行为的过程与特征的研究，使安全系统对入侵事件和入侵过程做出实时响应，主要包括特征检测、异常检测、协议分析。

1．基于标识的特征检测技术

基于标识（Signature-based）的特征检测技术又称为误用检测，它首先定义违背安全策略事件的特征，然后根据这些特征来检测主体活动，如果主体活动具有这些特征，可以认为该主体活动是入侵行为。这种方法非常类似于杀毒软件。

特征检测技术的关键是如何表达入侵的模式，把真正的入侵与正常行为区分开来。IDS 中的特征通常分为多种，如来自保留 IP 地址的连接企图（通过检查 IP 报头的源地址识别）、含有特殊病毒信息的 E-mail（通过对比每封 E-mail 的主题信息和病态 E-mail 的主题信息来识别，或者通过搜索特定名字的附件来识别）。

特征检测技术的优点是误报少，缺点是它只能发现已知的攻击，对未知的攻击无能为力，同时由于新的攻击方法不断产生、新漏洞不断发现，攻击特征库如果不能及时更新也将造成 IDS 漏报。

2．基于异常情况的检测技术

异常检测的假设是入侵者活动异常于正常主体的活动，建立正常活动的"活动简档"，当前主体的活动违反其统计规律时，认为可能是"入侵"行为。通过检测系统的行为或使用情况的变化来完成。

异常检测系统的工作过程：异常检测系统通过监控程序来监控用户的行为，然后将当前用户的活动情况和用户轮廓进行比较。用户轮廓表示的是正常活动的范围，是各种行为参数的集合。如果用户的活动情况在正常活动的范围内，说明当前用户活动是正常的；当用户活动与正常行为有重大偏差时，可以认为该活动是异常活动，但不能认为异常活动就是入侵。如果系统错误地将异常活动定义为入侵，则为错报；如果系统未能检测出真正的入侵行为则为漏报。这是衡量入侵检测系统的非常重要的两个指标。

人们认为比较理想的情形是，异常活动集和入侵性活动集是一样的。这样，只要识别了所有的异常活动，也就意味着识别了所有的入侵性活动，这样就不会造成错误的判断。可是，入侵性活动并不总是与异常活动相符合。异常入侵检测方法依赖于异常模型的建立，异常检测模型如图 8.5 所示。从图中可以看出，异常检测通过观测到的一组测量值偏离度来预测用户行为的变化，然后做出决策判断。

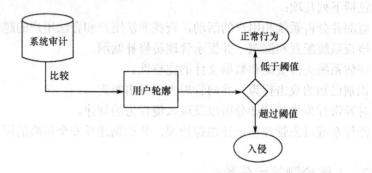

图 8.5 异常检测模型

除了异常模型以外，异常入侵检测也依赖于数学模型的建立。这里简单介绍常用的入侵检测的 5 种统计模型。

（1）操作模型：该模型假设异常可通过测量结果与一些固定指标相比较得到，固定指标可以根据经验值或一段时间内的统计平均得到。举例来说，在短时间内的多次失败的登录很有可能是口令尝试攻击。

（2）方差：计算参数的方差，设定其置信区间，当测量值超过置信区间的范围时表明有可能是异常。

（3）多元模型：操作模型的扩展，通过同时分析多个参数实现检测。

（4）马尔柯夫过程模型：将每种类型的事件定义为系统状态，用状态转移矩阵来表示状态的变化，当一个事件发生时或状态矩阵该转移的概率较小，则可能是异常事件。

（5）时间序列分析：将事件计数与资源耗用根据时间排成序列，如果一个新事件在该时间发生的概率较低，则该事件可能是入侵。

3. 协议分析

协议分析技术是新一代 IDS 探测攻击手法的主要技术，也是比较流行的检测技术。它利用网络协议的高度规则性并结合高速数据包捕捉、协议分析和命令解析，以快速探测攻击的存在。

网络协议的核心是 TCP/IP 协议集，它包含了各层次的协议。采用协议分析技术的 IDS 能够理解不同协议的原理，由此分析这些协议的流量来寻找可疑的或不正常的行为。协议分析提供了一种高级的网络入侵解决方案，可以高效地检测更广泛的攻击，包括已知的和未知的。协议分析的优点如下：

（1）解析命令字符串。URL 第一个字节的位置给予解析器。解析器是一个命令解析程序。协议分析可以针对不同的应用协议生成不同的协议分析器，可以在不同的上层应用协议上，对每一个用户命令做出详细分析。

（2）探测碎片攻击和协议确认。在基于协议分析的 IDS 中，各种协议都被解析，如果出现 IP 碎片设置，数据包将首先被重装，然后进行协议分析来了解潜在的攻击行为。由于协议被完整解析，这还可以用来确认协议的完整性。

（3）当系统提升协议栈来解析每一层时，它会用已获得的知识来消除在数据包结构中不可能出现的攻击。例如，如果第四层的协议是 TCP，那么就不用搜索其他第四层协议，如 UDP 上形成的攻击。这样一来，效率会大大提高。

（4）由于基于协议分析的 IDS 知道和每个协议相关的潜在攻击的确切位置，因此协议解析大大降低了误报现象。

目前，国际上优秀的 IDS 主要是以特征检测技术为主，并结合异常发现、协议分析技术，并且一个完备的 IDS 一定是同时基于主机和基于网络的分布式系统。

8.2 入侵检测系统产品选型原则与产品介绍

近年来，国内入侵检测系统市场日益活跃，入侵检测产品开始步入快速的成长期，但是产品选型的规范性还有所不足。从 IDS 产品的特点来看，IDS 产品作为一类特殊的信息安全产品，其产品的安全强度直接关系到整个信息安全保障体系的有效运行和安全性，那么如何选择产品，评估 IDS 的好坏需要考虑哪些性能指标呢？在这一节将简单介绍入侵检测系统产品的选型原则，并将介绍目前市场上的主流产品。

8.2.1 IDS 产品选型概述

由于入侵检测系统的市场在近几年飞速发展，因此许多公司都投入到这一领域上来。除了国外的 ISS、NFR、Cisco 等公司外，国内也有数家公司推出了自己相应的产品。但就目前而言，入侵检测系统还缺乏相应的标准。目前，试图对 IDS 进行标准化工作的有两个组织：Internet Engineering Task Force（IETF）的 Intrusion Detection Working Group（IDWG）和 Common Intrusion Detection Framework（CIDF），但进展非常缓慢，尚没有被广泛接受的标准出台。在众多的 IDS 产品中，如何选择最适合自己的产品，这是客户要综合考虑的问题，也是一个比较棘手的问题，综合各种因素，可以从产品安全级别、产品的表现形式和产品评估测试三个方面来考虑。

1. 产品安全级别

从安全工程的角度来分析产品选型过程，可以清晰地看到，现有产品选型往往注重于产品的易用性、性能指标等，偏离甚至忽略了基本的安全需求，其评估方法和过程的主观因素较强。客户在产品选型中，应分析和明确应用的安全强度需求，评估 IDS 产品是否具有足够的安全功能和安全保证，最后综合判断 IDS 产品的安全强度能否满足应用的要求。那么，如何知道产品的信息安全等级呢？国外就信息安全产品进行等级评估与认证的工作已制定了相应的规范，1999 年提出的 ISO/IEC15408（Common Criteria，CC）已有 17 个国家参与了互认。2001 年，我国基于 CC 发布了国家标准 GB/T 18336《信息技术安全性评估准则》。《信息技术安全通用评估方法》是 CC 配套文档，依据 CC 写成，其中描述了评估者进行 CC 评估所需完成的活动，被细分成 7 个等级，从 EAL1 级到 EAL7 级，分别可满足不同的安全性要求。评估保证分级的主要目的是由于不同的应用场合（或环境）对信息技术产品或系统能够提供的安全性保证程度的要求不同，因为不同的使用环境面临的安全威胁是不同的，所保护的信息资产的价值也有大有小。因此，等级保护的核心，在于"合理投入"、"分级进行保护"、"分类指导"、"分阶段实施"等。

遵循 GB/T 18336 中指出的评估方法和入侵检测系统保护轮廓，可对 IDS 产品进行等级评估与认证。其中，通过 EAL3 级认证的产品能满足具有适当安全需求的政府、特定商业用户及军用，覆盖了目前国内 IDS 市场的主流需求。

目前，IDS 产品相关的等级主要有 EAL1、EAL2 与 EAL3 三个等级，其主要区别如表 8.2 所示。

表 8.2　EAL1、EAL2 与 EAL3

等级	EAL1	EAL2	EAL3
安全强度	基础	中等以下	中等
适用对象	个人 简单商用	一般商用	政府 特定商用、军用
评估要点	功能测试	结构测试	系统测试检查
评估细节	功能接口规范、指导性文档	开发者测试、脆弱性分析、独立性测试	更完备的测试、改进机制、不被篡改

从表中可以看出，EAL3 提供了中等级别的保证，适用于具有适当安全需求的政府、特定商业用户及军用，能满足国内 IDS 市场的主流需求。

作为用户，首先要理解自己的安全需求，要坚持从实际出发、保障重点的原则，不要盲目追求高级别的安全产品。

2．产品的表现形式

目前市场上的入侵检测产品很多，分类也不一样，表现形式也有区别，在这里介绍几种产品的结构，便于用户在挑选产品的时候综合考虑。

一种类型的产品是探测器和控制台装在不同的计算机上，控制台可以对探测器远程管理。这种产品比较适合探测器布置分散，跨楼层跨地区的大型网络或具有多个网络的企业用户，他们非常需要具备远程管理功能的众多探测器，以便全方位地掌握整个网络的安全情况。

另一种类型的产品是探测器和控制台以软件形式安装在一台计算机上，虽然操作简单，但不能进行远程管理。这类产品比较适合小型企业环境，这些企业的特征是需要保护的计算机数量很少，用户的投资也相对少些。在这类产品中，有一种常见的应用表现是主机探测器和控制台一起以软件形式安装在服务器上，通过主机探测器的保护功能保护服务器不被非法者入侵。这样，主机探测器变成了单独的服务器防护软件。目前这种服务器防护软件已经能够做到具有主机防火墙功能，并能够对特定文件和进程进行保护，还能够针对易受攻击的特定服务（如 Web 服务）进行保护，非常适合对服务器安全性要求高的应用，像中联绿盟的 HIDS 可实现这一功能。

另外，用户在购买产品时要注意，不同产品的网络探测器的实现形式是不一样的。有的网络探测器以软件形式出现，安装在特定的操作系统上，像安氏、CA 等厂商都提供这种软件产品；而有的网络探测器是和操作系统捆绑在一起的，在安装网络探测器的同时也安装了特定的操作系统，美国 NFR 公司提供这种软件产品，这种产品的优势是操作系统做了相应优化，有利于网络探测器的高效工作；还有的网络探测器做成专用的硬件装置，像防火墙一样，Cisco 和中联绿盟等提供这种产品。这种产品的优点是安装配置简便，工作效率高，软件产品的成本较低，价格也相对便宜；缺点是为了保障 IDS 本身的安全性，作为载体的操作系统需要另做安全配置，一方面它加大了工作量，另一方面由于安全配置水平的高低，制约了 IDS 本身的安全性。

对用户来说，购买产品时，IDS 产品的结构也是要考虑的，要在价格和性能之间权衡，根据自身的业务重要程度做出选择。

3．产品评估测试

用户在了解安全等级和产品结构后，并不意味着就彻底了解 IDS 产品性能。面对各种各样的 IDS 产品，用户经常会有这样的疑问，自己买的 IDS 产品能发现入侵行为吗？什么样的 IDS 才是用户需要的性能优良的 IDS 呢？这个时候，作为用户，希望有一个标准来对 IDS 进行测试和评估，然后可以通过评估结果来选择适合自己需要的产品，避免各种 IDS 产品宣传的误导。尤其是很多本身对 IDS 产品不了解的用户，他们更希望有专家的评测结果作为自己选择 IDS 的依据。

1）测试评估的必要性

总的来说，对 IDS 进行测试和评估是非常必要的。

（1）有助于更好地描述 IDS 的特征。通过测试评估，可更好地认识、理解 IDS 的处理方法、所需资源及环境，建立比较 IDS 的基准。

（2）对 IDS 的各项性能进行评估，确定 IDS 的性能级别及其对运行环境的影响。

（3）利用测试和评估结果，可做出一些预测，推断 IDS 发展的趋势，估计风险，制定可实现的 IDS 质量目标（如可靠性、可用性、速度、精确度）、花费及开发进度。

（4）根据测试和评估结果对 IDS 进行改善。也就是发现系统中存在的问题并进行改进，从而提高系统的各项性能指标。

2）测试评估 IDS 的性能指标

在分析 IDS 的性能时，主要考虑检测系统的有效性、效率和可用性。有效性研究检测机制的检测精确度和系统检测结果的可信度，它是开发设计和应用 IDS 的前提和目的，是测试评估 IDS 的主要指标；效率则从检测机制的处理数据的速度及经济性的角度来考虑，也就是侧重检测机制性能价格比的改进；可用性主要包括系统的可扩展性、用户界面的可用性、部署配置方便程度等方面。有效性是开发设计和应用 IDS 的前提和目的，因此也是测试评估 IDS 的主要指标，但效率和可用性对 IDS 的性能也起着重要的作用。效率和可用性渗透于系统设计的各个方面。总的来说，一个好的入侵检测系统应该具有如下一些特点。

（1）检测效率高。一个好的检测系统应该具有较高的效率，要能够快速地处理数据包，不能出现丢包、漏包的现象。网络安全设备的处理速度一直是影响网络性能的一个瓶颈，如果检测的效率跟不上网络数据的传输速度，那么将无法保证网络数据的安全。所以入侵检测系统的检测速度是评判其性能优劣的一个重要指标。

另外，效率高并不仅仅意味着处理数据的速度快，更重要的一点是要保证检测可信度高，仅仅保证速度而不保证质量的高效率并不是真正的高效率。如果漏报太多，就会影响人们对产品的信心，会上演"狼来了"的故事。

提到检测可信度，必须先了解两个概念：检测率和误报率。检测率是指被监控系统在受到入侵攻击时，检测系统能够正确报警的概率。误报率是指检测系统在检测时出现误报的概率。实际上，IDS 的实现总是在检测率和误报率之间徘徊，检测率高了，误报率就会提高；同样误报率降低了，检测率也就会降低。一般地，IDS 产品会在两者中取一个折中，并且能够进行调整，以适应不同的网络环境。

在测试评估 IDS 的具体实施过程中，除了要考虑 IDS 的检测率和误报率之外，往往还会单独考虑与这两个指标密切相关的一些因素，如能检测的入侵特征数量、IP 碎片重组能力、TCP 流重组能力。显然，能检测的入侵特征数量越多，检测率也就越高。此外，由于攻击者为了加大检测的难度甚至绕过 IDS 的检测，常常会发送一些特别设计的分组。为了提高 IDS 的检测率，降低 IDS 的误报率，IDS 常常需要采取一些相应的措施，如 IP 碎片重组能力、TCP 流重组。因为分析单个的数据分组会导致许多误报和漏报，所以 IP 碎片的重组可以提高检测的精确度。IP 碎片重组的评测标准有三个性能参数：能重组的最大 IP 分片数；能同时重组的 IP 分组数；能进行重组的最大 IP 数据分组的长度。TCP 流重组是为了对完整的网络对话进行分析，它是网络 IDS 对应用层进行分析的基础。例如，检查邮件内容、附件，检查 FTP 传输的数据，禁止访问有害网站，判断非法 HTTP 请求等。这两种能力都会直接影响 IDS 的检测可信度。

（2）资源占用率小。除了考虑系统的效率，还要综合考虑产品对资源的占用情况，如对内存、CPU 的使用。一个好的入侵检测产品应该尽量少占用系统的资源。通常，在同等检测有效性的前提下，对资源的要求越低，IDS 的性能越好，检测入侵的能力也就越强。

一些恶意的攻击其目的是耗尽目标主机的资源，入侵检测系统应该能够自我保护，一旦发现资源占用率过高，应该及时采取措施，以免系统瘫痪。

（3）IDS 本身的可靠性好，抗攻击能力强。和其他系统一样，IDS 本身也往往存在安全漏洞。若对 IDS 攻击成功，则直接导致其报警失灵，入侵者在其后所作的行为将无法被记录。因此 IDS 首先必须保证自己的安全性。IDS 本身的抗攻击能力也就是 IDS 的可靠性，也是评价入侵检测系统性能的一个重要指标。

（4）系统的可用性好。系统的可用性主要是指系统安装、配置、管理和使用的方便程度。一个好的入侵检测系统要有友好的系统界面和易于维护的攻击规则库，便于用户配置和管理。

除了以上 4 个方面，用户在选择入侵检测系统时，还要综合考虑以下因素：系统的价格、特征库升级与维护的费用、网络入侵检测系统的最大可处理流量（包/秒）、运行与维护系统的开销、产品支持的入侵特征数、是否通过了国家权威机构的评测。

总之，入侵检测系统是一个比较复杂的系统，用户在选择产品时，一定要根据自己的需求，实事求是，综合考虑以上因素，才能选购到最适合自己的产品。

8.2.2 IDS 产品性能指标

对于 IDS，用户会关注每秒能处理的网络数据流量、每秒能监控的网络连接数等指标。但除了上述指标外，其实一些不为一般用户了解的指标也很重要，甚至更重要，如每秒抓包数、每秒能够处理的事件数等。

1．每秒数据流量（MB/s 或 GB/s）

每秒数据流量是指网络上每秒通过某节点的数据量。这个指标是反映网络入侵检测系统性能的重要指标，一般用 MB/s 来衡量，如 10MB/s、100MB/s 和 1GB/s。网络入侵检测系统的基本工作原理是嗅探（Sniffer），它通过将网卡设置为混杂模式，使得网卡可以接收网络接口上的所有数据。如果每秒数据流量超过网络传感器的处理能力，NIDS 就可能会丢包，从而不能正常检测攻击。但是 NIDS 是否会丢包，不是主要取决于每秒数据流量，而是主要取决于每秒抓包数。

2．每秒抓包数（pps）

每秒抓包数是反映网络入侵检测系统性能的最重要的指标。因为系统不停地从网络上抓包，对数据包作分析和处理，查找其中的入侵和误用模式。所以，每秒所能处理的数据包的多少，反映了系统的性能。业界不熟悉入侵检测系统的人往往把每秒网络流量作为判断网络入侵检测系统的决定性指标，这种做法是错误的。每秒网络流量等于每秒抓包数乘以网络数据包的平均大小。网络数据包的平均大小差异很大时，在相同抓包率的情况下，每秒网络流量的差异也会很大。例如，网络数据包的平均大小为 1024 字节左右，系统的性能能够支持 10000pps 的每秒抓包数，那么系统每秒能够处理的数据流量可达到 78MB/s，当数据流量超过 78MB/s 时，会因为系统处理不过来而出现丢包现象；如果网络数据包的平均大小为 512 字节左右，在 10000pps 的每秒抓包数的性能情况下，系统每秒能够处理的数据流量可达到 40MB/s，当数据流量超过 40MB/s 时，就会因为系统处理不过来而出现丢包现象。

在相同的流量情况下，数据包越小，处理的难度越大。小包处理能力，也是反映防火墙性能的主要指标。

3．每秒能监控的网络连接数

网络入侵检测系统不仅要对单个的数据包进行检测，还要将相同网络连接的数据包组合起来进行分析。网络连接的跟踪能力和数据包的重组能力是网络入侵检测系统进行协议分析、应用层入侵分析的基础。这种分析延伸出很多网络入侵检测系统的功能，如检测利用 HTTP 协议的攻击、敏感内容检测、邮件检测、Telnet 会话的记录与回放、硬盘共享的监控等。

4．每秒能够处理的事件数

网络入侵检测系统检测到网络攻击和可疑事件后，会生成安全事件或称报警事件，并将事件记录在事件日志中。每秒能够处理的事件数，反映了检测分析引擎的处理能力和事件日志记录的后端处理能力。有的厂商将反映这两种处理能力的指标分开，称为事件处理引擎的性能参数和报警事件记录的性能参数。大多数网络入侵检测系统报警事件记录的性能参数小于事件处理引擎的性能参数。

8.3 入侵检测系统介绍

8.3.1 ISS RealSecure 介绍

Internet Security Systems（ISS）公司的 RealSecure（已被 IBM 公司于 2006 年收购，并将产品名称改为 Proventia®网络入侵防护产品）实时监控软件是工业第一个完整的基于网络和主机入侵检测和响应的系统。它实时对企业的网络进行监控和监督，允许监控器自动监控网络通信和主机日志，侦测可疑的行为，在系统遭到威胁时，对内部及外部的主机及网络不当的行为进行截取和响应。通过对网络数据包解码、分析、响应 RealSecure 完成对网络入侵、攻击的防范功能。其监控引擎所在的节点必须有能力获得它所监控的目标网段的数据流。为防止针对引擎主机的攻击，除引擎自身有相应的防范措施之外，可将引擎主机配置双网卡，其中一块用来监控网段数据包，在该网卡上不用附加任何网络协议和服务，即该网卡不必有 IP 地址。另一块网卡用来与控制台通信，它应具有 IP 地址，但除有限的用于通信的服务之外，删除其他附加服务，这样可减少利用服务的漏洞对主机的损害。

RealSecure 对计算机网络进行自主地、实时地攻击检测与响应。这种领先产品对网络安全轮回监控，使用户可以在系统被破坏之前自主地中断并响应安全漏洞和误操作，实时监控在网络中分析可疑的数据而不会影响数据在网络上的传输。它对安全威胁的自主响应为企业提供了最大程度的安全保障。

1. RealSecure 的产品组成

RealSecure 由下面三部分组成：
- RealSecure Engine（网络引擎）；
- RealSecure Agent（代理程序）；
- RealSecure Manager（管理器）。

（1）RealSecure Engine（网络引擎）。RealSecure 引擎运行在特定的工作站上提供网络入侵检测和响应。每个网络引擎通过对流动在指定网段上的信息包进行跟踪分析来识别攻击——搜集证据来确定是否有非法攻击正在发生。当网络引擎侦测到非法行为，它立即做出响应，切断非法连接，发送电子邮件或呼机信号，记录事件，重新调整防火墙，或者采取其他用户自定义的行动。另外，网络引擎还可以把警告发送给管理器或第三方管理控制台以便以后进一步的管理和分析。

（2）RealSecure Agent（代理程序）。RealSecure 代理是基于主机对 RealSecure 引擎起补充作用的构件。RealSecure 代理是通过分析主机日志来识别、确认攻击是否成功。每个 RealSecure 代理安装在一台工作站或主机上，全面检查系统日志，分析是否有网络和安破坏事件发生。为了防止遭到进一步的攻击，RealSecure 代理及时终止用户进程和停止用户账号。它还能发送警报，记录时间，发送陷阱，发送 E-mail 或执行用户预定义的行动。

（3）RealSecure Manager（管理器）。所有的 RealSecure 网络引擎和 RealSecure 代理都要把报告发送给 RealSecure 管理器，并由管理器来对它们进行配置。管理器监控任何来自 NT 和 UNIX 网络引擎和代理的报告及它们的状态。这样管理非常方便，从一个地方就能很容易对它们进行集中的配置和管理。RealSecure 管理器随网络引擎和代理一同发布，而且它可作为插件应用于很多不同的网络和系统管理环境。

2. RealSecure 产品特点

（1）安全的监控系统：管理控制台与引擎和代理之间通过密钥进行加密通信和身份识别。引擎在秘密监控方式不会受到攻击威胁，实现自身的安全。

（2）最小化网络攻击漏洞，在危险发生之前阻止攻击：对网络攻击实时响应，包括切断连接和重新配置防火墙。

（3）能够被用来收集起诉的证据：记录攻击事件以便于回放。

（4）业界最广泛的攻击模式识别：管理员不需要是安全专家。

（5）内置的报告生成：管理员会快速收到有结构的网络事件的归纳总结。

（6）支持多种网络接口：以太网、快速以太网、千兆以太网。

（7）事件响应的在线帮助数据库：允许 RealSecure 被缺少经验的操作者使用，减少所有权和培训的费用。

（8）运行在 Windows Server 平台和 UNIX/Linux 平台：使用 RealSecure 无需购买特殊的硬件。它可运行在已有的 Windows Server 平台和 UNIX/Linux 主机上，并具有从一个主控台、监控 UNIX 和 Windows Server 引擎的能力。

（9）监控 Windows 的网络和 TCP/IP 传输：微软的 Windows 网络的环境支持允许 RealSecure 监视违反内部安全策略的事件，包括访问重要服务器上的口令文件或未授权读取被保护的共享资源。

（10）对网络传输流无影响：RealSecure 几乎没有妨碍。它对网络传输不增加延迟，这允许企业扩大网络安全监控范围而不会降低网络速度。

3. RealSecure 可识别的攻击特征

RealSecure 可识别的攻击特征和监控范围如表 8.3 和表 8.4 所示。

表 8.3 RealSecure Network Engine 可识别的攻击特征

类　　型	说　　明
拒绝服务攻击	通过消耗系统资源使目标主机的部分或全部服务功能丧失，如 SYN FLOOD 攻击、PING FLOOD 攻击、WINNUK 攻击等
为授权访问攻击	攻击者企图读取、写或执行被保护的资源，如 FTP ROOT 攻击、EMAIL WIZ 攻击等
预攻击探测	攻击者试图从网络中获取用户名、口令等敏感信息，如 SATAN 扫描、端口扫描、IP HALF 扫描等
可疑行为	非"正常"的网络访问，很可能是需要注意的不安全事件，如 IP 地址复用、无法识别 IP 协议的事件
协议解码	对协议进行解析，帮助管理员发现可能的危险事件，如 FTP 口令解析、EMAIL 主题解析等
普通网络事件	识别各种网络协议包的源、目的 IP 地址，源、目的端口号，协议类型等

表 8.4 RealSecure System Agent 监控范围

类 型	说 明
NT 事件	监控系统 login 成功、失败，logout，系统重新启动等
对未用端口监控	监控对未提供服务端口的连接企图，这种连接企图应视为可疑行为。例如，对未提供 FTP 服务的主机尝试 FTP 连接被认为是可疑的
Solaris Syslog 事件	对远程的 UNIX 主机进行监控。监控的服务包括 IMAP2bis、IPOP3、Qpopper、Sendmail 和 SSH 等
自定义事件	

4. RealSecure 对攻击的防御过程

如图 8.6 所示，RealSecure 像一个 24 小时的保安，每个网络引擎通过对流动在指定网段上的信息包进行实时跟踪分析来识别攻击，即搜集证据来确定是否有非法攻击正在发生。RealSecure 代理是通过分析主机日志来识别、确认攻击是否成功。当侦测到非法行为，网络引擎立即做出响应，切断非法连接，发送电子邮件或呼机信号，记录事件，重新调整防火墙，或者采取其他用户自定义的行动；而 RealSecure 代理则及时终止用户进程和停止用户账号，它还能发送警报，记录时间，发送陷阱，发送 E-mail 或执行用户预定义的行动。另外，网络引擎和代理还可以把警告发送给管理器或第三方管理控制台以便以后进一步的管理和分析。两条虚线分别代表内部和外部攻击，当 RealSecure 发现攻击后立即报警并响应。

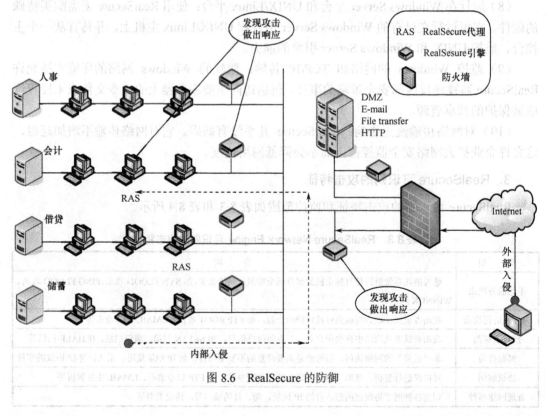

图 8.6 RealSecure 的防御

8.3.2 Snort 入侵检测系统介绍

1. Snort 概述

Snort 是一个功能强大、跨平台、轻量级的网络入侵检测系统,从入侵检测分类上来看,Snort 应该是一个基于网络和误用的入侵检测软件。它可以运行在 Linux、OpenBSD、FreeBSD、Solaris 及其他 UNIX 系统、Windows 等操作系统之上。Snort 是一个用 C 语言编写的开放源代码软件,符合 GPL(GNU General Public License,GNU 通用公共许可证)的要求,由于其是开源且免费的,许多研究和使用入侵检测系统都是从 Snort 开始的,因而 Snort 在入侵检测系统方面占有重要地位。Snort 的网站是 http://www.snort.org。用户可以登录网站得到源代码及在 Linux 和 Windows 环境下的安装可执行文件,并可以下载描述入侵特征的规则文件。

Snort 对系统的影响小,管理员可以很轻易地将 Snort 安装到系统中去,并且能够在很短的时间内完成配置,方便地集成到网络安全的整体方案中,使其成为网络安全体系的有机组成部分。虽然 Snort 是一个轻量级的入侵检测系统,但是它的功能却非常强大,其特点如下:

(1)跨平台性。它可以支持 Linux、Solaris、UNIX、Windows 系统等平台,而大多数商用入侵检测软件只能支持一、两种操作系统,甚至需要特定的操作系统。

(2)功能完备。Snort 具有实时流量分析的能力,能够快速地监测网络攻击,并能及时地发出警报。它使用协议分析和内容匹配的方式,提供了对 TCP、UDP、ICMP 等协议的支持,对缓冲区溢出、隐蔽端口扫描、CGI 扫描、SMB 探测、操作系统指纹特征扫描等攻击都可以检测。

(3)使用插件的形式。Snort 方便管理员根据需要调用各种插件模块,包括输入插件和输出插件。输入插件主要负责对各种数据包的处理,具备传输层连接恢复、应用层数据提取、基于统计的数据包异常检测的功能,从而拥有很强的系统防护功能,如使用 TCP 流插件,可以对 TCP 包进行重组。输出插件则主要用来将检测到的报警以多种方式输出,通过输出插件可以输出到 Mysql、SQL 等数据库中,也可以以 XML 格式输出,还可以把网络数据保存到 TCPDump 格式的文件中;按照其输出插件规范,用户甚至可以自己编写插件,自己来处理报警的方式并进而做出响应,从而使 Snort 具有非常好的可扩展性和灵活性。

(4)Snort 规则描述简单。Snort 基于规则的检测机制十分简单和灵活,使得可以迅速对新的入侵行为做出反应,发现网络中潜在的安全漏洞。同时该网站提供几乎与 http://www.cert.org(应急响应中心,负责全球的网络安全事件及漏洞的发布)同步的规则库更新,因此甚至许多商业的入侵检测软件直接就使用 Snort 的规则库。

2. Snort 的系统组成和处理流程。

如图 8.7 所示为 Snort 的主要系统组成和基本的数据处理流程。

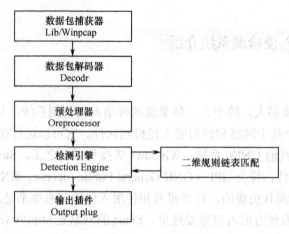

图 8.7 Snort 程序流程图

1）数据包捕获器

基于网络的入侵检测系统需要捕获并分析所有传输到监控网卡的网络数据，这就需要包捕获技术。Snort 通过两种机制来实现：一种是将网卡设置为混杂模式；另一种则是利用 Libpcap/Winpcap 函数库从网卡捕获网络数据包。

数据包捕获函数库是一个独立的软件工具，能直接从网卡获取数据包。该函数库是由 Berkeley 大学 Lawrence Berkeley National Laboratory 研究院开发，Libpcap 支持所有基于可移植操作系统接口（Portable Operating System Interface of Unix，POSIX）的操作系统，如 Linux、UNIX 等，后来为支持跨平台特性，又开发了 Windows 版本（http://www.winpcap.org），Windows 下和 Linux 的函数调用几乎完全相同，Snort 就是通过调用该库函数从网络设备上捕获数据包。

2）数据包解码器

数据包解码器主要是对各种协议栈上的数据包进行解析、预处理，以便提交给检测引擎进行规则匹配。解码器运行在各种协议栈之上，从数据链路层到传输层，最后到应用层，因为当前网络中的数据流速度很快，如何保障较高的速度是解码器子系统中的一个重点。目前，Snort 解码器所支持的协议包括 Ethernet、SLIP 和 PPP 等。

3）预处理器

预处理模块的作用是对当前截获的数据包进行预先处理，以便后续处理模块对数据包的处理操作。由于最大数据传输单元（MTU）限制及网络延迟等问题，路由器会对数据包进行分片处理。但是恶意攻击者也会故意发送经过软件加工过的数据包，以便把一个带有攻击性的数据包分散到各个小的数据包中，并有可能打乱数据包传输次序，分多次传输到目标主机。因此，对异常数据包的处理也是入侵检测系统的重要内容。

预处理器主要包括以下功能：

（1）模拟 TCP/IP 堆栈功能的插件，如 IP 碎片重组、TCP 流重组插件。

（2）各种解码插件，如 HTTP 解码插件、Unicode 解码插件、RPC 解码插件、Telnet 解码插件等。

（3）规则匹配无法进行攻击检测时所用的插件，如端口扫描插件、Spade 异常入侵检测插件、Bo 检测插件、ARP 欺骗检测插件等。根据各预处理插件文件名可对此插件功能做出推断。

4）检测引擎

检测引擎是入侵检测系统的核心内容，Snort 用一个二维链表存储它的检测规则，其中一维称为规则头，另一维为规则选项。规则头中放置的是一些公共属性特征，而规则选项中放置的是一些入侵特征。Snort 从配置文件读取规则文件的位置，并从规则文件读取规则，存储到二维链表中。

Snort 的检测就是二维规则链表和网络数据匹配的过程，一旦匹配成功则把检测结果输出到输出插件。为了提高检测速度，通常把最常用的源/目的 IP 地址和端口信息放在规则头链表中，而把一些独特的检测标志放在规则选项链表中。规则匹配查找采用递归的方法进行，检测机制只针对当前已经建立的链表选项进行检测，当数据包满足一个规则时，就会触发相应的操作。Snort 的检测机制非常灵活，用户可以根据自己的需要很方便地在规则链表中添加所需要的规则模块。数据包匹配算法采用经典匹配算法——多模式匹配算法（AC-BM）。采用二维链表和经典匹配算法都是为了提高与网络数据包的匹配速度，从而提高入侵检测速度。

5）输出插件

Snort 输出方式采用输出插件方式，输出插件使得 Snort 在向用户提供格式化输出时更加灵活。输出插件在 Snort 的报警和记录子系统被调用时运行。日志和报警子系统可以在运行 Snort 的时候以命令行交互的方式进行选择，如果在运行时指定了命令行的输出开关，在 Snort 规则文件中指定的输出插件会被替代。现在可供选择的日志形式有三种，报警形式有 6 种。Snort 可以把数据包以解码后的文本形式或 TCPDump 的二进制形式进行记录。解码后的格式便于系统对数据进行分析，而 TCPDump 格式可以保证很快地完成磁盘记录功能，而第三种日志机制就是关闭日志服务，什么也不做。使用数据库输出插件，Snort 可以把日志记入数据库，当前支持的数据库包括 Postgresql、MySQL、Oracle 及任何 UNIX ODBC 数据库。

3．Snort 的安装与使用

Snort 是一个基于命令行的程序，它只能把检测结果存入文件或数据库中，因此如果要实时查看检测结果，还需要借助于其他专门工具。目前，Apache+Mysql+Acid+PHP 为比较流行的基于数据库和 Web 服务器架构的软件组合，构建一个实时的入侵检测系统，利用 Snort 的输出插件，通过配置 Snort 的配置文件 Snort.conf，将 Snort 的检测结果保存到 Mysql 数据库中，然后通过 Web 服务器将数据库中的入侵检测结果读出，利用 Web 浏览器将检测的结果显示出来。

这一软件组合最初只有 Linux 系统下的版本，后来又提供了 Windows 系统下的版本。

下面说明 Windows 平台下构建一个 Snort 入侵检测系统所需要的组件，至于如何安装与配置，请读者完成本章实训内容。Snort 需要的组件及其作用和功能如下。

（1）Winpcap：Windows 环境下的捕获网络数据包驱动程序库，下载地址为 http://www.winpcap.org/。

（2）Snort：入侵检测主程序，网站提供 Windows 下安装版本，可以直接下载安装，源代码在 Linux 下可以直接编译生成，Windows 下使用 Visual Studio 系列的编译器，在工程设置中，将几个预处理设置禁止，可以编译通过，同时需要下载 Snort 规则，下载地址为 http://www.snort.org/。

（3）Apache：为系统提供了 Web 服务支持，下载地址为 http://www.apache.org/。

（4）PHP：为系统提供了 PHP 支持，使 Apache 能够运行 PHP 程序，下载地址为 http://www.php.net/。

（5）Mysql：存储各种报警事件的数据库系统，下载地址为 http://www.mysql.com/。

（6）ACID：ACID（Analysis Console for Intrusion Databases）是基于 PHP 的入侵检测数据库分析控制台，它能够处理由各种入侵检测系统、防火墙等安全工具产生并放入数据库中的安全事件，安装 PHP 就是为使用 ACID，下载地址为 http://acidl ab.sourceforge.net/。

（7）Adodb：是 PHP 连接数据库的组件，下载地址为 http://adodb.sourceforge.net/。

（8）Jpgraph：由 PHP 编写的基于面向对象技术的图形显示链接库，acid 通过 adodb 读取 Snort 在 Mysql 中产生的数据，将分析结果显示在网页上，并使用 jpgraph 组件对其进行图形化显示分析，下载地址为 http://www.aditus.nu/jpgraph/。

4．Snort 的操作与使用

本章实训将介绍 Snort 的安装与配置，这里先介绍 Snort 的使用方式。Snort 主要采取命令行方式运行。

1）Snort 的命令格式

格式为：

  Snort -[options] <filters>

options 中可选的参数很多，内容如下。

-A <alert>：设置告警方式为 full、fast 或 none。在 full 方式下，Snort 将传统的告警信息格式写入告警文件，告警内容比较详细。在 fast 方式下，Snort 只将告警时间、告警内容、告警 IP 地址和端口号写入文件。在 none 方式下，系统将关闭告警功能。

-a：显示 ARP 包。

-b：以 TCPDump 的格式将数据包记入日志。所有的数据包将以二进制格式记入名为 Snort.log 的文件中。二进制格式写文件的目的是提高 Snort 写日志的速度。

-c <文件>：读取配置文件的规则，Snort 最重要的选项之一。Snort 提供了标准配置文件 Snort.conf，配置文件的内容包括：检测网络段、DNS 服务器的设置、输入/输出插件的设置、规则文件的目录、调用哪些规则文件等，只有仔细了解并设置 Snort 的配置文件，才能得到理想的入侵检测效果。

-C：仅抓取包中的 ASCII 字符。

-d：抓取应用层的数据包。

-D：在守护模式下运行 Snort。

-e：显示和记录网络层数据包头信息。

-F：<bpf>从文件 bpf 中读取 BPF 过滤信息。

-h：<hn>设置<hn>（C 类 IP 地址）为内部网络。使用这个开关时，所有从外部的流量将会有一个方向箭头指向右边，所有从内部的流量将会有一个左箭头。这个选项没有太大的作用，但是可以使显示包的信息格式比较容易察看。

-i<if>：选择监控的网卡，<if>为网卡接口编号。

-l<ld>：将包信息记录到目录<ld>下。注意需要自己创建目录ld，否则启动时会出错，设置日志记录的分层目录结构，按接收包的IP地址将抓取的包存储在相应的目录下。

-M<wkstn>：向<wkstn>文件中的工作站发送WinPopup消息。<wkstn>文件格式非常简单，文件的每一行包含一个目的地址的SMB名。

-n<num>：处理完<num>包后退出。

-N：关闭日志功能，告警功能仍然工作。

-o：改变应用于包的规则的顺序。标准的应用顺序是：Alert->Pass->Log；采用-o选项后，顺序改为：Pass->Alert->Log，允许用户避免使用冗长的BPF命令行来过滤告警规则。

-p：关闭混杂模式的嗅探（sniffing）。这个选项在网络严重拥塞时十分有效。

-r<文件名>：读取TCPDump格式的文件。Snort将读取和处理这个文件。

-s：将告警信息记录到系统日志。日志文件可以出现在/var/log/secure及/var/log/messages目录里。

-S<n=v>：设置变量n的值为v。这个选项可以用命令行的方式设置Snort规则文件中的变量。例如，如果要给Snort规则文件中的变量HOME_NET赋值，就可以在命令行下采用这个选项。

-v：将包信息显示到终端时，采用详细模式。这种模式存在一个问题：它的显示速度比较慢，如果是在IDS网络中使用Snort，最好不要采用详细模式，否则会丢失部分包信息。

-V：显示版本号，并退出。

-x：当收到骚扰IPX包时，显示相关信息。

-?：显示使用摘要，并退出。

2）Snort的工作模式

Snort有三种工作模式：嗅探器、数据包记录器、网络入侵检测系统。

（1）嗅探器。所谓的嗅探器模式就是Snort从网络上读出数据包然后显示在控制台上。相关命令如下。

① 使Snort只输出IP和TCP/UDP/ICMP的包头信息并打印在屏幕上，可以使用下面的命令：

Snort -v

② 使Snort在输出包头信息的同时显示包的数据信息，可以使用下面的命令：

Snort -vd

③ 使Snort显示数据链路层的信息，可以使用下面的命令：

Snort –vde

（2）数据包记录器。

① 如果要把所有的包记录到硬盘上，需要用户首先创建一个目录，并指定该日志目录，Snort就会自动记录数据包，可以采用下面的命令：

Snort -dev -l \log

② Snort支持使用二进制的保存网络数据格式。二进制日志文件格式采用TCPDump格式。而TCPDump是Linux下一个标准的抓包工具，可以嗅探网络数据及分析以其格式

保存的二进制文件，使用下面的命令可以把所有的包记录到一个单一的二进制文件中，命令如下：

Snort -l log -b

③ 可以使用任何支持 TCPDump 二进制格式的嗅探器程序从这个文件中读出数据包，如 TCPDump 或 Ethereal。使用-r 功能开关，也能使 Snort 读出包的数据。Snort 在所有运行模式下都能够处理 TCPDump 格式的文件。例如，如果想在嗅探器模式下把一个 TCPDump 格式的二进制文件中的包打印到屏幕上，可以使用下面的命令：

Snort -dv -r packet.log

(3) 网络入侵检测系统。Snort 最重要的用途是作为网络入侵检测系统（NIDS），使用下面的命令行可以启动这种模式：

Snort -dev -l log -h 192.168.1.0/24 -c Snort.conf

Snort 会对每个包和规则集进行匹配，发现这样的包就会根据规则的设置采取相应的行动。如果不指定输出目录，Snort 就输出到/var/log/Snort 目录。

也可以采用如下简单的命令方式：

Snort –i 2 -c Snort.conf

其中 i 选项为选择网卡，监控的网络设置及输出方式的设置都在 Snort.conf 中。

在网络入侵检测模式下，有多种方式来配置 Snort 的输出。在默认情况下，Snort 以 ASCII 格式记录日志，使用 full 报警机制。如果使用 full 报警机制，Snort 会在包头之后打印报警消息。

Snort 有 6 种报警机制：full、fast、socket、syslog、smb（winpopup）和 none。其中有 4 个可以在命令行状态下使用-A 选项设置。

-A fast：报警信息包括一个时间戳（timestamp）、报警消息、源/目的 IP 地址和端口。

-A full：是默认的报警模式。

-A unsock：使 Snort 将告警信息通过 UNIX 的套接字发往一个负责处理告警信息的主机，在该主机上有一个程序在套接字上进行监听。

-A none：关闭报警机制。

5．Snort 的规则

规则集是 Snort 的攻击特征库，每条规则是一条攻击标识，Snort 通过它来识别攻击行为。Snort 使用一种简单的、轻量级的规则描述语言，这种语言灵活而强大。

一条 Snort 规则可以从逻辑上分为两个部分，规则头（括号左边的内容）和规则选项（括号内的内容）。

规则头包含匹配的行为动作、协议类型、源 IP 及端口、数据包方向、目标 IP 及端口。动作包括三类:告警（Alert）、日志（Log）和通行（Pass），表明 Snort 对包的三种处理方式，其中最常用的就是 alert 动作，它会向报警日志中写入报警信息。

在源、目的地址、端口中可以使用 any 来代表任意的地址或端口，还可以使用符号"!"来表明取非运算。IP 地址可以被指定为一个 CIDR 的地址块，端口也可以指定一个范围，在目的和源地址之间可以使用标识符"<-""->"来指明方向。

规则的选项部分是一个或几个选项的组合，选项之间用"；"分隔，选项关键字和值之间使用":"分隔。对规则选项的分析构成了 Snort 检测引擎的核心。其主要可以分为 4 类：数据包相关各种特征的说明选项、与规则本身相关的一些说明选项、规则匹配后的动作选项、对某些选项的进一步修饰。

下面是一个规则范例：

alert tcp any any -> 192.168.1.0/24 111 (content:"|00 01 86 a5|"; msg: "mountd access";)

该规则表示监控的网络数据的协议为 TCP，源地址、源端口为任意值，方向为由外向内，内部的网络地址为子网 192.168.1.0/24，端口号为 111，当发现数据包中有"00 01 86 a5"内容时，Snort 会发送报警信息"mountd access"。

本 章 小 结

入侵检测系统（IDS）是继防火墙之后，保护网络安全的第二道防线，它可以在网络受到攻击时，发出警报或采取一定的干预措施，以保证网络的安全。入侵检测是防火墙的合理补充，帮助系统对付网络攻击，扩展了系统管理员的安全管理能力（包括安全审计、监视、进攻识别和响应），提高了信息安全基础结构的完整性。

当前很多入侵检测系统已逐渐发展为入侵防御系统（IPS），入侵防御系统的功能更强大，除了能够检测恶意行为外，还能够采取行动阻止恶意行为的危害。通过 IDS/IPS 系统，能够保证企业网络更安全，更能应对黑客的挑战。

本 章 习 题

一、选择题

1. IDS 处理过程分为（　　）4 个阶段。
   A. 数据采集阶段　　　　　　　　　B. 数据处理及过滤阶段
   C. 入侵分析及检测阶段　　　　　　D. 报告及响应阶段
2. 入侵检测系统的主要功能有（　　）。
   A. 监测并分析系统和用户的活动
   B. 核查系统配置和漏洞
   C. 评估系统关键资源和数据文件的完整性
   D. 识别已知和未知的攻击行为
3. IDS 产品性能指标有（　　）。
   A. 每秒数据流量　　　　　　　　　B. 每秒抓包数
   C. 每秒能监控的网络连接数　　　　D. 每秒能够处理的事件数

4. 入侵检测产品所面临的挑战主要有（　　）。
   A. 黑客的入侵手段多样化　　　　B. 大量的误报和漏报
   C. 恶意信息采用加密的方法传输　D. 客观的评估与测试信息的缺乏

二、简答题

1. 什么是入侵检测系统？简述入侵检测系统的作用。
2. 比较一下入侵检测系统与防火墙的作用。
3. 简述基于主机入侵检测系统和基于网络入侵检测系统的优缺点。
4. 请列举几种主流的入侵检测系统。
5. 简述 IDS 的发展趋势。

实训 8　入侵检测系统 Snort 的安装与使用

一、实训目的

入侵检测系统通过检查操作系统的审计数据或网络数据包信息，检测系统中违背安全策略或危及系统安全的行为或活动，从而保护信息系统。通过实验，使学生认识入侵检测的重要作用，了解入侵检测系统的类型、工作原理和常用产品，掌握网络入侵检测系统的规划、配置使用方法。

二、实训要求

1. 掌握 Snort 的安装方法；
2. 掌握 Snort 入侵检测系统的配置；
3. 能利用 Snort 规则库进行入侵检测。

三、实训环境

硬件环境：主流配置 PC 3 台。
操作系统：Windows 7。
实验软件：本实验使用开源的工具软件（见 8.3.2 节介绍），可到相应网站下载最新版本的软件。

四、实训步骤

1. 卸载 IIS

检查使用的计算机的 Windows 操作系统是否安装了 IIS，如果安装了，需要卸载。方法如下，打开【控制面板】|【增加或删除程序】|【增加或删除 Windows 组件】，【Internet 信息服务（IIS）】的选项框处于选中，如图 8.8 所示。取消选择【Internet 信息服务（IIS）】选项，单击【下一步】按钮，根据向导进行 IIS 的卸载。卸载完成后，出现图 8.9 所示的完成界面，单击【完成】按钮退出卸载，然后退出【增加或删除程序】和【控制面板】。

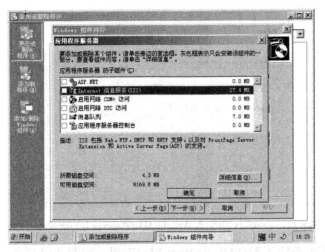

图 8.8　Windows 组件向导

图 8.9　完成"Windows 组件向导"

2．安装 AppServ

（1）运行 appserv-win32.exe 程序，如图 8.10 所示，根据安装向导提示进行安装。

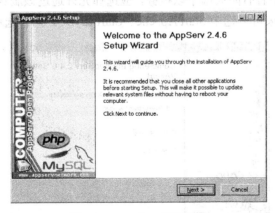

图 8.10　AppServ 安装界面

（2）安装过程中需要输入 Apache HTTP Server Information，如图 8.11 所示，根据实际需求填写。

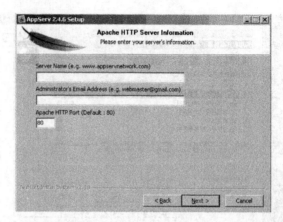

图 8.11 AppServ 中输入 Apache HTTP server Information 界面

（3）安装过程中需输入 MySQL 中 Root 用户密码，如图 8.12 所示，根据实际需求填写。本实例以填写"123456"为例，后续关于该用户登录，均采用该密码。

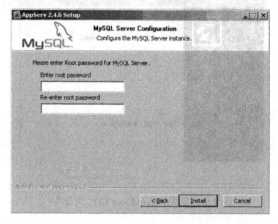

图 8.12 AppServ 中输入 MySQL Server Configuration 界面

（4）在安装过程中若有防火墙予以拦截，应选择允许通过该服务，直至安装结束，如图 8.13 所示。安装结束可以选中 Start Apache、Start MySQL 两个选项。

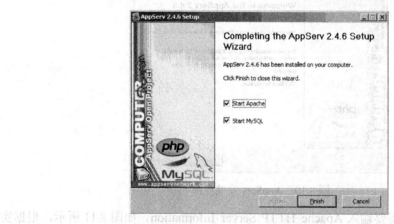

图 8.13 AppServ 安装结束界面

3. 打开 Apache Monitor

执行【开始】|【所有程序】|【AppServ Control Server by Service】|【Apache Monitor】命令，即可在运行框中看到 Apache 的运行图标了，如图 8.14 所示。

图 8.14　Apache Monitor 运行图标

4. 检测安装是否成功

打开浏览器，输入 http://127.0.0.1/，如果成功安装则出现如图 8.15 所示界面。

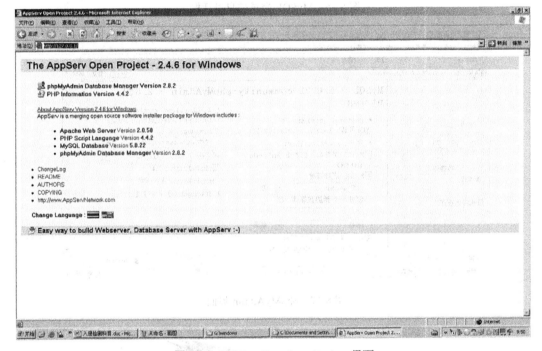

图 8.15　The AppServ Open Project 界面

5. 登录 MySQL 数据库

（1）打开 IE 浏览器，输入 http://127.0.0.1/，单击 phpMyAdmin Database Manager Version 2.8.2 出现登录对话框，如图 8.16 所示。输入如下信息：

用户名：root

密　码：123456（安装时输入的 mySQL root 用户密码）

（2）单击【确认】按钮即可进入 phpMyAdmin 界面，如图 8.17 所示。

6. 检查 allow_call_time_pass_referenc 设置

打开 C:\Windows，开启 php.ini 这个档案，寻找 allow_call_time_pass_reference 查看其设置，若 allow_call_time_pass_reference = Off 字符串，将它更改为 allow_call_time_pass_reference=On 后，存档离开。若需要修改，则双击右下角的 Apache Monitor，按下【Restart】按钮重新加载 php.ini，如图 8.18 所示。

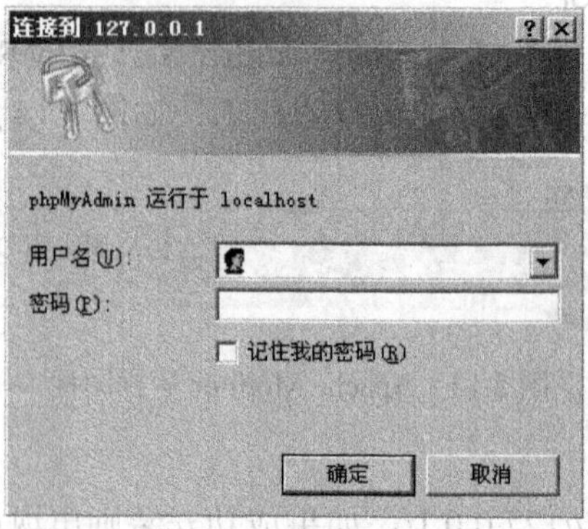

图 8.16 MySQL 登录信息对话框

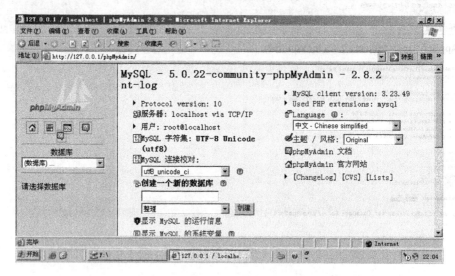

图 8.17 phpMyAdmin 界面

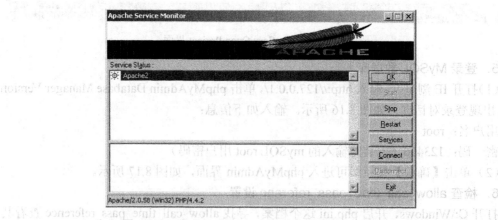

图 8.18 Apache Service Monitor 界面

7. 测试 Apache 安装是否正确

打开 IE 浏览器，输入 http://192.168.1.16，即本机 IP 地址，出现如图 8.19 所示界面。

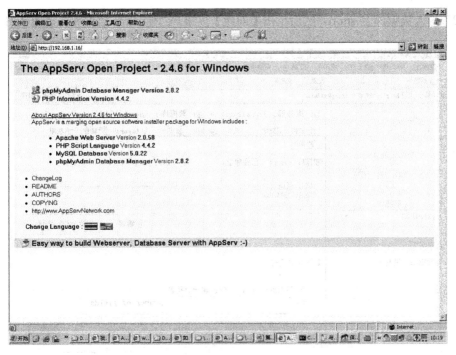

图 8.19　The Appserv Open Project 界面

8．在 MySQL 中建立 snort 数据库存储 snort 系统的信息

（1）首先登录 phpMyAdmin，然后单击数据库，进入 MySQL 数据库，如图 8.20 所示。

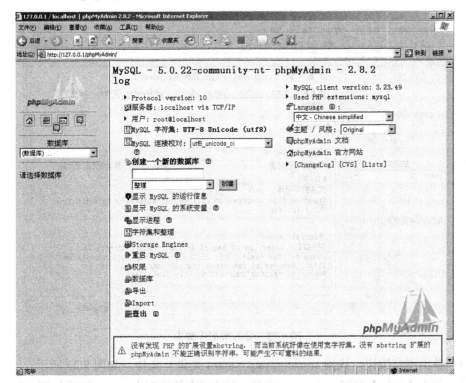

图 8.20　phpMyAdmin 界面

(2) 输入数据库名 snort, 然后单击【创建】按钮, 创建 snort 数据库, 如图 8.21 所示。

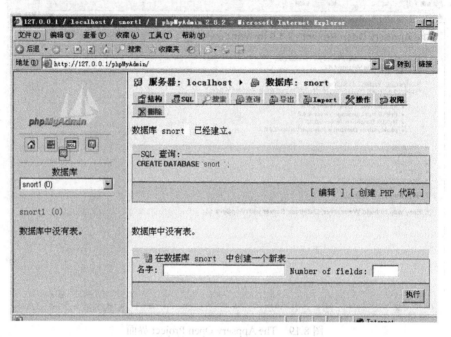

图 8.21 创建 snort 数据库

(3) 导入数据库脚本, 单击【Import】按钮, 如图 8.22 所示。

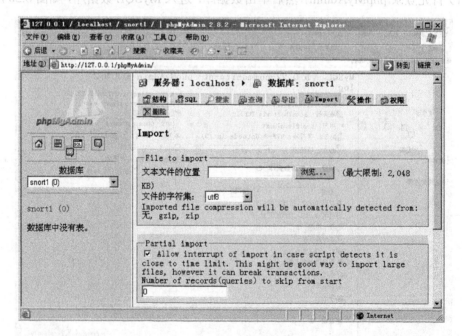

图 8.22 导入数据库脚本

(4) 单击浏览按钮, 找到 create_mysql (snort 提供) 文件, 如图 8.23 所示。

(5) 单击【执行】按钮, 为 snort 数据库创建所有的数据表, 执行结果如图 8.24 所示。

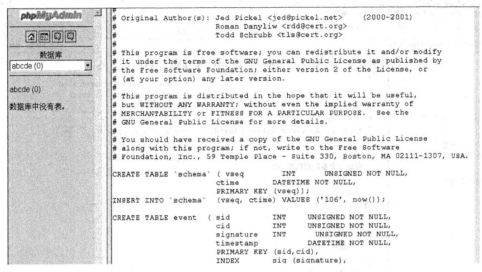

图 8.23　数据库脚本文件

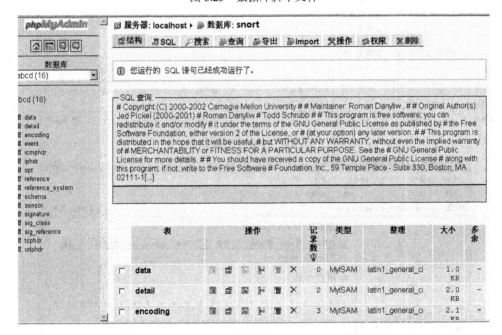

图 8.24　phpMyAdmin 数据库：snort Import 执行结果

9．设置 MySQL 数据库用户

（1）选择【服务器】|【localhost】，然后单击【权限】按钮，如图 8.25 所示。
（2）选择【添加新用户】，为 snort 入侵检测系统建立数据库用户，如图 8.26 所示。
（3）根据 snort 入侵检测系统仅使用 snort 数据库，所以设置 snort 用户权限如下：
用户名：SnortUser。
密码：123456。
无需设置全局权限，单击【执行】按钮，如图 8.27 所示。

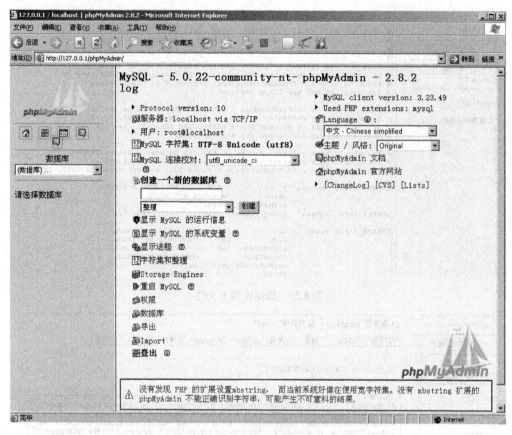

图 8.25 phpMyAdmin

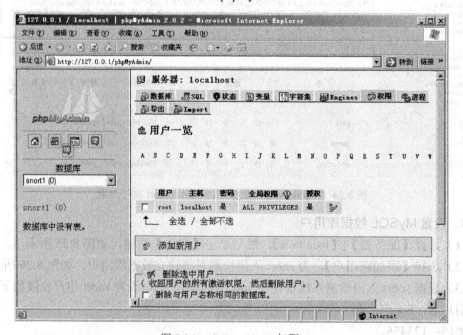

图 8.26 phpMyAdmin 权限

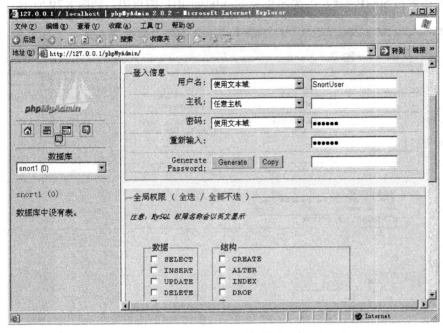

图 8.27 设置权限

(4)在弹出的对话框的【按数据库指定权限组】选项框中在下拉列表框中选择"snort数据库",单击【执行】按钮,在弹出的对话框【按数据库指定权限】选项框中,选择所有的数据、结构、管理的所有权限,单击【执行】按钮,如图 8.28 所示。

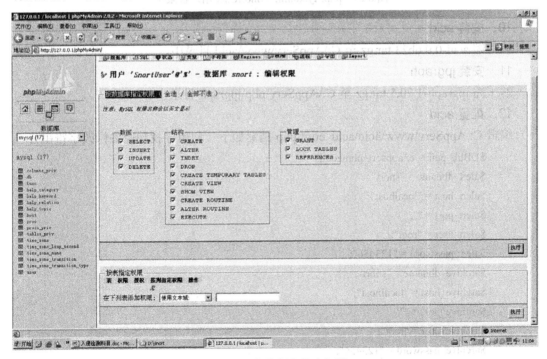

图 8.28 按数据库指定权限

（5）在单击 SnortUser 后的编辑可见 SnortUser 用户的权限，如图 8.29 所示。

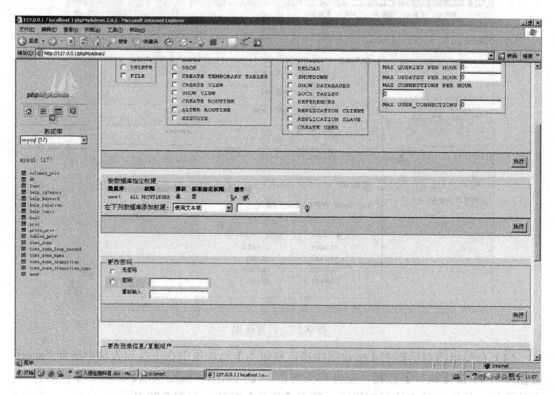

图 8.29　phpMyAdmin→SnortUser 用户权限

10．安装 acid

解压缩 acid-0.9.6b23.tar.gz 至 C:\AppServ\www\acid 目录中。

11．安装 jpgraph

解压缩 jpgraph-1.20.5.tar.gz 至 C:\AppServ\php\jpgraph 目录中。

12．配置 acid

编辑 C:\AppServ\www\acid\acid_conf.php 档案如下（利用寻找功能去修改字符串）：

```
$DBlib_path="c:\appserv\php\adodb"
$alert_dbname = "snort";
$alert_host = "localhost";
$alert_port = "";
$alert_user = "root";
$alert_password = "123456";
$archive_dbname = "snort";
$archive_host = "localhost";
$archive_port = "";
$archive_user = "root";
$archive_password = "123456";
$ChartLib_path = "C:\AppServ\php\jpgraph\src";
```

13. 建立 acid 所需要的数据库

使用 IE 浏览器，进入 http://localhost/acid/acid_db_setup.php，如图 8.30 所示。依照页面提示单击 Create ACID AG 按钮建立即可。

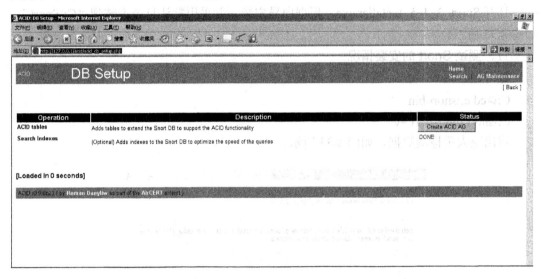

图 8.30 Acid DB Setup

14. 检测 Acid 的安装情况

打开 IE 浏览器，访问 http://localhost/acid/，成功安装界面如图 8.31 所示。

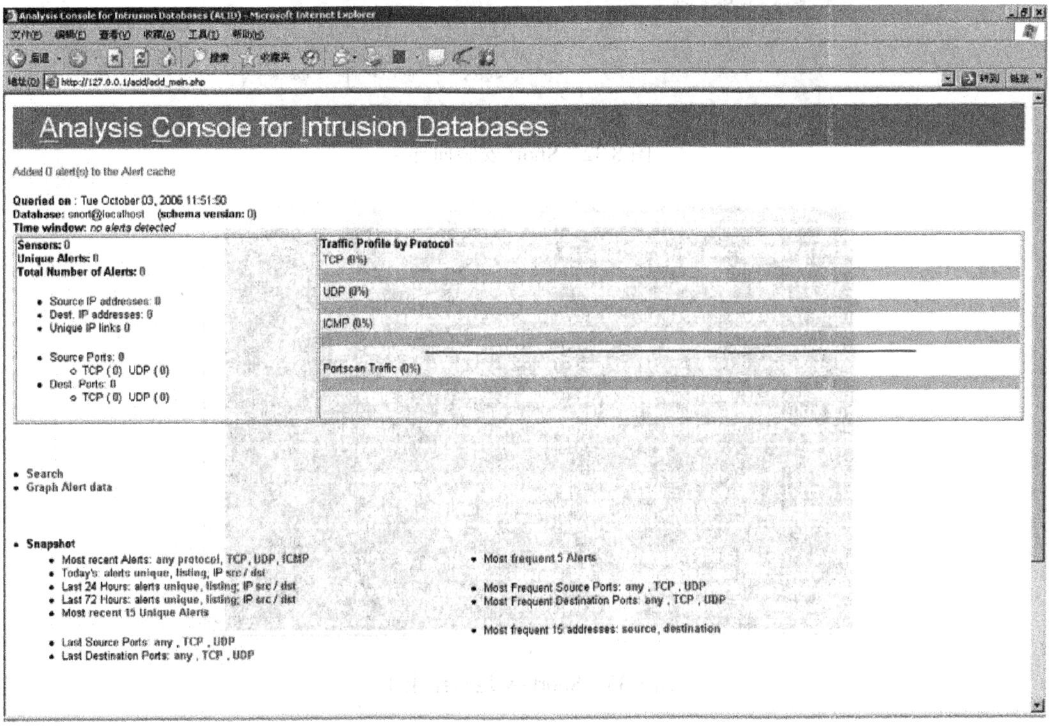

图 8.31 Acid Analysis Console for Intrusion Databases

15. 安装 WinPcap

打开 WinPcap_3_0.exe，根据向导安装即可。

16. 安装 Snort

打开 Snort_2_4_5_Installer.exe，根据向导安装，并采用默认目录安装到"C:\Snort"，如图 8.32 所示。

17. 测试 Snort 的安装情况

打开 Command 窗口，输入以下两条命令：

C:\>cd c:\snort\bin

C:\snort\bin>snort –v

将出现大量检测数据，如图 8.33 所示。

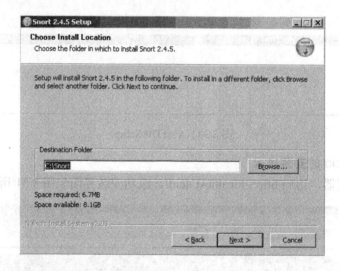

图 8.32 Snort 安装向导

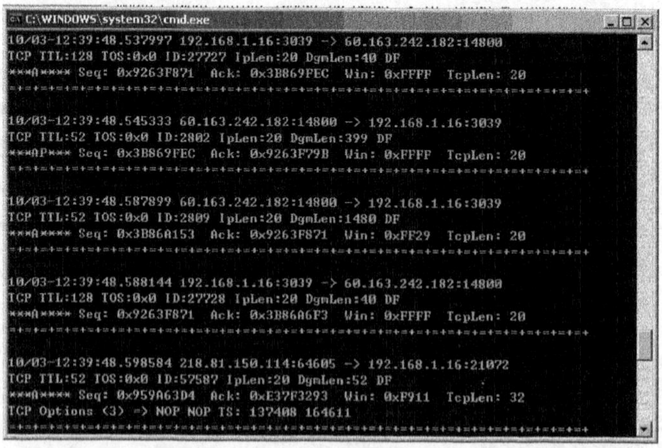

图 8.33 Snort –v 运行结果 1

按"Ctrl+C"组合键终止检测，可看到检测统计信息，如图 8.34 所示。

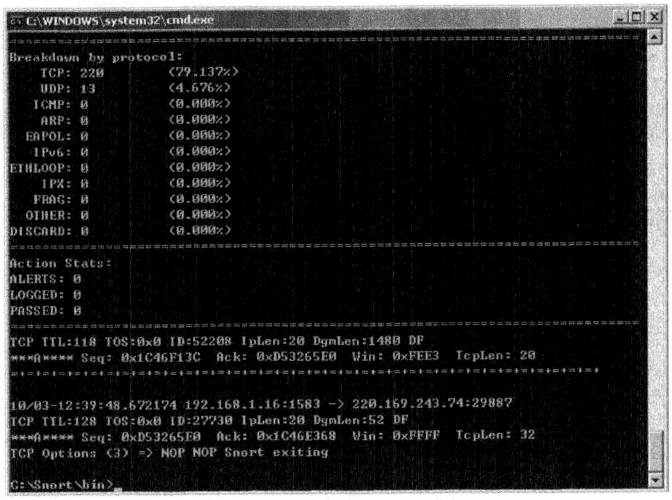

图 8.34　Snort –v 运行结果 2

18．加载规则库

解压 snortrules-pr-2.4.tar.gz，并复制 rules 目录到 c:\snort 目录下覆盖原有的 rules。

19．配置 snort.conf 文件

打开 C:\Snort\etc\snort.conf 文件，编辑如下：

  var RULE_PATH c:\snort\rules　　　　//给出 rules 的位置

  var HOME_NET any　　　　　　　　//any 改成本机器 IP 192.168.1.16/24

  var HTTP_PORTS 80　　　　　　　//根据自身设置修改

  #output database: log, mysql, user=root password=test dbname=db host=localhost

  #output database: alert, postgresql, user=snort dbname=snort

  //去掉#　根据自身设置修改

  //本例为

  output database: log, mysql, user=SnortUser password=123456 dbname=snort host=192.168.1.16（MySql 数据库安装的机器 IP）

  output database: alert, mysql, user=SnortUser password=123456 dbname=snort host=192.168.1.16（MySql 数据库安装的机器 IP）

  #output database: alert, postgresql, user=snort dbname=snort

20．建立运行 Snort 批处理文件

在 C:/Snort/bin 目录下建立 runsnort.bat，在文件中输入：

  snort -c "c:\snort\etc\snort.conf" -l "c:\snort\log" -d -e –X

（注：若数据库存储有误，可增加参数–U，该问题由 snort 版本不同引起。）

然后在 C:/Snort/bin 目录下运行 runsnort，即可根据配置运行 snort 入侵检测系统。测试效果：可以通过 IE 浏览器，打开 http://192.168.1.16/acid 观察检测结果，如图 8.35 所示。

五、思考题

1．入侵检查系统的误报和漏报是怎样产生的？误报率和漏报率二者之间的关系怎样？

2．试用 Snort 对 P2P 滥用、网络蠕虫等攻击方式进行检测。

3．编写 Snort 规则，试着对跨站脚本攻击（XSS）进行检测。

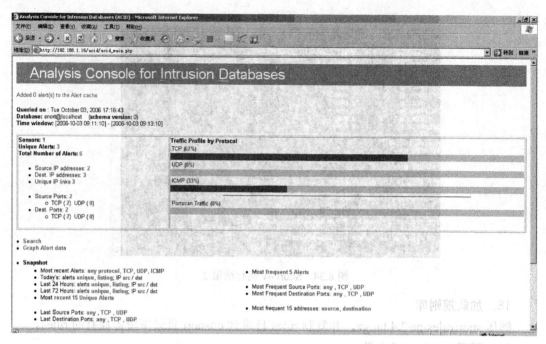

图 8.35　http://192.168.1.16/acid 运行结果

第 9 章
应用服务安全

【知识要点】

互联网应用层服务非常多,应用层的安全也会威胁到网络安全。本章主要介绍 Internet 应用层的常用服务的安全,包括 Web、FTP 和 E-mail 等,并提供一些可行的安全措施。要求了解 Internet 常用服务的安全特点,并掌握 Web、FTP 和 E-mai 等的安全管理操作。本章主要内容如下:
- Web 服务的安全
- FTP 服务的安全
- E-mail 服务的安全

【引例】

2013 年 8 月 1 日至 4 日,"防御态势"黑客大会在美国拉斯维加斯举行。在大会上,美国佐治亚州理工学院的华裔科学家比利·刘和博士生张永进展示了他们研发的一款假的 iPhone 充电器,名为"Mactans",这是黑寡妇蜘蛛的学名。在演示的过程中,短短 60s 的时间内,这个充电器就轻而易举地侵入一部 iPhone 5,用一个伪造的 Facebook 木马程序感染了手机,并用装有木马的应用程序取代了 Facebook 应用程序。这个应用程序会自动截屏,并且记录用户的按键和数据。它还能让黑客在机主不知情的情况下极速入侵手机,并窥看机主用手机输入的银行密码等数据,黑客甚至可以遥控 iPhone 假冒机主在网上购物。

在黑客大会上,美国的两位网络安全人员演示了通过攻击软件使高速行驶的汽车突然刹车。演示中,通过黑客软件对两款汽车进行远程无线攻击。该技术让 128km/h 速度行驶的小汽车猛打方向盘或加速引擎时突然刹车,还能让小汽车保持超低车速时刹车失效,无论司机如何猛踩刹车踏板,汽车都可以继续前进。

因大会现场黑客云集,大会甚至提醒要远离无线网络,关闭蓝牙,以免被无处不在的黑客攻击。之前,有黑客就曾黑了酒店的结账系统和 WIFI 网络。因黑客云集,酒店旁的取款机没人敢用。早在 2010 年,全球最牛黑客杰克就在"黑帽子"大会上成功地演示了如何入侵安装有两种不同系统的 ATM 取款机,并当场让 ATM 取款机吐出钱。

9.1 Web 服务的安全

HTTP 是应用级的协议，主要用于分布式、协作的超媒体信息系统。HTTP 协议是通用的、无状态的，其系统建设与传输的数据无关。HTTP 也是面向对象的协议，可用于各种任务，包括名字服务、分布式对象管理、请求方法的扩展、命令等。在 Internet 上，HTTP 通信往往发生在 TCP/IP 连接之上，其默认端口为 80，也可用其他端口；HTTP 也可在其他协议之上实现，HTTP 协议规范没有限制其底层实现。

Web 账户的快速访问、开放及无状态的特性，使得其控制和保护变得非常困难。

当浏览器收到其不理解的数据类型时，它依靠其他附加应用程序将其转换成可以理解的格式。这些应用程序一般叫观察器，它们的安全性非常重要，因为 HTTP 协议并不能阻止这类观察器不执行危险命令。下面就 HTTP 及 WWW 服务的安全性做进一步的探讨。

9.1.1 Web 服务安全性概述

1. HTTP 协议及其安全性

HTTP 协议（Hypertext Transfer Protocol，超文本传输协议）是分布式的 Web 应用的核心技术协议，在 TCP/IP 协议栈中属于应用层。它定义了 Web 浏览器向 Web 服务器发送 Web 页面的请求格式，以及 Web 页面在 Internet 上的传输方式。HTTP 协议一直在不断地发展和完善。

HTTP 协议允许远程用户对服务器的通信请求，并且允许用户在远程执行命令，这会危及 Web 服务器和客户端的安全，如：

(1) 随意的远程请求验证。
(2) 随意的 Web 服务器验证。
(3) 滥用服务器功能和资源。

有一些程序，比如早期 Netscape 公司开发的 SSL 和 NCSA 的 SHTTP 都可以在一定程度上解决这些问题，但不能解决全部问题。Web 服务器对 Internet 上的客户行为的抵抗力并不强，因此在允许 HTTP 访问一个非指定端口时，应给用户以提示。

HTTP 的另一个安全漏洞就是服务器日志。通常，Web 服务器会记录下各种用户的大量请求及数据信息，HTTP 可能对这些信息的检索不加任何限制，从而泄露用户信息。

2. Web 的访问控制

每次用户建立站点的链接时，客户程序会把客户机的 IP 地址传给服务器。但有时候，服务器所接到的不一定是客户的 IP 地址，有可能是代理服务器的 IP 地址。因为代理服务器会代理客户请求，发往 Web 服务器。不过，客户也可能会在发送请求时暴露其注册的用户名。

除非设置服务器捕捉这种信息，否则服务器在得到 IP 地址后，第一步是 IP 地址反解析成域名（如 www.google.com.hk）。为了获得域名，HTTP 服务器先和域名服务器联系并将需要解析的 IP 地址交给域名服务器。

在某些情况下，IP 地址并不能得到解析，因为客户机本地名字服务器配置可能不正确，这时 HTTP 服务器就伪造一个域名继续工作。一旦 Web 服务器获得 IP 地址及相应客户的域名，便开始进行验证，来决定客户是否有权访问请求的文档。这其中隐含着安全漏洞。因为：

（1）服务器会伪造域名，可能会把信息发给其他的客户。

（2）电子客户对服务器存在威胁，因此对服务器的安全性应特别小心。应保证客户只访问他们应该访问的东西，如果有恶意攻击，服务器应有办法来保护。

下面一些方法可用来增强服务器的安全性：

（1）应当仔细配置服务器，利用它的访问控制的安全特性。

（2）以非特权用户运行 Web 服务器。

（3）如果运行在 Windows Server 2003 系统上，应检查驱动器和共享目录的权限，并将其设置为只读。

（4）可以进行服务器镜像，将敏感文件放在主系统上，在辅系统上不放敏感信息，并对 Internet 开放。

（5）要做最坏的打算，Web 服务器的配置要保证即使黑客控制了服务器依然会有一堵巨大的墙难以逾越。

（6）最重要的是要检查 HTTP 服务器所用的 Applet 和脚本程序，特别是那些和客户打交道的 CGI 程序；看看外部客户是否有机会触发内部命令的执行。

3．安全超文本传输协议 S-HTTP

S-HTTP（Secure HyperText Transfer Protocol）协议是保护 Internet 上所传输的敏感信息的安全协议。随着 Internet 和 Web 对身份验证的需求的日益增长，用户在彼此收发加密文件之前需要身份验证。S-HTTP 协议也考虑了这种需要。

S-HTTP 的目标是保证蓬勃发展的商业交易的传输安全，从而推动了电子商务的发展。S-HTTP 使 Web 客户和服务器均处于安全保护之中，其信息交换也是安全的。

利用 S-HTTP，安全服务器以加密和签名信息回答请求，同样，安全客户也可以对签名和身份进行验证。验证是通过服务器的私钥实现的，该私钥用来产生服务器的数字签名，当信息发送给客户时，服务器将其公钥证书和签名信息一起发往客户，客户便可以验证发送者身份。服务器也可以用同样的过程来验证发自客户的数字签名。

4．安全套接层 SSL

SSL（Secure Sockets Layer）是 Netscape 公司设计和开发的，其目的在于提高应用层协议（如 HTTP、Telnet、NNTP 和 FTP 等）的安全性。SSL 协议的功能包括：数据加密、服务器验证、信息完整性及可选的客户 TCP/IP 连接验证。SSL 的主要目的是增强通信应用程序之间的保密性和可靠性。

SSL 不同于 S-HTTP 之处在于后者是 HTTP 的超集，只限于 Web 的使用，而前者则是一个通过 Socket 层对客户和服务器之间的通信事务进行安全处理的协议，适用于所有 TCP/IP 应用。

SSL 可以使用各种类型的加密算法和密钥验证机制，不过 Netscape 和 Enterprise Integration Technology（EIT）都使用了 RSA 数据安全工具来提供端对端的加密，包括密钥生成和电子证书。

安全方案不仅仅只有 SSL 和 S-HTTP，EINet 的 Secure server 使用了 Kerberos 和其他机制，在 SHen 方案中，则建立了比 SSL 和 S-HTTP 更全面的安全系统，包括保密增强型 Mail 的扩展使用。

5. 缓存的安全性

缓存通过在本地磁盘中存储高频请求文件，从而大大提高 Web 服务的性能。不过，如果远程服务器上的文件更新了，用户从缓存中检索到的文件就有可能过时，而且，由于这些文件可由远程用户取得，因而可能暴露一些公众或外部用户不能读取的信息。HTTP 服务器通过将远程服务器上的文件的日期与本地缓存的文件日期进行比较可以解决这个问题。

9.1.2 IIS Web 服务器安全

为了适应目前 Internet/Intranet 的潮流，各公司纷纷推出自己的 WWW 信息发布产品，微软公司也不例外。在微软公司推出的一系列应用产品和开发工具中，有许多是免费提供给用户使用的，从而占有很大的市场份额。在这些免费产品中，有一套名为 IIS（Internet Information Server）的 Web 服务器产品。在 Windows Server 2008 中内置了 IIS 7.0 版本，用户也可以直接从微软的网站下载。

Windows Server 2008 中的系统管理员可以使用 IIS 建立起大容量、功能强大的 WWW、FTP 和 SMTP 服务器，从而拥有属于自己的安全的 Internet 和 Intranet 网站，它可以将信息发布给全世界的用户。正由于 IIS 的安全性以 Windows Server 2008 系统作为基础，如果 IIS 系统被攻击，也就意味着 Windows Server 2008 遭到了入侵，因此加强 IIS 的安全是必要的。

1. IIS 的安全设置

（1）避免安装在主域控制器上。在安装 IIS 后，将在安装的计算机上生成 IUSR_Computername 匿名账户（Computername 为服务器的名字），该账户被添加到域用户组中，从而把应用于域用户组的访问权限提供给访问 Web 服务器的每个匿名用户，这不仅给 IIS 带来了巨大的潜在危险，而且还可能牵扯到整个域资源的安全，因此要尽可能避免把 IIS 安装在域控制器上，尤其是第一个控制器。

（2）避免安装在系统分区上。把 IIS 安装在系统分区上，会使系统文件与 IIS 同样面临非法访问，容易使非法用户侵入系统分区。

（3）通过使用数字与字母（包括大小写）相结合的密码，提高修改密码的频率，封锁失败的登录尝试及账户的生存期等，对一般用户账户进行管理。

（4）端口安全性的实现。对于 IIS 服务，无论是 WWW 站点、FTP 站点，还是 NNTP、

SMTP 服务等都有各自监听和接收浏览器请求的 TCP 端口号（Post），一般常用的端口号为：WWW 是 80、FTP 是 21、SMTP 是 25。可以通过修改端口号来提高 IIS 服务器的安全性。如果修改了端口设置，只有知道端口号的用户才可以访问，但用户在访问时需要指定新端口号。

2. IIS Web 服务器的安全性

Web 服务器是 IIS 中一个强有力的功能全面的工具，它优于其他同类产品。作为 Windows Server 2008 下的一项服务运行时，能为各种规模的网络提供快速、方便、安全的 Web 出版功能。如果计划建立 Web 网站，要确保 Web 网站及其内容的安全和网络及其资源的安全，除了在前面提到的 IIS 安全措施外，还要采取其他相应的手段。

1）登录认证的安全

IIS Web 服务器对用户提供了 7 种形式的身份认证，如图 9.1 所示。下面介绍其中的三种。

图 9.1　验证方法

（1）匿名访问方式。匿名访问就是不用验证，用户并不需要输入用户名和密码，都是使用一个匿名账号登录网站。它在这几种身份认证中的安全性是最低的，可以禁止匿名访问方式。默认的匿名账号的格式是：IUSR_主机名。

（2）基本验证方式。目前公司主页网站设置为基本验证，而且不允许匿名访问，所以浏览器浏览公司主页网站时，需要拥有 Windows Server 2008 的用户账号和密码，浏览器会出现一个【输入网络密码】对话框，在对话框输入用户名和密码后，输入的数据会送到 Web 服务器进行基本验证，身份无误后才能进入 Web 站点的首页。

（3）集成 Windows 验证方式。集成 Windows 验证与基本验证方法相同，只是对传送的数据会进行加密保护，目前只有 Internet Explorer 浏览器支持这种验证方式。集成验证和基本验证不同的地方，在于登录网站时，并不会马上显示用户输入网络密码的对话框，而是先以客户端的用户信息进行验证。如果客户端用户没有足够的权限，才会显示输入密码的对话框。在使用集成 Windows 验证时有下列注意事项。

首先需要了解匿名访问的严重后果,并采取预防措施来确保为匿名访问创建的账户拥有适应的许可权。若要设置用户对 Web 服务器进行访问的类型,请在 IIS 服务管理器中双击 WWW,调出 Web 服务器再双击 Web 服务器,以显示【Web 属性】对话框。在对话框中可以看到,设置 Web 服务器服务程序可以使用多种选项。对于安装的大多数 IIS 而言,默认选项最好。

如果希望允许大众进行访问,一定要确保同意匿名访问。按照默认设置,当 IIS 安装好后,在你的用户数据库就会创建一个新用户账户,其名字为"IUSR_主机名",主机名为已安装好的服务器名。例如,如果服务器名为"KARMA",新用户账户则为"IUSR_KARMA"。

此外,"IUSR_账户"被赋予在本地登录的权限。所有 Web 用户都必须具有这种权限,原因是他们的请求被传送至 Web 服务器服务程序,该服务程序利用他们的账户去登录,接着允许 Windows Server 2008 分配相应的访问权。

如果希望所有用户按照特定的用户账户和密码得到验证,仅清除 Anonymous Logon (匿名登录)选项即可。那将要求各用户在访问服务器的资源前输入有效的用户 ID 和密码。如果启动启示功能,就能查看到谁正在访问 Web 服务器及他们所进行的操作。

2)设置用户审核

安装在 NTFS 文件系统上的文件夹和文件,一方面要对其权限加以控制,对不同的用户组和用户进行不同的权限设置;另一方面,还可利用 NTFS 的审核功能对某些特定用户组成员读文件的企图等方面进行审核,有效地通过监视如文件访问、用户对象的使用等发现非法用户进行非法活动的前兆,以及时加以预防制止,如图 9.2 所示。

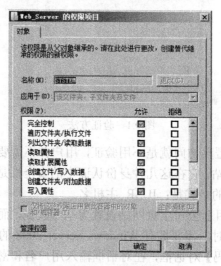

图 9.2 设置审核

3)设置 WWW 目录的访问权限

WWW 服务除了提供 NTFS 文件系统提供的权限外,还提供 IIS 本身提供的一些权限,允许用户读取或浏览 WWW 目录中的文件,如图 9.3 所示,选中相应的网站,如【www.contosol.net】,选择分组依据为【区域】,在【IIS】区域中可以设置各种网站的访问权限和安全性,如【目录浏览】、【日志】等。

第9章 应用服务安全

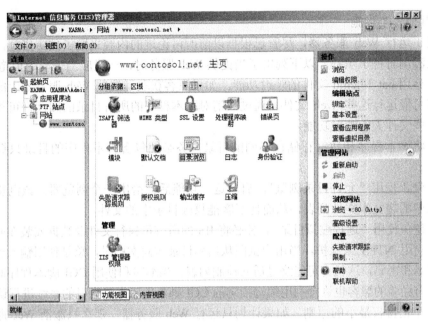

图 9.3 在【主目录】选项卡中设置权限

为确保网站的安全性，配置 Web 服务器可以看到的目录及相应的访问层次也是很重要的。第一次安装 IIS 时，按照默认设置，它会自行创建一个叫做 InetPub 的目录，接着为其提供的 Internet 服务生成根目录。Web 服务器的根目录默认为"wwwroot"，它应当是主页所在的位置。接着可以用【添加虚拟目录】标签来增加存储额外内容的新目录。

4）IP 地址的控制

可以设置允许或拒绝从特定 IP 发来的服务请求，有选择地允许特定主机的用户访问服务，可以通过【IPv4 地址和域限制】设置来阻止或允许特定 IP 地址对 Web 服务器的允许或阻止访问，如图 9.4 所示。

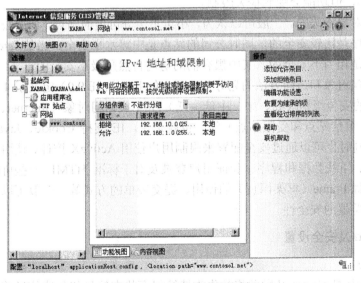

图 9.4 IP 地址的访问控制

5）其他安全措施

如果正运行 Web 服务器，尽管已根据以前所讨论过的内容采取了预防措施，也许仍有些安全漏洞有待于填补。以下列出了当提供 Web 服务时，一般应当采取的措施。

(1) 停用.bat 和.cmd 文件的映射功能。如果黑客获取了这些 Web 服务器上的可执行文件，就可能运行这些 Web 文件。通过取消对脚本程序的所有目录的阅读许可权，就可以停用某些文件夹的映射功能。

(2) 将脚本程序和数据存储在不同的目录，务必使包含脚本程序的目录只拥有执行许可。

(3) 禁止使用"允许目录浏览"。启动这一功能后会给出一个浏览器，该浏览器含有某个目录中的超文本文件列表，从而使黑客能篡改目录中的文件。

(4) 避免使用"远程虚拟目录"。务必将 IIS 的所有可执行文件及数据安装在同一台机器上，并利用 NTFS 来保护。当用户试图从远程目录访问文档时，总是使用输入到属性页上的用户名和密码，这就有可能绕过访问控制列表。当编写和使用 CGI 脚本程序时，一定要小心。有经验的黑客也许会利用编写拙劣的 CGI 脚本程序来对自己的系统进行访问。

(5) 牢记特权最小的原则。如果计划只运行 Web 服务器，那么只激活 Web 服务器主机的端口 80。

(6) 全面测试 Web 服务器的安全性，设法发现并弥补任何漏洞。

9.1.3 浏览器的安全性

在 Internet 中，计算机网络安全级别高低的区分是以用户通过浏览器发送数据和浏览访问本地客户资源能力的高低来区分的。安全和灵活是一对矛盾的东西。高的安全级别必然带来灵活性的下降和功能的限制。Web 技术的发展也是安全和功能强大的平衡。纯粹文字的 HTML 或许是安全的（如果把内容给予用户身心带来的冲击，比如暴力、色情等不看作安全问题），但功能会受到很大限制。

安全是和对象相关的。一般可以认为，小组里十分可信的站点，如办公室的软件服务器的数据和程序是比较安全的，同时公司的站点是中等水平安全，当然 Internet 上的大多数访问被认为是相当不安全的，其中黑客们的访问自然是极不安全的。

基于对访问对象和访问方法的划分，高版本的 IE（如 IE 9.0）定义了 4 个通过浏览器访问 Internet 的安全级别（高、中、中低、低）和 4 类访问对象（Internet、本地 Internet（即 Intranet）、可信站点和受限站点）等。也就是说，IE 支持 Cookie、Java、ActiveX 等网络新技术，同时也可以通过安全配置来限制用户使用 ActiveX 控件、使用 Cookie、使用脚本（Script）、下载数据和程序、验证用户登录及对于标准 HTML 一些可能带来问题的特性的限制，如 Frame（框架网页）的使用、提交表单的方式等。一般可以从以下几个方面提高使用浏览器的安全性。

1. Cookie 及安全设置

1）Cookie

Cookie 是由 Netscape 开发并将其作为持续保存状态信息和其他信息的一种方式，目前绝大多数浏览器都支持 Cookie 协议。如果能够连入网页或其他网络，就可以使用 Cookie 来传递某些具有特定功能的小信息块。Cookie 是一个储存于浏览器目录中的文本文件，约由 255 个字符组成，仅占 4KB 硬盘空间。当用户正在浏览某站点时，它储存于用户机的 RAM 中；退出浏览器后，它储存于用户的硬盘中。储存在 Cookie 中的大部分信息是普通的信息。例如，当浏览一个站点时，此文件记录了每一次的击键信息和被访站点的 URL 等。但是许多 Web 站点使用 Cookie 来储存针对私人的数据，如注册密码、用户名、信用卡编号等。若想查看储存在 Cookie 文件中的信息，可以从浏览器目录中查找名为 Cookie.txt 或 MagicCookie（Mac OS 系统）的文件，然后利用文本编辑器和字处理软件打开查看即可。Cookie 是以标准文本文件形式储存的，因此不会传递任何病毒，所以从普通用户意义上讲，Cookie 本身是安全可靠的。

但是，随着互联网的迅速发展，网上服务功能的进一步开发和完善，利用网络传递的资料信息越来越重要，有时涉及个人的隐私。因此，关于 Cookie 的一个值得关心的问题并不是 Cookie 对自己的机器能做些什么，而是它能存储些什么信息或传递什么信息到服务器中。HTTP Cookie 可以被用来跟踪网上冲浪者访问过的特定站点，尽管站点的跟踪不用 Cookie 也容易实现，不过利用 Cookie 使跟踪到的数据更加坚固可靠。由于一个 Cookie 是 Web 服务器放置在机器上的、并可以重新获取档案的唯一标识符，因此 Web 站点管理员可以利用 Cookie 建立关于用户及其浏览特征的详细档案资料。用户登录到一个 Web 站点后，在任一设置了 Cookie 的网页上的单击操作信息都会被加到该档案中。档案中的这些信息暂时主要用于对站点的设计维护，但除站点管理员外并不否认被别人窃取的可能，假如这些 Cookie 持有者们把一个用户身份链接到他们的 Cookie ID，利用这些档案资料就可以确认用户的名字及地址。此外，某些高级的 Web 站点（如许多的网上商业部门）实际上采用了 HTTP Cookie 的注册鉴定方式。当用户在站点注册或请求信息时，经常输入确认他们身份的登记密码、E-mail 地址或邮政地址到 Web 页面的窗口中，从 Web 页面收集用户信息并提交给站点服务器，服务器利用 Cookie 持久地保存信息，并将其放置在用户机上，等待以后的访问。这些 Cookie 内嵌于 HTML 信息中，并在用户机与站点服务器间来回传递，如果用户的注册信息未曾加密，将是很危险的。

2）拒绝 Cookie 的方法

如果感到不安全的话，可以拒绝 Web 服务器设置的 Cookie 信息或当服务器在浏览器上设置 Cookie 时显示警告窗口，它将告知设置的 Cookie 的值及删除所花费的时间。在 Windows 下拒绝接受 Cookie，可以删除 Cookie 文件内容或把文件属性设置为只读和隐含。在浏览器下拒绝的具体方法如下。

（1）如果想禁止个别的 Cookie，如记录双击键操作的 Cookie，可以通过删除相应文件内容来破坏这些 Cookie，然后把文件属性改为只读、隐藏、系统属性，并且存储文件。当登录到一个设置了这种 Cookie 的站点时，它既不能从 Cookie 读取任何信息，也不会传递新的信息给你。

（2）通过 IE 浏览器【Internet 选项】中【隐私】提供的【选择 Internet 区域设置】选项，移动对话框中的垂直滚动滑块，设置不同的级别，设置 Cookie 选项，如图 9.5 所示。单击【高级】按钮，还可以选择 Cookie 的高级隐私设置。

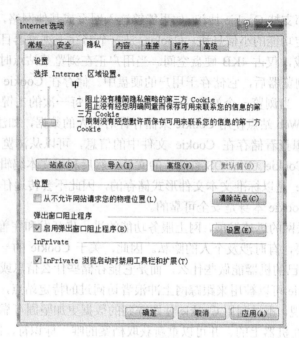

图 9.5 IE 隐私选项

（3）通过注册表禁止 Cookie，可删除注册表中的如下条目：
[HKEY_LOACL_MACHINE\SOFTWARE\Microsoft\Windows\CurrentVersion\Internet Settings\Cache\Special Paths\Cookies]

然后重新启动机器，并删除 Windows\cookies 目录。

2. ActiveX 及安全设置

1）ActiveX

ActiveX 是 Microsoft 公司提供的一款高级技术，它可以像一个应用程序一样在浏览器中显示各种复杂的应用。

ActiveX 是一种技术集合，包括 ActiveX 控件、ActiveX 文档、ActiveX 服务器框架、ActiveX 脚本、HTML 扩展等，它使得在万维网上交互内容得以实现。利用 ActiveX 技术，网上应用变得生动活泼，伴随着多媒体效果、交互式对象和复杂的应用程序，使用户犹如感受 CD 质量的音乐一般。它的主要好处是：动态内容可以吸引用户，开放的、跨平台支持可以运行在 Mac OS、Windows 和 UNIX/Linux 操作系统上。ActiveX 也是一种开放平台，可以使开发人员为 Internet 和企业网开发出程序。

因为 ActiveX 的强大功能，它可以做很多事情，它的危害性也就进一步加大了。用户通过浏览器浏览一些带有恶意的 ActiveX 控件时，这些控件可以在用户毫不知情的情况下执行 Windows 系统中的任何程序，给用户带来很大的安全风险。

2）ActiveX 的安全设置

在 IE 中，也可以对 ActiveX 的使用进行限制。通过 IE 浏览器【Internet 选项】中的【安全】选项卡，单击【自定义级制】按钮，出现【安全设置】对话框。移动对话框中的垂直滑块，出现【ActiveX 控件和插件】设置选项，如图 9.6 所示。

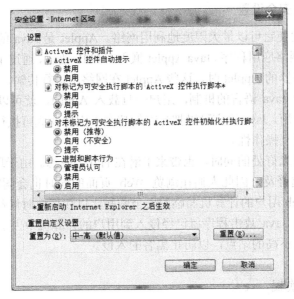

图 9.6　ActiveX 安全设置

（1）【对标记为可安全执行脚本的 ActiveX 控件执行脚本】。这个设置是为标记为安全执行脚本的 ActiveX 控件执行脚本设置执行的策略。所谓"对标记为可安全执行脚本的 ActiveX 控件执行脚本"，就是指具备有效的软件发行商证书的软件。该证书可说明是谁发行了该控件而且它没有被篡改。知道了是谁发行的控件，用户就可以决定是否信任该发行商。控件包含的代码可能会意外或故意损坏用户自己的文件。如果控件未签名，那么用户将无法知道是谁创建了它及能否信任它。指定希望以何种方式处理具有潜在危险的操作、文件、程序或下载内容，并选择下面的某项操作。

① 如果希望在继续之前给出请求批准的提示，选择【提示】单击按钮。
② 如果希望不经提示并自动拒绝操作或下载，选择【禁用】单击按钮。
③ 如果希望不经提示自动继续，选择【启用】单击按钮。

（2）【对未标记为可安全执行脚本的 ActiveX 控件初始化并执行脚本】。这个设置是为没有标记为安全执行脚本的 ActiveX 控件执行设置执行的策略。IE 默认设置为【禁用】，用户最好不要改变。

（3）【下载未签名的 ActiveX 控件】。这个设置是为未签名的 ActiveX 控件的下载提供策略。未签名的意思和没有标记为安全执行脚本的解释是一样的。IE 默认设置为【禁用】，用户最好不要改变。

（4）【下载已签名的 ActiveX 控件】。该设置是为已签名的 ActiveX 控件的下载提供策略。默认设计为【提示】，最好不要自行改变。

（5）【运行 ActiveX 控件和插件】。这个设置是为了运行 ActiveX 控件和插件的安全。这是最重要的设置，但许多站点上都使用 ActiveX 作为脚本语言，所以建议设置为提示。这样当有 ActiveX 运行时，IE 就会提醒用户，用户可以根据当时所处网站，决定是否使用它提供的 ActiveX 控件。对用户信任的网站，可以放心地运行它提供的控件。

3. Java 语言及安全设置

Java 语言的特性使它可以最大限度地利用网络。Applet 是 Java 的小应用程序，是动态、安全、跨平台的网络应用程序。Java Applet 嵌入 HTML 语言，通过主页发布到 Internet。当网络用户访问服务器的 Applet 时，这些 Applet 在网络上进行传输，然后在支持 Java 的浏览器中运行。由于 Java 语言的机制，用户一旦载入 Applet，就可以生成多媒体的用户界面或完成复杂的应用。Java 语言可以把静态的超文本文件变成可执行应用程序，极大地增强了超文本的可交互操作性。

Java 在给人们带来好处的同时，也带来了潜在的安全隐患。由于现在 Internet 和 Java 在全球应用得越来越普及，因此人们在浏览 Web 页面的同时也会同时下载大量的 Java Applet，这就使得 Web 用户的计算机面临的安全威胁比以往任何时候都要大。在用户浏览网页时，这些黑客的 Java 攻击程序就已经侵入到用户的计算机中去了。所以在网络上，不要随便访问信用度不高的站点，以防止黑客的入侵。

9.1.4 Web 欺骗

Web 站点的广泛利用，诱惑着网上的欺诈行为。这种欺诈行为是由于信息铺天盖地而又无法让人们辨认其真假而造成的。类似的例子是电视里诱人的广告，仅凭看到的一些信息无法分辨哪些是真，哪些是假，而 Web 上的这种欺诈就更加容易了。

1. Web 攻击的行为和特征

Web 欺骗是指攻击者建立一个使人相信的 Web 页站点的复制，这个假的 Web 站点复制就像真的一样：它具有所有的页面和连接。然而攻击者控制了这个假的 Web 页，被攻击对象和真的 Web 站点之间的所有信息流动都被攻击者控制了。

Web 攻击技术使得攻击者可以创建 Web 站点的"影子复制"。用户访问影子 Web 会经过攻击者的机器，这样攻击者就可以监视被攻击对象的所有活动，包括他的账户和口令及其他的信息。攻击者既可以假冒成用户给服务器发送数据，也可以假冒成服务器给用户发送假冒的消息。总之，攻击者可以监视和控制整个过程。

1) 静态观察

攻击者可以被动地观察整个数据流，记录浏览者所访问的页面及页面的内容。当浏览者填写某个表格时，输入的数据传输到 Web 服务器，但同时攻击者也可以记录下来，并可以记录服务器的响应。大多数在线商务都要填写表格，所以攻击者很容易获得口令。

即使在使用安全性连接的情况下，攻击者还是有可能获取到某些重要的信息，安全连接对于这种攻击来说几乎没有什么防卫能力，这在下面会讲到。

2) 实施破坏

攻击者可以随意地修改来往于浏览者和服务器间的信息。例如，如果浏览者在线订货，攻击者可以改变产品号、数量及接收地址。攻击者也可以修改服务器发送给浏览者的信息，如插入一些误导性的数据欺骗浏览者或使用户再也不信任这个服务器。

3) 攻击的简单性

用户也许会认为攻击者伪装成整个 Web 站点是很困难的，事实上不是这样的，攻击者根本不需要存储整个 Web 站点的内容，因为整个 Web 站点的内容可以在线得到，攻击者只要及时取得所需的 Web 站点页面就行了。超文本链接完全可以解决这些问题，而并不需要太多的工作量。

2．攻击原理和过程

攻击的关键在于攻击者的 Web 服务器能够插在浏览者和其他 Web 之间，如图 9.7 所示。

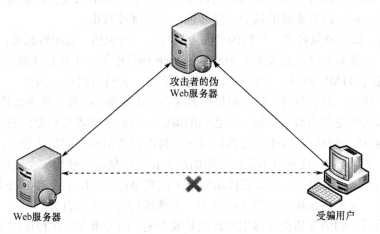

图 9.7　Web 欺骗攻击示意图

1）改写 URL

攻击者的首要任务是改写某个页面上的所有 URL，使得这些链接都指向攻击者的机器，而不是真正的服务器。假定攻击者的服务器在机器 www.abc.com 上运行，那么攻击者要在页面上的所有 URL 前加上 http://www.abc.com。

例如，原来的 URL 为 http://www.123.net，就变成了 http://www.abc.com/www.123.net。

这并不是一件很困难的事，许多镜像站点和一些组织内部，为了节省网络开销和出于安全考虑，常常将用户发出的 URL 改写为本地一个服务器的地址，但用户往往不知道。

如图 9.7 所示，如果攻击者的伪服务器为 http://www.abc.com，而真正的服务为 http://www.server.com，那么浏览者请求一个页面时，发生了下面的一些事情：

（1）浏览者请求来自于攻击服务器的页面；
（2）攻击服务器请求真正的服务器的相应页面；
（3）真正的服务器向攻击服务器提供真正的页面；
（4）攻击服务器重写页面；
（5）攻击服务器向浏览者提供一个经过改写后的页面。

2）开始攻击

为了开始攻击，攻击者必须诱惑被攻击对象连到攻击者的假 Web 上，为了做到这点，攻击者通常用下面的做法。

攻击者可以把一个指向假 Web 的链接放到一个流行的 Web 页面上去。如果用户使用支持 Web 的电子邮件系统，那么攻击者可以向被攻击对象邮寄一个指向假 Web 的指针，也可以诱惑 Web 搜索引擎指向一部分假的 Web，或者干脆邮寄给用户一页假的 Web

内容。当浏览者浏览页面时，他实际是向攻击服务器询问这个文档，而攻击服务器再去真正的服务器取回这一文档。

一旦攻击服务器从真正的服务器那里得到真正的文档后，它再在这份文档的所有URL前加上http://www.abc.com来改写该文档，然后攻击服务器向浏览者提供改写后的文档。

因为这个页面上的所有URL都指向www.abc.com，因此如果浏览者激活这个页面上的任何链接，这些链接又会指向攻击者的机器。浏览者于是陷入攻击者的假Web中，像进入黑洞一样，永远没有逃脱的机会，除非他已经发现被攻击。

（1）表格。如果浏览者在一个假的页面上填写了一份表格，表面看起来，结果似乎被恰当地处理了。其实表格也是被集成到基本的Web协议中的，表格请求被编码成Web请求，而用普通的HTML回答。任何URL都能被假冒，表格自然也不例外。

当浏览者提交一份表格时，提交的数据被送到攻击服务器。攻击服务器能读到这些数据甚至能修改这些提交的数据，做一些恶意的编辑，然后才把表格提交到真正的服务器。真正的服务器返回回答后，攻击服务器同样可以修改回答后再返回给浏览器。

（2）关于安全连接。这种攻击比较可怕的地方在于即使用户使用安全连接进行浏览也有可能被攻击。如果用户使用安全连接访问一个假的Web页面，任何事情还是显示正常：页面会被传送，安全性连接指示器（通常为一个锁或钥匙）也会打开。

被攻击的用户的浏览器会告诉用户连接是安全的，因为事实上这种连接是安全的，然而不幸的是这种安全性的连接是连到www.abc.com上，而不是用户所想象的服务器上。用户的浏览器认为所有的事情都是好的；他被告知访问www.abc.com上的URL，因此它使用安全性链接连到www.abc.com。安全性链接指示器只是给用户一个安全的假象。

3）制造假象

到目前为止，所描述的攻击是很有效的，但不是很完美，因为还是有某些线索使用户能发现被攻击了。然而，攻击者完全可以消除所有可能留下的攻击线索。

这种攻击证据是不难消除的，因为浏览器很容易被定制。一个页面可以控制浏览器的行为，这通常被认为是很好的，但是当一个带有敌意的页面控制浏览器时就是一件很糟糕的事情了。

在浏览器上，我们通常都可以得到如下一些信息。

（1）状态行。状态行是在浏览器窗口底边的一行文本，在状态行上会显示不同的信息。通常为正在传输的Web，从这里可以看到浏览器真正连接的服务器。

目前描述的攻击在状态行上留下了两个迹象。首先，当鼠标移到一个Web链上时，状态行会显示这个URL链所指向的URL，因此用户也许能注意到URL已经被改写了。其次，在传输一个页面时，状态行上会显示当前正在连接的服务器名字，因此用户也许会注意到显示在状态行上的是www.abc.com，这并不是用户所需要的。

攻击者可以通过增加一个JavaScript程序到每个被改写的页面上来消除这两个线索。JavaScript程序可以改写状态行,因此可以让某些事件的发生同时结合某个JavaScript的行为，所以在状态行上总是可以显示它应该显示的内容，因此这使得被假冒的内容显得更可信。

（2）地址行。浏览器的地址行显示当前页面的URL，用户也许会在地址行上输入一个URL，把浏览器连到这个URL上。目前描述的攻击会在地址行上显示一个被改写的

URL，从而给用户一个被攻击的提示。

同样这个线索可以用 JavaScript 来隐藏。一个 JavaScript 程序可以用一个假的地址行来代替真的地址行，假的地址行可以显示用户想看到的 URL，假的地址行也接受用户的键盘输入，允许用户输入 URL，然后这个程序再改写用户键盘输入的 URL。

（3）查看文档源。流行的浏览器都提供一个菜单项使得用户能够看到当前被显示的页面的 HTML 源代码。用户也许会在 HTML 源代码中发现被改写的 URL。

然而攻击者可以使用 JavaScript 隐藏真正的浏览器菜单栏，使用一个看起来和真的一样的假的菜单栏代替它。如果用户从一个被假冒的菜单栏选择 View Document Scource 选项，攻击者就打开一个新的窗口显示没有被改写的 HTML 源代码。

（4）查看文档信息。用户选择浏览器的 View Document Information 菜单项也可以发现一个相关的线索，它会显示包含这个文档的 URL 信息，像上面一样，攻击者也可以通过假冒菜单栏来欺骗用户。

9.2 FTP 服务的安全

FTP 服务由 TCP/IP 的文件传输协议支持，只要连入 Internet 的两台计算机都支持 TCP/IP，运行 FTP 软件，用户就可像使用自己计算机上的资源一样，将远程计算机上的文件复制到自己的硬盘。大多数提供 FTP 服务的站点允许用户以 anonymous 作为用户名登录（有的站点不需要输入账号名和密码），一旦登录成功，用户就可以下载文件。如果服务器安全系统允许，用户也可以上传文件，这种 FTP 服务称为匿名服务。网上有许多匿名 FTP 服务站点，其上有许多免费软件、图片和游戏，匿名 FTP 是人们常使用的一种服务方式。匿名 FTP 服务就像匿名 WWW 服务是不需要密码的，但用户权力会受到严格的限制。它允许用户访问 FTP 服务器上的文件，这时不正确的配置将严重威胁系统安全。因此，需要保证使用者不去申请系统上其他的区域或文件，也不能对系统做任意的修改。文件传输和电子邮件一样会给网上的站点带来不受欢迎的数据和程序。首先文件传输可能会带来特洛伊木马，这会给站点以毁灭性的打击。其次会给站点带入无聊的游戏、盗版软件及色情图画等，也会带来时间和磁盘空间的消耗，还可能会造成拒绝服务攻击。匿名 FTP 服务的安全在很大程度上取决于一个系统管理员的水平。一个低水平的系统管理员很可能会错误配置权限，从而被黑客利用破坏整个系统。

安装 IIS 组件后，FTP 服务器就可运行。FTP 站点并不涉及复杂的安全性，没有太多的应用程序和服务器/浏览器交互过程。保证 FTP 服务器安全的措施主要是通过 FTP 属性完成。

9.2.1 FTP 的工作原理

FTP 使用两个独立的 TCP 连接：一个在服务器和客户端之间传递命令和结果（通常

称为命令通道）；另一个用来传送真实的文件和目录列表（通常称为数据通道）。在服务器上，命令通道使用众所周知的端口号 21，数据通道为端口号 20。客户端则在命令和数据通道上分别使用大于 1023 的端口。

FTP 支持两种连接模式，一种是 Standard（也就是 Active，主动模式），另一种是 Passive（也就是 PASV，被动模式）。在 Standard 模式，FTP 的客户端发送 PORT 命令到 FTP 的服务器端。在 Passive 模式，FTP 的客户端发送 PASV 命令到 FTP 的服务器端。

在 Standard 模式下，FTP 客户端首先为自己分配两个大于 1023 的 TCP 端口，它使用第一个端口作为命令通道端口与 FTP 的服务器端的 TCP 21 号端口建立连接，通过这个通道发送命令，客户端需要接收数据时在这个通道上发送 PORT 命令。PORT 命令包含了客户端使用什么端口接收数据。在传送数据时，服务器端通过自己的 TCP 20 端口发送数据。FTP 的服务器端必须和客户端建立一个新的连接来传送数据。

在 Passive 模式下，在建立命令通道时与 Standard 模式类似，当客户端通过这个通道发送 PASV 命令时，FTP 的服务器端打开一个位于 1024 和 5000 之间的随机端口并且通知客户端在这个端口上传送数据，然后 FTP Server 将通过这个端口进行数据的传送，这时 FTP 的服务器端不需要再建立一个新的与客户端之间的连接。

很多防火墙在设置时都是不允许接受外部发起的连接的，所以 FTP 的 Standard 模式许多时候在内部网络的机器通过防火墙出去时受到了限制，因为从服务器的 TCP 20 端口无法和内部网络的客户端建立一个新的连接，造成无法工作。但是 Passive 模式下，FTP 的服务器端会开放一个 1024~65535 的随机的高端口，这个主动开放的随机端口是有完全的访问权限的一个 TCP 连接可以从防火墙外部实现，即一个外部 FTP 服务器会接通一个到内部的客户端的数据通道的连接，来响应从内部的客户端发出的命令通道连接。正是由于这种方式，一方面可以允许客户端程序通过 FTP 代理服务器连接其他 FTP 服务器；另一方面给网络带来了不安全性。

如果遇到了有防火墙或怕配置麻烦还是采用 Passive 模式比较好些，但是如果真的对安全的需求很高则建议采用 Standard 模式。

9.2.2 FTP 的安全漏洞机器防范措施

1．保护密码

漏洞：

（1）在 FTP 标准"PR85"中，FTP 服务器允许无限次输入密码。

（2）"PASS"命令以明文传送密码。

对此漏洞有两种强力攻击方式：

（1）在同一连接上直接强力攻击。

（2）和服务器建立多个、并行的连接进行强力攻击。

防范措施：对第一种强力攻击，服务器应限制尝试输入正确口令的次数。在几次尝试失败后，服务器应关闭和客户的控制连接。在关闭之前，服务器可以发送返回信息码 421（服务不可用，关闭控制连接）。另外，服务器在相应无效的"PASS"命令之前应暂停几秒来消减强力攻击的有效性。

对第二种强力攻击，服务器可以限制控制连接的最大数目，或者探查会话中的可疑行为并在以后拒绝该站点的链接请求。密码的明文传播问题可以用 FTP 扩展中防止窃听的认证机制解决。

2．访问控制

漏洞：从安全角度出发，对一些 FTP 服务器来说，基于网络地址的访问控制是非常重要的。例如，服务器可能希望限制或允许来自某些网络地址的用户对某些文件的访问，否则可能会发生信息泄露。另外，客户端也需要知道所进行的连接是否是与它所期望的服务器建立的。有时攻击者会利用这种情况，将控制连接建立在可信任的主机之上。

防范措施：在建立连接前，双方需要同时认证远端主机的控制连接、数据连接的网络地址是否可信。

遗留问题：基于网络地址的访问控制可以起一定作用，但还可能受到"地址盗用（Spoof）"攻击。在 Spoof 攻击中，攻击机器可以冒用组织内的机器的网络地址，从而将文件下载到组织之外的未授权的机器上。

3．端口盗用

漏洞：当使用操作系统相关的方法分配端口号时，通常都是按增序分配。

攻击：攻击者可以通过端口分配规律及当前端口分配情况，确定下一个要分配的端口，然后对端口做手脚，如预先占领端口，让端口无法分配给合法用户；窃听信息；伪造信息。

防范措施：由与操作系统无关的方法随机分配端口号，让攻击者无法预测。

4．保护用户名

漏洞：当"USER"命令中的用户名被拒绝时，在 FTP 标准的"PR85"中定义了相应的返回码 530。而当用户名是有效的但需要密码，FTP 将使用返回码 331。

攻击：攻击者可以通过利用 USER 操作的返回码确定一个用户名是否有效。

防范措施：无论用户名是否有效，FTP 都应是相同的返回码，这样可以避免泄漏有效的用户名。

5．私密性

在 FTP 标准的"PR85"中，所有在网络上被传送的数据和控制信息都未被加密。为了保障 FTP 传输数据的私密性，应尽可能使用强大的加密系统。

FTP 被广泛应用，自建立后其主框架相当稳定，二十多年没有什么变化，但是在 Internet 迅猛发展的形势下，其安全问题还是日益突出。上述的安全功能扩展和对协议中安全问题的防范也正是近年来人们不懈努力的结果，而且在一定程度上缓解了 FTP 的安全问题。

9.2.3　IIS FTP 安全设置

FTP 用户仅有两种目录权限：读取和写入，其中读取权限对应于下载，写入权限对应于上传。FTP 站点的目录权限是对全体访问该目录的用户都生效的权限，即一旦某个目录设置为仅有读取权限，则任何 FTP 用户，包括授权用户都不能进行上传操作。

目录权限可在 FTP 站点和虚拟目录两个层次进行设置。在 IIS 管理界面，右击 FTP 站点或虚拟目录图标，选择【属性】命令，打开【站点属性】对话框或【虚拟目录】属性对话框，选择【主目录】或【虚拟目录】选项卡。只需选择【读取】、【写入】复选框，即可指定站点或虚拟目录的目录访问权限，如图 9.8 所示。

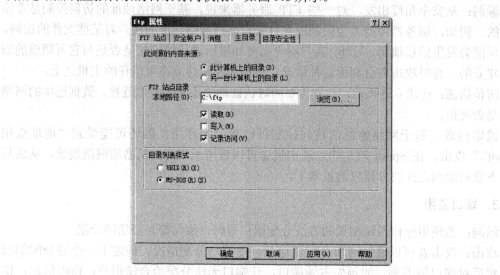

图 9.8　【主目录】选项卡

（1）本地路径：当选取此【计算机上的目录】单选按钮时，单击【浏览】按钮选定主目录对应的实际文件夹，下方为目录权限。

（2）读取：允许下载存储在主目录的文件。

（3）写入：可以将文件上传到站点的主目录。

（4）记录访问：设置此目录的访问记录存储在日志文件。

（5）目录列表样式：当进入站点后，目录显示的样式为操作系统的显示方式，默认为 MS-DOS 风格。

9.2.4　用户验证控制

可设置是否允许匿名方式访问，在如图 9.9 所示的【安全账户】选项卡中，若不选中【允许匿名连接】复选框，则要求只有已注册的用户提供正确的用户名和密码后才可访问，否则拒绝访问。若选中【允许匿名连接】复选框，则所有用户均可访问。

9.2.5　IP 地址限制访问

可以允许或拒绝指定 IP 地址的主机的访问。使用【目录安全性】选项卡能够设置访问限制，添加地址授予访问或拒绝访问站点的权限，如图 9.10 所示。

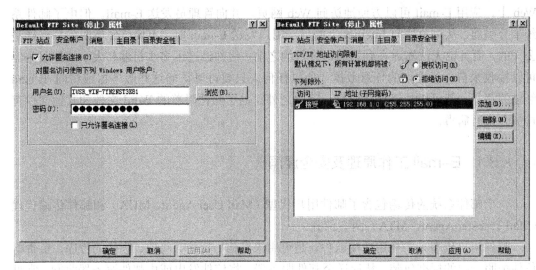

图 9.9 【安全账户】选项卡　　　图 9.10 【目录安全性】选项卡

在图 9.10 中选择【添加】站点限制访问的方式时，选取【授权访问】或【拒绝访问】单选按钮，单击【添加】按钮，打开【拒绝以下访问】对话框。在该对话框中选择限制的类型为单机、一组计算机和域名，然后输入拒绝访问的地址，单击【确定】按钮即可添加访问的限制条件。

9.2.6　其他安全措施

当运行 FTP 服务器时，为保证安全应当注意以下几点：

（1）一定要确保 FTP 用户无法进入"FTP Root"目录以外的目录，同时要使用 NTFS 来保证服务器的安全。

（2）避免使用远程虚拟目录。当用户从远程目录访问文档时，总是要求其提供输入到属性页的用户名和密码，这就有可能绕过访问控制表。

（3）一定要启动日志记录功能，在日志和事件查看器中查找没有成功的登录信息，及时发现可疑活动。

（4）如果只计划运行 FTP 服务器，就只开放端口 20 和端口 21。

（5）全面测试 FTP 服务器，并设法找到所有的漏洞。

9.3　电子邮件服务的安全

E-mail 功能的强大在于不仅能够传输文字、图像、声音，还能够传输计算机程序，并且配合专门的软件运用语言和动态图像，使邮件有声有色；同时它传输快，价格低。在

Web 上，应用 E-mail 可以方便地访问 Web 网页，并向管理员发送 E-mail。但电子邮件系统十分脆弱，从浏览器向 Internet 上的另一用户发送 E-mail 时，不仅信件像明信片一样是公开的，而且也无法知道在到达其最终目的之前，信件经过了多少机器转发。邮件服务器可以接收来自任意地点的任意数据，所以任何人只要可以访问这些服务器或访问 E-mail 经过的路径，就可以阅读这些信息。除此之外，电子邮件附着的 Word 文件和其他文件有可能会带有病毒。

9.3.1 E-mail 工作原理及安全漏洞

一个邮件系统的传输包含了邮件用户代理（Mail User Agent，MUA）和邮件传输代理（Mail Transfer Agent，MTA）两大部分。

邮件用户代理是一个用户端软件，是可用来发信、读信、写信、收信的程序，负责将信件按照一定的标准包装，然后送至邮件服务器，将信件发出或由邮件服务器收回。常见的 MUA 有在 Windows 环境使用的 Outlook Express、Foxmail 等；在 UNIX/Linux 环境下使用的 mail、pine、mailx、elm 等。

邮件传输代理则是在服务器端运行的软件，负责信件的交换和传输，将信件传送至适当的邮件主机，再由接收代理将信件分发至不同的用户信箱。传输代理必须要能够接收用户邮件程序送来的信件，解读收信人的地址，根据 SMTP（Simple Mail Transport Protocol）协议或互联网邮件 MIME（Multi purpose Internet Mail Extensions）标准，将它正确无误地传递到目的地。现在一般的传输代理在 Windows 环境中采用 Exchange Server 2006、在 UNIX/Linux 环境中采用 Sendmail、Postfix、Qmail 等程序完成工作，邮件主机再经接收代理 POP（Post Office Protocol，网络邮局协议或网络中转协议）使邮件被用户读取。

1. 本地邮件传递

（1）若电子邮件的发信人和收信人邮箱都在同一个邮件服务器中，则客户端软件（MUA）利用 TCP 连接端口，将电子邮件发送到邮件服务器，然后这些信息会先保存在邮件队列中。

（2）经过邮件服务器的判断，如果接收者属于本地网络中的用户，这些邮件就会直接发送到接收者的邮箱。

（3）收信人利用 POP 或 IMAP 的通信协议软件，连接到邮件服务器下载或直接读取电子邮件，整个邮件传递过程完成，如图 9.11 所示。

2. 远程邮件传递

（1）客户端软件（MUA）利用 TCP 连接端口，将电子邮件发送到本地邮件服务器，然后这些信息会先保存在邮件队列中。

（2）经过邮件服务器的判断，如果接收者属于远程网络中的用户，则会向 DNS 服务器请求解析远程邮件服务器的 IP 地址。

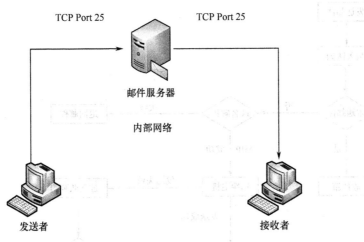

图 9.11 本地邮件传递

（3）若域名解析失败，则无法进行邮件的传递。若成功解析域名，则本地的邮件服务器（MTA）将利用 SMTP 通信协议将邮件转发到远程邮件服务器上。

（4）若远程邮件服务器目前无法接收邮件，则这些邮件会继续保留在邮件队列中，然后在指定的重试间隔内再次尝试发送，直到成功或放弃发送为止。

（5）若成功发送，收信人可利用 POP 或 IMAP 的通信协议软件连接到邮件服务器下载或直接读取电子邮件，整个邮件传递过程完成，如图 9.12 所示。

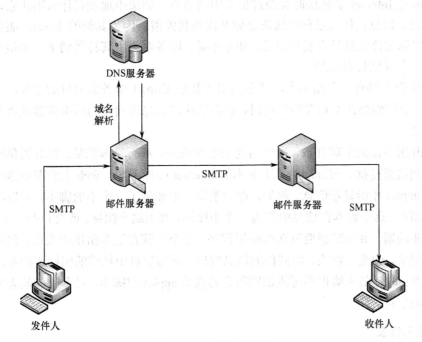

图 9.12 远程邮件传递

综合以上两种不同形式的电子邮件传递方式，可知完整的电子邮件传递过程如图 9.13 所示。

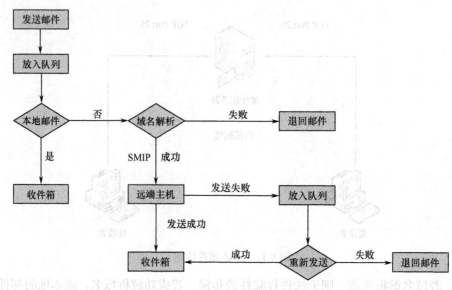

图9.13 完整的电子邮件传递过程

9.3.2 安全风险

1. E-mail 的漏洞

E-mail 在 Internet 上传送时会经过很多中间节点，如果中途没有什么阻止它，最终会到达目的地。信息在传送过程中通常会做几次短暂停留，因为其他的 E-mail 服务器会查看信头，以确定该信息是否发给自己，如果不是，服务器会将其转送到下一个最可能的地址，它是一个存储转发系统。

E-mail 服务器有一个路由表，其中列出了其他 E-mail 服务器的目的地址。当服务器读完信头，意识到邮件不是发给自己时，它会迅速将信息送到目的地服务器或离目的地最近的服务器。

E-mail 服务器向全球开放，很容易受到黑客袭击，从而暴露隐私。Web 提供的阅读器更容易受到这类侵扰。与标准的基于文本的 Internet 邮件不同，Web 上的图形接口需要执行脚本或 applet 才能显示信息。例如，在一条信息中加进了一个小的脚本，并发给公司内的每一个用户。这个脚本在信息中作为一个小图标，双击这个图标，就会打开一个小程序，重新映射驱动器，并安装想要发布的应用程序。这个步骤在很多组织中采用，但可能有人欺骗邮件记录，改变信件头，将同样的信息发出，而与信息中携带的图标相联系的脚本却发生了改变。即使防火墙也不可能识别所有恶意的 applet 和脚本，最多只能滤去邮件地址中有风险的字符。

2. 匿名转发

在正常的情况下，发送电子邮件会尽量将发送者的名字和地址包括进邮件的附加信息中。但有时候发送者希望将邮件发送出去，而不希望收件者知道是谁发的。这种发送邮件的方法称为匿名邮件。实现匿名的一种最简单的方法是简单地改变电子邮件软件里发送者的名字。但这是一种表面现象，因为通过信息表头中的其他信息，仍能够跟踪发送者。而让发送者的地址完全不出现在邮件中的唯一的方法是让其他人发送这个邮件，邮件中的发信地址就变成了转发者的地址了。现在 Internet 网上有大量的匿名邮件转发器（或称为匿名邮件服务器），发送者将邮件发送给匿名邮件转发器，并告诉这个邮件希望发送给谁。该匿名转发器删去所有的返回地址信息，再发给真正的收件者，并将自己的地址作为返回地址插入邮件中。

3．E-mail 诈骗

E-mail 诈骗是 Internet 上应该特别注意的风险。这些行为不是新花样，而是以前那种普通邮信、赠券之类搞诈骗的伎俩在 Internet 上的翻版。Web 强大的功能和它在整个世界市场上的传播力，在为人们创造利益的同时，也会引起一些不法分子的青睐。有的发布虚假广告；有的在 Web 上散布假金融服务，制造高科技投资机会；有的还招揽竞赌客户，通过 Web 在其他国家辖区的服务器上参加赌博；有的骗取钱财等。Internet 是一个开放的系统，接纳好人也接纳坏人，真伪并存。浏览器或 Web 服务器都面临着欺诈的风险。认识到这一事实，慎重对待所有潜在用户在网页上的广告和可能发布的 E-mail。

常见的 E-mail 诈骗行为有以下两种：

（1）E-mail 宣称来自系统安全管理员，要求用户将他们的密码改变为特定的字符，并威胁如果用户不照此办理，将关闭用户账号。

（2）E-mail 宣称来自上级管理员，要求用户提供密码或其他敏感信息。由于简单邮件传输协议（SMTP）没有验证系统，伪造 E-mail 十分方便。站点允许任何人都可以与 SMTP 端口联系，并可以用虚构某人的名义发出 E-mail。黑客在发出欺骗性的 E-mail 的同时，还可能修改相应的 Web 浏览器界面，所以应花一些时间查看 E-mail 的错误信息，其中经常会有闯入者的线索。

4．垃圾邮件

电子邮件轰炸可以描述为不停地接到大量的、同一内容的电子邮件，在短时间内，一条信息可能被传给成千上万的用户。其主要风险来自电子邮件服务器，如果服务器很多，服务器会掉线，甚至导致系统崩溃。系统不能服务的原因有很多，可能由于网络连接超载，也可能由于缺少系统资源。对付电子邮件垃圾可以借助防火墙，阻止恶意信息产生或过滤掉一些电子邮件，以确保所有的外部的 SMTP 只连接到电子邮件服务器上，而不连接到站点的其他系统上，从而将电子邮件轰炸的损失减到最小。如果发现站点正遭受侵袭，应试着找出轰炸的来源，再用防火墙进行过滤。

9.3.3 安全措施

为提高电子邮件的安全，可在邮件服务器上建立电子邮件的安全模式，将安全策略施加给安全模式，进而对电子邮件的传输进行安全控制。可以采取以下的安全措施：

（1）借助防火墙对进入邮件服务器的电子邮件进行控制、过滤、筛选和屏蔽掉那些有害的电子邮件或滤去那些邮件地址或邮件中有风险的字符，并预防黑客攻击。

（2）对于重要的电子邮件可以加密传送，并进行数字签名。加密的算法有很多，如 RAS 加密、PGP 加密，还可用 IDEA 或 DES 加密。目前在 Internet 上传送的电子邮件，多采用 PGP 加密传送，并同时进行数字签名。加密时使用公开的密钥加密，在收信端用秘密密钥解密。用秘密密钥进行数字签名，用公开密钥进行数字签名验证。

（3）在邮件客户端和服务器端采用必要的措施防范和解除邮件炸弹及邮件垃圾，使这些邮件不占用邮箱的空间，以免干扰用户接收正常的邮件，减少邮件使用的费用。

（4）检查电子邮件的来源，进行邮件完整性检测，查看邮件是否被非法更改。

（5）检查电子邮件是否感染病毒，以便采用相应的方法进行诊断和消除。

（6）将转发垃圾邮件的服务器放到"黑名单"中进行封堵，该服务器将无法与其他邮件服务器传递邮件。

9.3.4　电子邮件安全协议

电子邮件在传输中使用的是 SMTP 协议，它不提供加密服务，攻击者可在邮件传输中截获数据。其中的文本格式、非文本格式的二进制数据（如".exe"文件）都可轻松地还原。经常收到好像是好友发来的邮件，也可能是一封冒充的、带着病毒或其他欺骗性的邮件。还有，电子邮件误发给陌生人或不希望发给的人，也是电子邮件的不加密性客观带来的信息泄露。

安全电子邮件能解决邮件的加密传输问题、验证发送者的身份问题、错发用户的收件无效问题。保证电子邮件的安全常用到两种端到端的安全技术：PGP（Pretty Good Privacy）和 S/MIME（Secure Multi-Part Intermail Mail Extension）。它们的主要功能就是身份的认证和传输数据的加密。另外，MOSS、PEM 等都是电子邮件的安全传输标准。

1. PGP

1）PGP 简介

PGP 是一个基于公开密钥加密算法的应用程序，该程序的创造性在于把 RSA 公钥体系的方便和传统加密体系的高速度结合起来，并在数字签名和密钥认证管理机制上有巧妙的设计。在此之后，PGP 成为自由软件，经过许多人的修改和完善逐渐成熟。PGP 于 2010 年被赛门铁克（Symantec）公司收购，赛门铁克公司以 PGP 为核心，推出了 Symantec Encryption Desktop 软件。本章实训将介绍该软件的安装和使用。

PGP 相对于其他邮件安全系统有加密速度快、可移植性出色等特点，可以在 Mac OS、Windows 和 UNIX/Linux 等操作系统和各种硬件平台下运行。

用户可以使用 PGP 在不安全的通信链路上创建安全的消息和通信。PGP 协议已经成为公钥加密技术和全球范围消息安全性的事实标准。因为所有人都能看到它的源代码，使系统安全故障和安全性漏洞更容易发现和修正。

2）PGP 加密算法

PGP 加密算法是 Internet 上最广泛的一种基于公开密钥的混合加密算法，它的产生与其他加密算法是分不开的。以往的加密算法有各自的长处，也存在一定的缺点。PGP 加密算法综合了它们的长处，避免了一些弊端，在安全和性能上都有长足的进步。

（1）一个单钥加密算法（AES）。高级加密标准（AES）是 PGP 加密文件时使用的算法。发送者需要传送消息时，使用该算法加密获得密文，而加密使用的密钥将由随机数产生器产生。

（2）一个公钥加密算法（RSA）。公钥加密算法用于生成用户的私有密钥和公开密钥、加密/签名文件。

（3）一个单向散列算法（SHA-1）。为了提高消息发送的机密性，在 PGP 中，SHA-1 用于单向变换用户口令和对信息签名，以保证信件内容无法被修改。

（4）一个随机数产生器。PGP 使用两个伪随机数发生器，一个是 ANSI X9.17 发生器，另一个是从用户击键的时间和序列中计算熵值从而引入随机性，主要用于产生对称加密算法中的密钥。

PGP 的出现和应用很好地解决了电子邮件的安全传输问题，它将传统的对称性加密与公开密钥加密方法结合起来，兼备了两者的优点，可以支持 1024 位的公开密钥与 256 位的传统加密，达到军事级别的标准，完全能够满足电子邮件对于安全性能的要求。

2．S/MIME 协议

1）S/MIME 简介

MIME（Multipurpose Internet Mail Extensions，多用途互联网邮件扩展）是一种互联网邮件标准化的格式，它允许以标准化的格式在电子邮件消息中包含增强文本、音频、图形、视频和类似的信息。MIME 不提供任何安全性元素，然而 S/MIME 则添加了这些元素。

S/MIME（Secure/MIME，安全的多用途 Internet 电子邮件扩充）是由 RSA 公司于 1995 年提出的电子邮件安全协议，与较为传统的 PEM 不同，由于其内部采用了 MIME 的消息格式，因此不仅能发送文本，还可以携带各种附加文档，如包含国际字符集、HTML、音频、语音邮件、图像、多媒体等不同类型的数据内容，目前大多数电子邮件产品都包含了对 S/MIME 的内部支持。

S/MIME 和 PGP 协议的目的基本相同，都是为电子邮件提供安全功能，对电子邮件进行可信度验证、保护邮件的完整性及反抵赖（发件人不能否认曾发送过邮件）。但无论在技术上还是实际应用中，它们都是截然不同的。虽然这两个协议都使用了加密和签名技术，但它们在具体实现上有着本质的不同。S/MIME 是在早期的几种信息安全技术（包括早期的 PGP）上发展起来的，主要针对 Internet 或企业网。而 PGP 是由个人独立开发的，用户可以免费得到，它现在的版权归 McAfee 公司所有。

由于是针对企业级用户设计的，S/MIME 现在已得到了许多机构的支持，并且被认为是商业环境下首选的安全电子邮件协议。目前市场上已经有多种支持 S/MIME 协议的产品，如微软的 Outlook Express、Lotus Domino/Notes 等。

2）S/MIME 加密算法

S/MIME 同 PGP 一样，利用单向散列算法和公钥与单钥的加密体系。但是 S/MIME 也有两方面与 PGP 不同：一是 S/MIME 的认证机制依赖于层次结构的证书认证机构，所有下一级的组织和个人的证书由上一级的组织负责认证,而最上一级的组织(根证书)之间相互认证;二是 S/MIME 将信件内容加密签名后作为特殊的附件传送。S/MIME 的证书格式采用 X.509,与网上交易使用的 SSL 证书有一定差异。在国外,Versign 向个人提供 S/MIME 电子邮件证书;在国内有北京天威诚信公司等提供支持该标准的产品。在客户端,Microsoft 的 Outlook、Outlook Express 等都支持 S/MIME。

S/MIME 还提供了一种方法在发送每条信息时指示用户有哪些算法是可用的。这样收、发安全 E-mail 的双方就可以协调使用最强的算法。

现在许多软件厂商都使用 S/MIME 作为安全 E-mail 的标准。S/MIME 是在 PEM 的基础上建立起来的,但是它发展的方向与 MOSS 不同,而是选择使用 RSA 的 PKCS#7 标准同 MIME 一起使用来加密所有的 Internet E-mail 信息。

3. PEM 协议

PEM(Privacy Enhanced Mail,私密性增强邮件)是由 IRTF 安全研究小组设计的邮件保密与增强规范,它的实现基于 PKI 公钥基础结构并遵循 X.509 认证协议,PEM 提供了数据加密、鉴别、消息完整性及密钥管理等功能,目前基于 PEM 的具体实现有 TIS/PEM、RIPEM、MSP 等多种软件模型。

PEM 是增强 Internet 电子邮件隐秘性的标准草案,在 Internet 电子邮件的标准格式(参见 RFC 822)上增加了加密、鉴别和密钥管理的功能,允许使用公开密钥和对称密钥的加密方式,并能够支持多种加密工具。对于每个电子邮件报文可以在报文头中规定特定的加密算法、数字鉴别算法、散列功能等安全措施,但它是通过 Internet 传输安全性商务邮件的非正式标准,有可能被 S/MIME 和 PEM-MIME 规范所取代。

在 RFC 1421 至 1424 中,IETF 规定了 PEM 为基于 SMTP 的电子邮件系统提供安全服务。由于种种理由,Internet 业界采纳 PEM 的步子还是太慢,一个主要的原因是 PEM 依赖于一个既存的、完全可操作的 PKI(公钥基础结构)。PEM PKI 是按层次组织的,由下述三个层次构成:

(1)顶层为 Internet 安全政策登记机构(IPRA)。
(2)次层为安全政策证书颁发机构(PCA)。
(3)底层为证书颁发机构(CA)。

PEM 标准确定了一个简单而严格的全球认证分级。所有的 CA——不管是公共的、私人的、商业的还是其他的——都是这个分级中的一部分。这种做法会产生许多问题,根认证是由单一的机构进行的,但是并不是所有的组织都信任这个认证机构。这个结构太严格了,它试图在认证结构分级而不是认证本身中实施认证,因而缺乏足够的灵活性。

9.3.5 IIS SMTP 服务安全

在 IIS 中提供的邮件服务只是虚拟的 SMTP 邮件服务器,它可将 Web 站点传送的邮件转送到真正的邮件服务器。微软真正的邮件服务器产品是 Exchange Server 2006,SMTP 虚拟邮件服务使用 IMS(Internet Mail Service)连接到 Exchange Server,若传送的邮件属于内部邮件，就直接存入 Exchange Server 用户的邮箱中；否则，转送到 Internet 上。提高 IIS SMTP 服务安全可在 SMTP 属性页中进行设置，具体可采取以下措施。

1．在【常规】选项卡中设置

在【常规】选项卡中可以指定 SMTP 虚拟服务器的名称和 IP 地址、接收和发送连接的方式、是否使用系统记录文件，如图 9.14 所示。

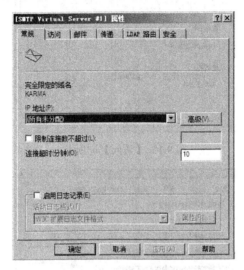

图 9.14 【常规】选项卡

（1）IP 地址：虚拟服务器的 IP 地址。

（2）连接数：设置虚拟服务器的连接数量，选择【限制连接数不超过】复选框可以设置最大连接数量。

（3）启用日志记录：是否启动系统记录功能，并且设置使用的记录文件格式，一般应选中该复选框。

2．在【访问】选项卡中设置

【访问】选项卡指定文件夹的保密权限，可以限制其他计算机、网络或用户的访问权限，如图 9.15 所示。

（1）访问控制：邮件服务器访问的身份验证方法。

（2）安全通信：设置是否使用 Transport Layer Security（TLS）加密方式传送邮件。

（3）连接控制：限制使用 SMTP 虚拟服务器的 IP 地址和域名。

（4）中继限制：添加允许或不允许转寄信息的 IP 地址和域名。

3．在【邮件】选项卡中设置

【邮件】选项卡可以设置邮件本身的相关参数，如图 9.16 所示。

（1）限制邮件大小不超过：最大的邮件尺寸，如果收到的邮件信息超过【限制邮件大小不超过】文本框中的数字，只要不超过【限制会话大小不超过】文本框中数字时依然会处理。

（2）限制会话大小不超过：整个连接工作资料的最大量，若是超过就会自动关闭连接。

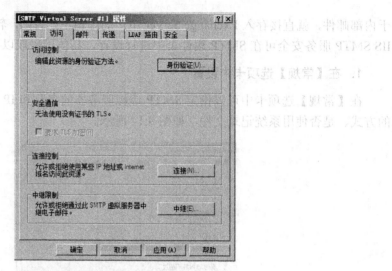

图 9.15 【访问】选项卡

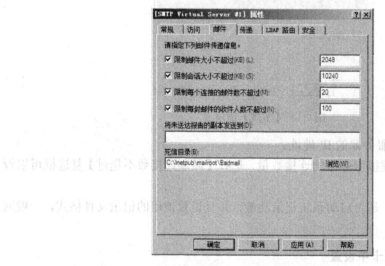

图 9.16 【邮件】选项卡

（3）限制每个连接的邮件数不超过：设置在一个连接的情况下，最大的邮件数。

（4）限制每封邮件的收件人数不超过：指定同一封邮件的收件人数，默认为 100 位。

（5）将未送达报告的副本发送到：如果邮件无法转寄，就送到此邮件地址，请输入正确的电子邮件地址。

（6）死信目录：无法转寄的邮件退回后存储的文件夹。

4．在【传递】选项卡中设置

在【传递】选项卡中设置关于 SMTP 虚拟服务器邮件寄送的相关设置，前面设置过部分选项，如图 9.17 所示。

（1）出站：重新尝试的间隔时间，可以有 4 次不同的间隔时间。

（2）本地：本地网络设置，【延迟通知】是指传递延迟的时间，以便传递无法寄送的通知；【过期超时】是指未传递邮件的等待时间。

第9章 应用服务安全 | 289

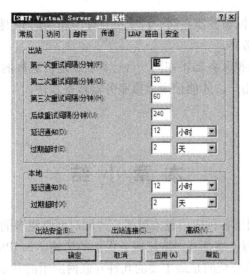

图 9.17 【传递】选项卡

(3) 出站安全：设置 SMTP 虚拟服务器在转送给其他服务器时需要的认证或证书。单击【高级】按钮，可以看到高级发送对话框，对各选项的说明如下。

① 最大跳数：一封邮件寄达目的地间可能经过很多台服务器，此值表示最多可以有几台服务器。

② 虚拟域：设置取代邮件显示的域名。

(4) 对传入的邮件执行反向 DNS 搜索：设置检查发件人的地址，决定邮件是否真的是发件人计算机寄出的电子邮件。

5．在【安全】选项卡中设置

利用【安全】选项卡可以指定 SMTP 虚拟服务器的操作者，如图 9.18 所示，主要是指定 SMTP 虚拟服务的使用权限，主要有以下两种情况。

图 9.18 【安全】选项卡

（1）IIS 和 SMTP 虚拟服务器在同一台主机且使用相同的 IP 地址：不需指定用户的权限一样可以使用虚拟服务器。

（2）IIS 和 SMTP 虚拟服务器不在同一台计算机：这台远程的 SMTP 虚拟服务器需要单击【添加】按钮添加用户，才能使用虚拟服务器转寄邮件。

本 章 小 结

当今的 Internet 应用层各种应用越来越多，也同时面临更多的安全威胁。从网络体系结构的网络层开始便在每一层都有对应用服务保护的措施，如 IPSec、SSL 等，以及应用层本身的保护措施。本章介绍的是最主要的几种互联网应用的基本保护方法，这些保护措施需要结合其他如防火墙、防病毒、服务器操作系统等各种安全措施才能有效保证应用的安全。

本 章 习 题

一、填空题

1. IIS 的安全性设置包括_____、_____、_____和_____等。
2. IIS 可以构建的网络服务有_____、_____、_____和_____等。
3. 在使用 FTP 服务时，默认的用户是_____，密码是_____。
4. 电子邮件服务主要采用的安全协议有：_____和_____。

二、选择题

1. 创建 Web 虚拟目录的用途是（   ）。
   A. 用来模拟主目录的假文件夹
   B. 用一个假的目录来避免感染病毒
   C. 以一个固定的别名来指向实际的路径，当主目录改变时，相对用户而言是不变的
   D. 以上都不对

2. 若一个用户同时属于多个用户组，则其权限适用原则不包括（   ）。
   A. 最大权限原则
   B. 文件权限超越文件夹权限原则
   C. 拒绝权限超越其他所有权限的原则
   D. 最小权限原则

3. 提高 IE 浏览器的安全措施不包括（　　）。
   A．禁止使用 cookies
   B．禁止使用 Active X 控件
   C．禁止使用 Java 及活动脚本
   D．禁止访问国外网站
4. IIS FTP 服务的安全设置不包括（　　）。
   A．目录权限设置
   B．用户验证控制
   C．用户密码设置
   D．IP 地址限制
5. 提高电子邮件传输安全性的措施不包括（　　）。
   A．对电子邮件的正文及附件大小做严格限制
   B．对于重要的电子邮件可以加密传送，并进行数字签名
   C．在邮件客户端和服务器端采用必要措施防范和解除邮件炸弹及邮件垃圾
   D．将转发垃圾邮件的服务器放到"黑名单"中进行封堵

三、简答题

1. 提高 Internet 安全性的措施有哪些？
2. 如何增强 IE 浏览器的安全性？
3. IIS 服务器有哪些安全控制选项？
4. 如何增强 FTP 服务器的安全性？
5. 如何增强 E-mail 服务器的安全性？
6. 如何在 Outlook Express 中通过数字签名发送安全电子邮件？

实训 9　Symantec Encryption Desktop 加密及签名实验

一、实训目的

1. 了解 Symantec Encryption Desktop 的功能与作用。
2. 掌握 Symantec Encryption Desktop 的安装和使用，如对文件、邮件加密和数字签名等。

二、实训要求

1. 安装和运行 Symantec Encryption Desktop 软件。
2. 使用 Symantec Encryption Desktop 对文件进行加密测试。
3. 记录并分析实验结果。

三、实训环境

网络环境:通过局域网互联的两台 PC。
操作系统:Windows 7 或 Windows 8.1
软件:Symantec Encryption Desktop 10.3。

四、背景知识

Symantec Encryption Desktop(赛门铁克加密桌面)是一个基于 PGP 技术的安全工具,它使用加密来防止非授权的访问。Symantec Encryption Desktop 用于当用户发送邮件或即时消息(Instant Messaging,IM)的时候保护用户数据,它也可以用于加密磁盘分区或整个硬盘,用于保护用户的敏感数据,还可用于像 Dropbox 之类的云存储的文件安全传输。Symantec Encryption Desktop 的前身为 PGP,加/解密基于 RSA、AES、SHA-1 等密码算法。它的功能强大,性能较好,速度很快。

五、实训步骤

1. 安装 Symantec Encryption Desktop 10.3

(1)双击 Symantec Encryption Desktop 的安装程序,根据安装向导进行安装。
(2)程序安装完成之后会提示需要重新启动计算机。重新启动之后,选择【开始】|【所有程序】|【Symantec Encryption】|【Symantec Encryption Desktop】命令,屏幕出现如图 9.19 所示界面。

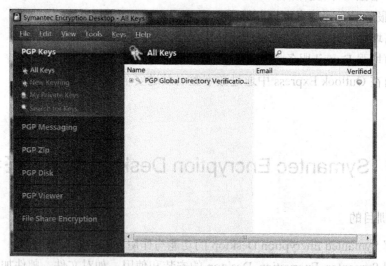

图 9.19 Symantec Encryption Desktop 界面

2. Symantec Encryption Desktop 密钥管理

1)生成密钥对

在使用 Symantec Encryption Desktop 之前,必须先生成公、私密钥对。其中,公钥可以分发给需要与之通信的人,让他们用这个公钥来加密邮件或验证接收邮件的数字签名;私钥由使用者自己保存,使用者可以用这个密钥来解开加密邮件或对发送的邮件进行签名。

（1）在如图 9.19 所示的界面中选择【File】|【New PGP keys…】，进入 PGP 生成新的密钥对向导，根据提示单击【下一步】按钮后出现如图 9.20 所示的对话框，需要填写名字和邮件信息。这里填写【Full Name】为 "karma2020"，【Primary Email】为 "karma2020@163.com"。单击【Advanced…】按钮，可以选择密钥算法、密钥长度、过期时间、加密算法、哈希函数及压缩方式等。

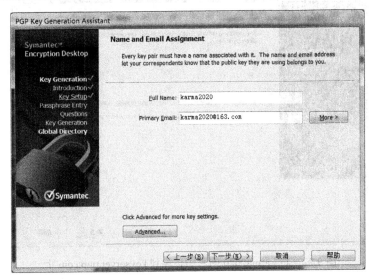

图 9.20　PGP 密钥生成向导

（2）单击【下一步】按钮，如图 9.21 所示。在【Enter Passphrase】文本框中设置一个不少于 8 位的密码，用于保护私钥。再在【Re-enter Passphrase】文本框中输入一遍刚才设置的密码，以确定密码是否设置正确。

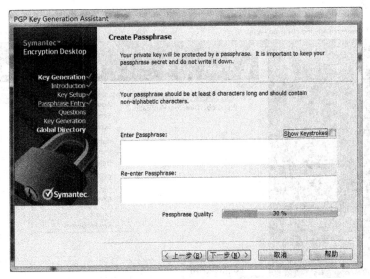

图 9.21　PGP 私钥保护密码

【Passphrase Quality】表示了用户设置的密码的质量,色条越长表示密码设置的质量越好。

（3）继续单击多次【下一步】按钮完成密钥的生成,PGP 会将用户生成的公钥传输到 keyserver.pgp.com 服务器上,如图 9.22 所示。单击【下一步】按钮完成 PGP 密钥的生成。

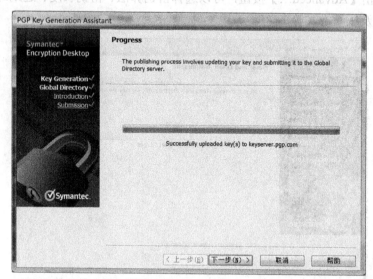

图 9.22　将 karma2020 的密钥传输到 keyserver.pgp.com 上

注意：同组同学以相同的方式创建用户"candyto2020"的密钥。

2）导出密钥

在生成的密钥上单击鼠标右键,如图 9.23 所示。选择【Export】,导出扩展名为 ASC 的"karma2020.asc"公钥文件。可以用 Gmail 等加密邮件或其他安全通道将公钥分发给需要与之通信的人。

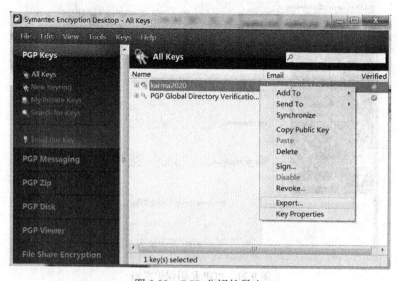

图 9.23　PGP 公钥的导出

3）导入密钥

（1）如果需要阅读他人发送过来的已签名邮件，或者需要给他人发送加密邮件时，就必须拥有对方的公钥。假设通信方为"candyto2020"，其 E-mail 地址为"candyto2020@163.com"，当接收到通信方发来的公钥（这里假设为文件"candyto2020.asc"）并下载到自己的计算机后，双击这个公钥，会出现如图 9.24 所示的对话框。注意此对话框中【Verified】为灰色。单击【Import】按钮，将密钥导入 PGP 中。

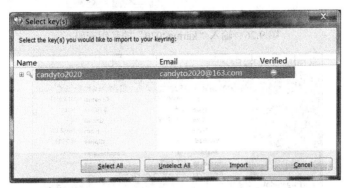

图 9.24　导入来自文件"candy2020.asc"的公钥

（2）启动 Symantec Encryption Desktop 程序，选择【PGP Keys】，选中通信的对方"candyto2020"的公钥（也就是 PGP 中显示出的对方 E-mail 地址），然后右击选择【Sign】，即可以对公钥进行签名，如图 9.25 所示。

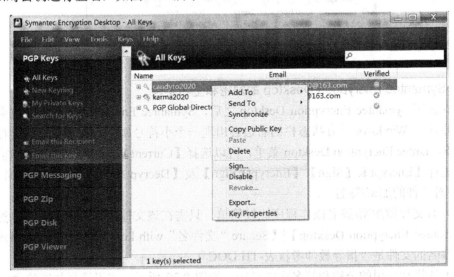

图 9.25　对"candyto2020"的公钥签名

（3）单击【OK】按钮，会要求输入"karma2020"的私钥保护口令，如图 9.26 所示。这里输入创建"karma2020"时设置的【Passphrase】。单击【OK】按钮，将会看到"candyto2020"的【Verified】属性值变为绿色，也即有效。

（4）在图 9.26 所示的对话框中，右键单击"candyto2020"，选择【Key Properties】，如图 9.27 所示。将【Verified】改为"Yes"，这时"candyto2020"的公钥即可以使用了。

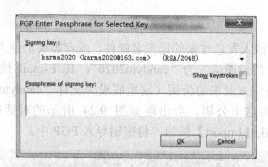

图 9.26　输入"karma2020"的私钥密码

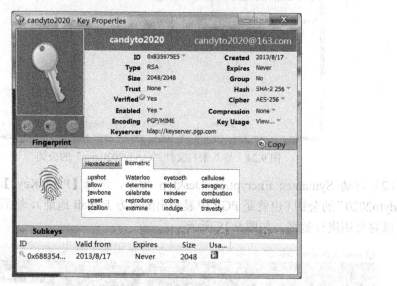

图 9.27　将【Verified】改为"Yes"

3. Symantec Encryption Desktop 的加密和签名实验

当安装了 Symantec Encryption Desktop 之后，Symantec Encryption Desktop 就会自动激活。并且在 Windows 下方状态栏的右边会出现一个小符号如 ，在这个符号上按左键会出现 Symantec Encryption Desktop 菜单，可以选择【Current Windows】实现对当前窗口的信息进行【Encrypt】、【Sign】、【Encrypt&Sign】及【Decrypt&Verify】等相关操作。

1）对文件的加密/签名

（1）对文件做加密/签名操作程序比较简单，只需在该文件上单击鼠标右键，然后选择【Symantec Encryption Desktop】|【Secure "文件名" with key…】，如图 9.28 所示。假设加密签名的文件是"指导教师考核表-TH.DOC"。

（2）选择加密用的公钥和签名用的私钥，如图 9.29 所示。这里选择加密给"candyto2020@163.com"，然后单击【Add】按钮，并单击【下一步】按钮。

（3）在如图 9.30 所示的对话框中选择签名者，由于签名要用到私钥，这里需要输入签名者私钥的密码。单击【下一步】按钮后将生成加密文件"指导教师考核表-TH.DOC.PGP"。

注意：新产生的加密/签名档，Symantec Encryption Desktop 会自动加上不同的扩展名作为区别。加密后的新档为*.*.pgp、签名后的验证档为*.*.sig。

第9章 应用服务安全 297

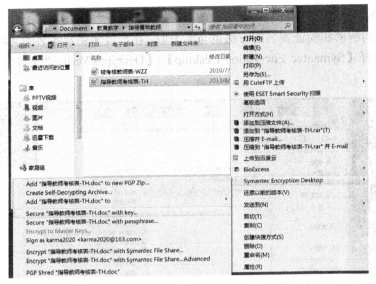

图 9.28 对文件进行加密和签名

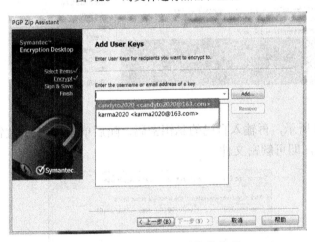

图 9.29 选择加密文件的接收者

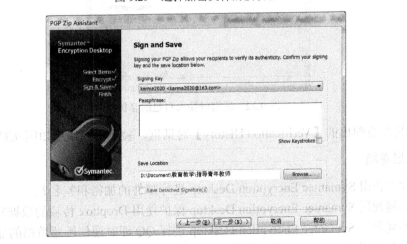

图 9.30 输入签名者私钥的密码

2)文件的解密/验证签名

(1)文件的解密和验证签名的方法也与前类似,在经过加密及签名的文件上单击鼠标右键,然后选择【Symantec Encryption Desktop】|【Decrypt&Verify "文件名"】选项,如图 9.31 所示。

图 9.31　对文件解密

(2)如图 9.32 所示,再输入自己的私钥密码,随后单击【OK】按钮,并出现保存解密后文件的对话框,即可解密文件。

图 9.32　解密时输入自己的私钥

(3)请留意弹出的【Verification History】对话框,验证签名结果如图 9.33 所示。

六、思考题

1. 如何使用 Symantec Encryption Desktop 进行邮件的加密和签名?
2. 如何使用 Symantec Encryption Desktop 保护使用 Dropbox 传输的数据?
3. 如何使用 Symantec Encryption Desktop 进行 QQ 即时通信敏感数据的加密传输?
4. 如何使用 Symantec Encryption Desktop 进行硬盘数据的保护?

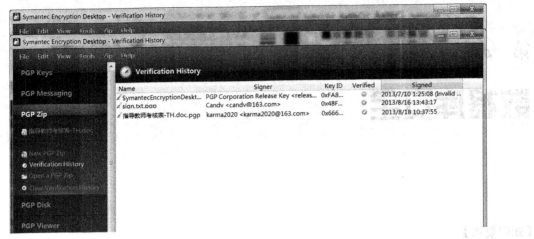

图 9.33　验证签名结果

第 10 章 数据库安全

【知识要点】

通过对本章的学习，掌握数据库系统的定义、数据库系统的常见攻击手段和安全措施，重点掌握 SQL 注入攻击及防范措施、主流数据库 Microsoft SQL Server 2008 的安全机制及工作原理，能够对数据库系统进行完整备份和差异备份。本章主要内容有：

- 数据库系统面临的威胁和隐患
- SQL 注入攻击及防范
- Microsoft SQL Server 2008 服务器安全性
- Microsoft SQL Server 2008 的完整备份和差异备份

【引例】

随着互联网技术的发展，数据库技术在各种系统中已经得到广泛的应用，尤其在电子商务和信息系统中，数据库成为最重要的组成部分之一，数据库服务器在服务器系统的位置如图 10.1 所示。

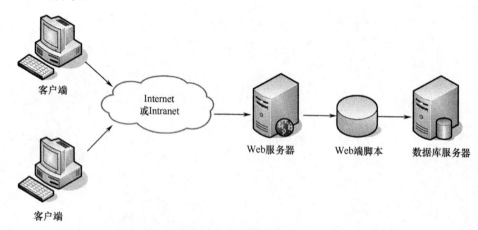

图 10.1 数据库服务器在服务器系统中的位置

从图 10.1 中可知，由于数据库系统在开放的网络环境下可能受到诸如黑客攻击、病毒感染等来自多方面频繁的安全攻击，因此，较易出现一系列安全问题。一旦出现数据丢失、损坏或非法篡改，将会造成巨大的损失。

以下事件的发生充分说明了数据库系统安全的重要性：
（1）某系统开发工程师通过互联网入侵移动中心数据库，盗取充值卡。
（2）某医院数据库系统遭到非法入侵，导致上万名患者私隐信息被盗取。
（3）某网游公司内部数据库管理人员通过违规修改数据库数据盗窃网游点卡。
（4）黑客利用 SQL 注入攻击，入侵某防病毒软件数据库中心，窃取大量机密信息，导致该防病毒软件公司严重损失。
（5）某证券交易所内部数据库遭黑客股民入侵，盗窃证券交易内部报告。
由此可见，数据库安全面临着内部恶意操作及外部恶意入侵两大夹击。如何有效保护数据库信息成为当前信息安全界最为关注的课题。
然而，目前，数据库的安全性还没有被人们和系统的安全性等同起来，很多管理员错误地认为只要保证网络和操作系统的安全，就可以保证其他所有的应用程序的安全，事实上，数据库系统中存在的安全问题通常会造成严重的后果，尤其是在金融、国防、政务等领域。

10.1 数据库系统安全概述

数据库和数据库技术在不断增长的计算机应用中起着越来越大的作用，数据库技术产生于 20 世纪 60 年代末，是信息系统的核心，它的出现极大地促进了计算机应用向各行各业的渗透。目前，以数据库为基础的信息系统正成为经济、政务、国防等领域的信息基础设施，数据库中存储的信息的价值也越来越高，因此，数据库系统的安全问题也越来越突出。在新的网络环境中，数据库系统需要面对来自各个方面的安全威胁，针对数据库系统的攻击方式也层出不穷。

目前常见的数据库包括微软公司的 SQL Server、瑞典 MySQL AB 公司的 My SQL 及甲骨文公司的 Oracle。SQL Server 只支持 Windows 平台，最新版本为 SQL Server 2008 R2，该版本具有更高的安全性；MySQL 是一个小型关系型数据库管理系统，被广泛应用到中小型网站中；Oracle 的最新版本为 Oracle 11g，它支持包括 Windows、Solaris 和 Linux 在内的多种平台。本章将主要介绍常见的数据库 SQL 注入攻击和防范方法及 Microsoft SQL Server 2008 的安全设置。

10.1.1 数据库系统的安全威胁和隐患

为了保证数据库系统的安全，首先必须了解威胁数据库安全的因素及数据库系统自身存在的安全隐患。数据库系统的安全隐患和安全威胁主要来自软、硬件的故障，人为的破坏及一些无意识的错误操作。

1. 数据库系统的安全威胁

对数据库系统构成的威胁主要包括篡改、损坏和窃取三种情况。

1)篡改

篡改是指未被授权的用户对数据库系统中的数据进行修改,破坏数据的真实性。篡改的形式多样,其共同点是在其造成危害之前很难被发现。通常,篡改发生的原因可以概括为以下三种。

(1)个人利益驱使:入侵者为了达到个人目的,对数据库系统中与个人利益相关的数据进行篡改。

(2)恶作剧:这种情况通常是数据库系统的使用者出于非恶意的目的,对数据库系统中的数据进行篡改。

(3)无知:这种情况通常是数据库管理员专业知识不够或责任心不强,导致数据在无意间被篡改。

2)损坏

损坏是指数据库系统中的表、数据库系统的部分或全部被删除、移走或破坏。通常,产生损坏的原因包括破坏、恶作剧和计算机病毒。

(1)破坏:这种情况往往是入侵者有明确的作案动机,在个人利益驱使下,对数据库系统造成破坏。入侵者可能是公司或企业外部人员,也可能是内部员工或合作伙伴。

(2)恶作剧:与前面提到的情况类似,恶作剧往往是数据库系统的使用者在爱好或好奇心的驱使下,非恶意地对数据库进行修改,造成数据库系统损坏。

(3)计算机病毒:计算机病毒在网络中具有传播的特性,一旦网络中有机器感染病毒,就有可能直接威胁数据库服务器的安全。

3)窃取

窃取一般是指在未被授权的情况下获取数据库系统中的敏感数据。窃取的实施者通常是商业间谍或不满的离职员工,采用数据复制到可移动介质或直接打印的方法将有价值的敏感数据取走。

2. 数据库系统的安全隐患

除了以上的安全威胁外,数据库系统还存在以下安全隐患:

(1)用户账号和口令隐患。信息安全中首要的一条准则就是"确保你有一个健壮的口令",然而,在数据库系统中,虽然都提供了基本的安全功能,但是并没有机制来确保用户必须选择健壮的密码。而且,多数数据库系统都有公开的默认账号和默认口令,一旦管理员没有良好的安全意识,就会给数据库系统带来安全隐患。

(2)数据库系统扩展存储过程隐患。大部分的数据库系统提供了"扩展存储过程"来满足数据库系统管理员,这些为管理员提供的便捷同时也成了数据库主机操作系统的后门。

(3)数据库系统软件和应用程序漏洞。软件程序漏洞造成数据安全机制或操作系统安全机制失效,入侵者可以获取远程访问权限。

(4)数据库系统权限分配隐患。数据库管理员分配给用户的权限过大,导致用户误操作而删除数据库系统,或者泄露数据库中的敏感数据。

(5)数据库系统用户安全意识薄弱。数据库系统用户选择弱口令或口令保管不当都会给攻击者提供进入系统的机会。例如,在操作系统中,留下历史记录,泄漏操作人员的数据库密码。

（6）明文传递网络通信内容。如果数据库系统与应用程序之间在通信过程中未对传输的数据加密，入侵者可以通过窃听工具窃取网络中的特定数据或数据库登录凭据等敏感信息。

（7）数据库系统安全机制不健全。数据库提供的安全机制不健全，导致安全策略无法实施。一些数据库不提供管理员账号重命名、登录时间限制、账号锁定、账号失效等功能。

10.1.2 数据库系统的常见攻击手段

常见的数据库攻击手段包括以下 9 种：

（1）授权的误用。授权的误用是指合法用户越权获得他们不应该获得的资源，窃取程序或存储介质，修改或破坏数据。

（2）逻辑推断和集聚。逻辑推断和集聚都与合法用户对数据库的使用有关。当把不太敏感的数据结合起来可以推断出敏感信息时，就发生了逻辑推断。进行逻辑推断也可能要包括某些数据库系统以外的知识。与逻辑推断紧密相关的是集聚问题，即个别的数据项是不敏感的，但是当足够多的个别数据值收集在一起时，就成为敏感的了。

（3）伪装。伪装是指攻击者可能借着假冒不同的用户得到未经授权的访问。

（4）旁路控制。旁路控制是指密码攻击和利用系统后门避开有意的访问控制机制。系统后门是在原码的构建中由最初的程序员设置的一种安全缺陷。

（5）SQL 注入攻击。SQL 注入攻击是指攻击者利用 Web 脚本程序编程漏洞，把恶意的 SQL 命令插入到 Web 表单的输入域，欺骗数据库服务器执行恶意的 SQL 命令。SQL 注入攻击常常导致数据库信息泄漏，甚至会造成数据系统的失控。

（6）特洛伊木马。一个木马程序是一个隐藏软件，它背着合法用户，采用欺骗的手法，进行一些不为合法用户所知的行为。举例来说，一个木马可以被隐藏在一个"sort"例程中，用来为一些非法用户泄漏某些数据。每当用户激活"sort"例程，比如为了对数据库的查询结果进行排序，木马程序将会以用户的身份行事，具有该用户的所有授权。

（7）隐信道。通常存储在数据库中的数据经由合法的数据信道被取出。与正常的合法信道相反，隐信道是通常不用来传递信息的路径。如此隐藏的路径可能是可用作通信目的的存储信道（如共享内存或临时文件），或者时间信道（如系统整体性能的下降）。

（8）硬件、介质攻击。硬件、介质攻击是指对设备和存储介质的物理攻击。

（9）密码破解。密码破解是指利用字典攻击或手动猜测数据库用户密码。

上述 9 种攻击方式中，SQL 注入攻击最为常见，许多网站都曾受到此类攻击，具体的攻击和防范方法将在 10.1.3 节中进行介绍。

10.1.3 SQL 注入攻击及防范

根据全球领先的新型数据应用安全公司 Imperva 公司在 2012 年 10 月对黑客论坛的监测结果显示，黑客论坛中最常讨论的主题中就包括了 SQL 注入攻击，占 19%的比例；根据安全云托管公司 FireHost 公司在 2012 年 9 月发布的报告显示，2012 年前两个季度中，

SQL 注入攻击上升了 69%。由此可见，SQL 注入已经成为最危险的安全漏洞之一。

1. SQL 注入攻击的概念

目前几乎所有的网站都使用了关系数据库，用户通过访问动态网页和后台的数据库进行信息交换。结构化查询语言 SQL 是一种和关系数据库进行交互的文本语言，利用 SQL 语言可以对数据库中的数据进行定义、查询等操作。对于那些在网站开发方面经验不足的程序员而言，在进行网站的开发时，如果没有对用户输入数据的合法性进行判断，就会为攻击者提供攻击的机会。攻击者可以提交一段具有特殊结构的 SQL 代码，根据程序返回的结果，获得一些和网站相关的敏感信息，严重的情况还可以获取被攻击网站的管理员权限。SQL 注入攻击可以用图 10.2 表示。

图 10.2 SQL 注入攻击

总的来说，SQL 注入的手法灵活多变，在注入时会碰到各种不同的情况。一般来说，SQL 注入攻击的流程可以总结为如下 6 个步骤。

（1）查找 SQL 注入的位置；

（2）判断后台数据库类型；

（3）确定 XP_CMDSHELL 可执行情况；

（4）发现 Web 虚拟目录；

（5）上传 ASP 木马；

（6）获取管理员权限。

2. SQL 注入攻击的原理

在对 SQL 注入攻击原理进行说明前，首先来看一个简单的实例。

假设下面这条 SQL 语句是来自某网站的程序：

   statement := "SELECT * FROM Users WHERE Value"= " + a_variable + "

该语句实际上就是一条非常普通的 SQL 语句，其功能是在网站上允许用户输入一个员工编号，然后查询该员工的信息。看上去非常普通的一条 SQL 语句，就很有可能会被攻击者利用。

攻击者可以输入：AQ008';drop table c_order--，输入此条语句后，当该 SQL 语句在执行的时候就会变为：SELECT * FROM Users WHERE Value = 'AQ008';drop table c_order--。注意此时该语句表示的含义是什么？'AQ008'后面的";"是指本次查询结束，同时也表示另外一条 SQL 语句开始执行，后面语句中的 drop table c_order 表示将 c_order 表删除，最后面的"--"是指后面的语句均是注释，不需要继续执行。由此可见，如果该条语句执行完毕将会删除网站后台数据库中的 c_order 关系表,从而影响网站的正常运行。

可见,只要攻击者输入的 SQL 代码语法正确,网站就会对该语句正常执行,从而造成严重的后果。所以,在网站开发过程中,程序员必须对用户输入的数据进行安全性检查,以减少 SQL 注入攻击的发生。

从以上实例可以总结 SQL 注入攻击的原理:由于目前大部分的 Web 应用都是使用 SQL 数据库来存放应用程序的数据,而 SQL 语法允许数据库命令和用户数据混杂在一起,如果 Web 应用的程序开发人员没有考虑 SQL 注入攻击,没有对用户输入数据进行安全性检查,攻击者就可以远程的通过向 Web 应用输入数据来执行数据库上的任意命令。

SQL 注入攻击主要有两种方式。一种是直接插入代码的方式,如上述实例所述,这种攻击方式也称为直接注入式攻击,这种方式通常是攻击者在输入变量时,先使用一个分号结束当前语句,然后插入一个恶意的 SQL 语句;另一种是间接的攻击方式,攻击者将恶意代码注入需要在关系表中存储或作为原数据存储的字符串中,利用这些字符串来链接到一个动态的 SQL 名字中,从而执行一些恶意的 SQL 代码。

一般来说,SQL 注入一般存在于 URL 形式为 http://www.xxx.xx/xx.asp?id=xx 等带有参数的动态网页中,参数的个数并不一定仅为一个,参数类型也是多样的,既可能是整型参数,也可能是字符串型参数,总而言之,只要是带有参数的动态网页且该网页有后台数据库,就有可能受到 SQL 注入攻击。

为了方便理解,如表 10-1 所示为进行注入攻击的常见 SQL 语句构造方法。

假设数据库中存在一个名为 student 的表格,包含有 id、studentname 和 pwd 三列,表示学生的 id 号、学生姓名和密码,表 10.1 中的 "$studentname" 和 "$password" 字符串为变量名称。

表 10.1 SQL 注入语句实例

序号		语 句	说 明
实例1	正常语句	SELECT * FROM student WHERE studentname='$studentname' AND pwd='$password'	注入语句中由于在 AND pwd="语句前出现了/*,因此,其后的语句将会被作为注释忽略执行,攻击者可以不提交密码直接登录
	注入语句	SELECT * FROM student WHERE studentname='Rose'/* AND pwd=''	
实例2	正常语句	SELECT * FROM student WHERE studentname='$studentname' AND pwd='$password'	注入语句中由于使用了 1=1 的恒等关系,因此,后面的 pwd 判断无效,攻击者使用错误的密码或不使用密码也可以成功登录
	注入语句	SELECT * FROM student WHERE studentname='Rose' AND pwd='' or '1=1'	

3. SQL 注入攻击的防范

在对 SQL 注入攻击的原理充分理解的基础上,可以从程序开发阶段、测试阶段和产品化阶段分别采取不同的防范方法,如图 10.3 所示。

(1)程序开发阶段。在程序开发阶段需要充分考虑用户的输入安全性。例如,对用户提交的变量进行检查,对单引号、双引号、分号、冒号、连接号等进行转换或过滤。使用静态查询,对于权限的分配遵循最小权限原则,只分配给应用程序所需要的基本权限。不要使用 root 权限对数据库进行访问,为数据表设定限制的可读/可写权限,谨慎使用数据库的存储过程。

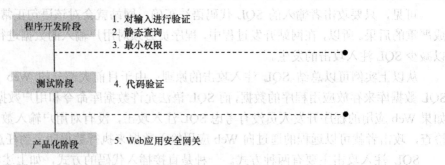

图 10.3 分阶段防范 SQL 注入攻击

（2）测试阶段。在测试阶段，充分利用安全审核机制，在每次更新程序时，对所有代码做好评审，严格检查用户输入的数据，尽可能多的过滤掉用户输入的非法字符。同时，从攻击者角度出发对源代码进行 SQL 注入攻击测试，从而判断代码是否存在 SQL 注入漏洞。

（3）产品化阶段。当 Web 应用程序已经开放完毕并对外提供服务后，对代码进行修改难度较大，此时，可以利用 Web 应用防火墙等安全网关设备来防范 SQL 注入攻击。

10.1.4 数据库系统安全的常用技术

前面所述为常见的数据库系统攻击方式，实际上，所有的数据库系统厂商在设计产品时都对安全性十分重视，一般而言，数据库系统安全通常通过存取管理、安全管理、数据库加密及备份和恢复来实现。以下分别进行说明。

1. 存取管理技术

存取管理就是一套防止未授权用户使用和访问数据库的方法、机制和过程，通过正在运行的程序来控制数据的存取和防止非授权用户对共享数据库的访问。

存取管理技术包括用户身份认证技术和存取控制技术两方面。用户身份认证技术包括用户身份验证和用户身份识别技术。存取控制包括数据的浏览控制和修改控制。浏览控制是为了保护数据的保密性，而修改控制是为了保护数据的正确性和提高数据的可信性。在一个数据资源共享的环境中，存取控制就显得非常重要。

2. 安全管理技术

安全管理指采取何种安全管理机制实现数据库管理权限分配，一般分集中控制和分散控制两种方式。

集中控制由单个授权者来控制系统的整个安全维护，分散控制则采用可用的管理程序控制数据库的不同部分来实现系统的安全维护。集中控制的安全管理可以更有效、更方便实现安全管理。安全管理机制可采用数据库管理员、数据库安全员、数据库审计员各负其责、相互制约的方式，通过自主存取控制、强制存取控制实现数据库的安全管理。

3. 数据库加密

一般而言，数据库系统提供的安全控制措施能满足一般的数据库应用，但对于一些重要部门或敏感领域的应用，仅有这些是难以完全保证数据的安全性的。因此有必要在存取管理、安全管理之上对数据库中存储的重要数据进行加密处理，以强化数据存储的安全保护。

数据加密是防止数据库中数据泄露的有效手段。与传统的通信或网络加密技术相比，由于数据保存的时间要长得多，因此对加密强度的要求也更高。而且，由于数据库中数据是多用户共享，对加密和解密的时间要求也更高，以不会明显降低系统性能为要求。

4. 备份和恢复

一个数据库系统总无法避免故障的发生。安全的数据库系统必须能在系统发生故障后，利用已有的数据备份，把数据库恢复到原来的状态，并保持数据的完整性和一致性。数据库系统所采用的备份和恢复技术，对系统的安全性与可靠性起着重要的作用，也对系统的运行效率有着重大影响。数据库备份的方法有三种：冷备份、热备份和逻辑备份；数据库恢复技术一般有三种策略：基于备份的恢复、基于运行时日志的恢复和基于镜像数据库的恢复。数据库的备份和恢复是一个完善的数据库系统必不可少的部分。目前，数据库备份和恢复技术已广泛应用于数据库产品中。

10.2 Microsoft SQL Server 2008 安全概述

Microsoft SQL Server 是由 Microsoft 公司开发和推广的关系数据库管理系统。它最初由 Microsoft、Sybase 和 Ashton-Tate 三家公司共同开发，并在 1988 年推出了第一个 OS/2 版本。由于 Microsoft 公司强大的开发能力和市场影响力，自 1988 年起，不断有新版本 SQL Server 推出并迅速占领中、小型数据库市场。目前主流市场以 Microsoft SQL Server R2 为主。

由于 Microsoft SQL Server 2008 拥有许多新的特性和关键的改进，因此，它已经成为至今为止最强大和最全面的 SQL Server 版本。

10.2.1 Microsoft SQL Server 2008 安全管理新特性

Microsoft SQL Server 2008 在 Microsoft SQL Server 2005 的基础上，在以下三个方面对其安全性能进行了增强。

1. 简单的数据加密

Microsoft SQL Server 2008 能对整个数据库、数据文件和日志文件进行加密，而不需要改动应用程序，从而可以满足不断发展的数据中心的信息安全性需求。

2. 外键管理

Microsoft SQL Server 2008 为加密和密钥管理提供了一个全面的解决方案。它通过支持第三方密钥管理和硬件安全模块（HSM）产品为加密和密钥的管理提供了很好的支持。

3. 增强了审查

Microsoft SQL Server 2008 使用户可以审查自己数据的操作，从而提高了遵从性和安全性。审查不只包括对数据修改的所有信息，还包括关于什么时候对数据进行读取的信息。Microsoft SQL Server 2008 具有像服务器中加强的审查的配置和管理这样的功能，从而使公司能满足各种规范的需求。此外，它还可以定义每一个数据库的审查规范，所以审查配置可以为每一个数据库做单独的制定。为指定对象做审查配置可以使审查的执行性能更好，配置的灵活性也更高。

除了以上三点，Microsoft SQL Server 2008 还包括了丰富的服务器配置工具，如 SQL Server Surface Area Configuration Tool，它使得身份验证功能得到了增强。Microsoft SQL Server 2008 还更紧密地和 Windows 身份验证相集成，可以进行细粒度授权、SQL Server Agent 代理和执行上下文，在经过验证之后，授权和控制用户可以采取的操作将更加灵活。

10.2.2　Microsoft SQL Server 2008 安全性机制

对于数据库管理而言，保护数据不受内部和外部侵害是一项非常重要的工作。SQL Server 的安全机制一般主要包括三个等级。

1. 服务器级别的安全机制

该级别的安全性主要通过登录账户进行控制，如果需要访问一个数据库服务器，就必须拥有一个登录账户。登录账户可以是 Windows 账户或组，也可以是 SQL Server 的登录账户。登录账户可以属于相应的服务器角色，其中的角色可以理解为权限的组合。

2. 数据库级别的安全机制

该级别的安全性主要通过用户账户进行控制，如果需要访问一个数据库，就必须拥有该数据库的一个用户账户身份。用户账户是通过登录账户进行映射的，可以属于固定的数据库角色或自定义数据库角色。

3. 数据对象级别的安全机制

该级别的安全性通过设置数据对象的访问权限进行控制。如果需要使用图形界面管理工具，可以在表上右击，选择【属性】|【权限】选项，然后在相应的权限项目上进行选择即可。

各个等级之间相互约束，只有所有的安全等级都能通过，用户才可以实现对数据的访问，这种关系可以用图 10.4 表示。

图 10.4　SQL Server 2008 的安全性等级

注意：通常情况下，客户操作系统安全的管理是由操作系统管理员来完成的。SQL

Server 不允许用户建立服务器级的角色。此外，为了减少管理开销，在对象级安全管理上应该在多数情况下赋予数据库用户以广泛的权限，然后再针对实际情况对于敏感的数据实施具体的访问权限控制。

10.2.3　Microsoft SQL Server 2008 安全主体

主体是指可以请求 SQL Server 资源的实体。Microsoft SQL Server 2008 中广泛使用安全主体和安全对象管理安全。一个请求服务器、数据库或架构资源的实体被称为安全主体。每一个安全主体都有唯一的安全标识符（SID）。安全主体在三个级别上进行管理：Windows 级别、SQL Server 级别和数据库级别。安全主体的级别决定了安全主体的影响范围。通常 Windows 级别和 SQL Server 级别的安全主体具有实例级的范围，而数据库级别的安全主体的影响范围是特定的数据库。

表 10.2 列出了每一级别的安全主体。这些安全主体包括 Windows 组、数据库角色和应用程序角色，它们可以包括其他安全主体。这些安全主体也称为集合，每个数据库用户属于公共数据库角色。当一个用户在安全对象上没有被授予或被拒绝给予特定权限时，用户则继承了该安全对象上授予公共角色的权限。

表 10.2　安全主体级别和所包括的主体

主 体 级 别	主 体 对 象
Windows 级别	Windows 域登录、Windows 本地登录、Windows 组
SQL Server 级别	服务器角色、SQL Server 登录 SQL Server 登录映射为非对称密钥 SQL Server 登录映射为证书 SQL Server 登录映射为 Windows 登录
数据库级别	数据库用户、应用程序角色、数据库角色、公共数据库角色 数据库映射为非对称密钥 数据库映射为证书 数据库映射为 Windows 登录

安全主体可以在分等级的安全对象（即实体集合）上分配特定的权限。如表 10.3 所示，最顶层的三个安全对象是服务器、数据库及架构。这些安全对象的每一个都包含其他的安全对象，后者依次又包含其他的安全对象，这种嵌套的层次结构称为范围。因此，也可以说 SQL Server 中的安全对象范围是服务器、数据库及架构。

表 10.3　安全对象范围及其包含的安全对象

安全对象范围	包含的安全对象
服务器	服务器（当前实例）、数据库、端点、登录、服务器角色
数据库	应用程序角色、程序集、非对称密钥 证书、合同、数据库角色 全文目录、消息类型、远程服务绑定 路由、架构、服务、对称密钥、用户

安全对象范围	包含的安全对象
架构	聚合、函数、过程 队列、同义词、表 类型、视图、XML 架构集合

10.3 Microsoft SQL Server 2008 安全管理

Microsoft SQL Server 2008 的安全管理主要包括了服务器的安全管理、角色的安全管理、构架的安全管理及权限的安全管理，以下将分别进行说明。

10.3.1 Microsoft SQL Server 2008 服务器安全管理

为了保证数据库数据的安全，必须搭建一个相对安全的运行环境。因此，对数据库服务器进行安全管理十分重要。在 Microsoft SQL Server 2008 中，对服务器安全性管理主要是通过健壮的身份验证模式、安全的登录服务器的账户管理和用户管理来实现的。

1. 身份验证模式

Microsoft SQL Server 2008 提供了 Windows 身份和混合身份两种验证模式，每一种身份验证都有一个不同类型的登录账户。不管是何种模式，Microsoft SQL Server 2008 都需要对用户的访问进行两个阶段的检验，即验证阶段和许可确认阶段。

验证阶段是指用户在 Microsoft SQL Server 2008 中获得对任何数据库的访问权限之前，必须登录到 SQL Server 上，并被认为合法。SQL Server 或 Windows 要求对用户进行验证。若验证通过，用户就可以连接到 Microsoft SQL Server 2008 上，否则，服务器就会拒绝用户登录。

许可确认阶段是指用户验证通过后登录到 Microsoft SQL Server 2008 上，此时系统将检查用户是否有访问服务器上数据的权限。

注意：若在服务器级别配置为安全模式，它们会应用到服务器上的所有数据库。但是，由于每个数据库服务器实例都有独立的安全体系结构，所以，不同的数据库服务器实例，可以使用不同的安全模式。

以下将对 Windows 身份和混合身份两种验证模式分别进行说明。

1) Windows 身份验证

Windows 身份验证模式是默认的身份验证模式，它比混合模式要安全很多。当数据库仅在内部访问时使用 Windows 身份验证模式可以获得最佳的工作效率。在使用 Windows 身份验证模式时，可以使用 Windows 域中有效的用户和组账户来进行身份验证。这种模式下，域用户不需要独立的 SQL Server 用户账户和密码就可以访问数据库。这对于普通用户而言就意味着域用户不再需记住多个密码，使用起来将更加便捷。如果用户更新了自己的域密码,也不必更改 Microsoft SQL Server 2008 的密码。但是,在该模式下用户仍然要遵从 Windows 安全模式的所有规则,并可以用这种模式去锁定账户、审核登录和迫使用户周期性地更改登录密码。

当用户通过 Windows 用户账户连接时,SQL Server 使用操作系统中的 Windows 主体标记验证账户名和密码。也就是说,用户身份由 Windows 进行确认。SQL Server 不要求提供密码,也不执行身份验证。

如图 10.5 所示,就是本地账户启用 SQL Server Manage-ment Studio 窗口时,使用操作系统中的 Windows 主体标记进行的连接。

图 10.5 Windows 身份验证模式

其中,服务器名称中 MR 代表当前计算机的名称,Administrator 是指登录该计算机时使用的 Windows 账户名称。这也是 SQL Server 默认的身份验证模式,并且比 SQL Server 身份验证更加安全。Windows 身份验证使用的是 Kerberos 安全协议,提供复杂性验证的密码策略强制及账户锁定的支持,并且还能支持密码过期。通过 Windows 身份验证完成的连接也称为可信连接,这是由于 SQL Server 信任由 Windows 提供的凭据。

Windows 身份验证模式具有以下优点:

(1)数据库管理员的工作可以集中在管理数据库上面,而不是管理用户账户。对用户账户的管理可以交给 Windows 去完成。

(2)Windows 的组策略支持多个用户同时被授权访问 SQL Server。

(3)Windows 有更强的用户账户管理工具。它可以设置账户锁定、密码期限等。如果不通过定制来扩展 SQL Server,SQL Server 则不具备这些功能。

2)混合身份验证模式

使用混合身份验证模式,可以同时使用 Windows 身份验证和 SQL Server 登录。SQL Server 登录主要用于外部用户,如从 Internet 访问数据库的用户。可以配置从 Internet 访问 Microsoft SQL Server 2008 的应用程序自动地使用指定的账户或提示用户输入有效的 SQL Server 用户账户和密码。

使用混合身份验证模式,Microsoft SQL Server 2008 首先需要确定用户的连接是否是使用有效的 SQL Server 用户账户登录。若用户进行的是有效的登录并且使用了正确的密码,则接受用户的连接;若用户虽然具备有效的登录,但是密码不正确,则用户的连接将被拒绝。只有在用户没有进行有效的登录时,Microsoft SQL Server 2008 才检查 Windows

账户的信息。在这种情况下，Microsoft SQL Server 2008 将会确定 Windows 账户是否有连接到服务器的权限。如果账户有权限，连接被接受；否则，连接将被拒绝。

当使用混合身份验证模式时，在 SQL Server 中创建的登录名并不基于 Windows 用户账户。用户名和密码均通过使用 SQL Server 创建并存储在 SQL Server 中。通过混合身份验证模式进行连接的用户每次连接时必须提供其凭据（登录名和密码）。

当使用混合身份验证模式时，必须为所有 SQL Server 账户设置强密码。如图 10.6 所示，就是选择混合身份验证模式的登录界面。

图 10.6 使用 SQL Server 身份验证

如果用户是具有 Windows 登录名和密码的域用户，则还必须提供另一个用于连接的 SQL Server 登录名和密码。记住多个登录名和密码对于大多数用户来说都比较困难。每次连接到数据库时都必须提供 SQL Server 凭据也十分烦琐。因此，这种混合身份验证模式的缺点包括以下两点：

（1）SQL Server 身份验证无法使用 Kerberos 安全协议。

（2）SQL Server 登录名不能使用 Windows 提供的其他密码策略。

同时，混合身份验证模式也具备以下优点：

（1）允许 SQL Server 支持那些需要进行 SQL Server 身份验证的旧版应用程序和由第三方提供的应用程序。

（2）允许 SQL Server 支持具有混合操作系统的环境，在这种环境中并不是所有用户均由 Windows 域进行验证。

（3）允许用户从未知的或不可信的域进行连接。例如，既定客户使用指定的 SQL Server 登录名进行连接以接收其订单状态的应用程序。

（4）允许 SQL Server 支持基于 Web 的应用程序，在这些应用程序中用户可创建自己的标识。

（5）允许软件开发人员通过使用基于已知的预设 SQL Server 登录名的复杂权限层次结构来分发应用程序。

在应用中，用户根据自身的需求来决定是否选择这种混合模式的身份验证。

3）配置身份验证模式

本部分将说明在安装 SQL Server 之后，设置和修改服务器身份验证模式的操作方法。

在第一次安装 Microsoft SQL Server 2008 或使用 Microsoft SQL Server 2008 连接其他

服务器时，都需要指定验证模式。对于已指定验证模式的 Microsoft SQL Server 2008 服务器还可以进行修改，具体操作步骤如下：

（1）打开 SQL Server Management Studio 窗口，选择一种身份验证模式建立与服务器的连接。

（2）在【对象资源管理器】对话框中右击当前服务器名称，选择【属性】命令，打开【服务器属性】对话框，如图 10.7 所示。

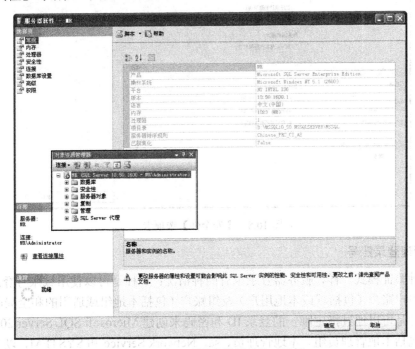

图 10.7　打开【服务器属性】对话框

在默认打开的【常规】选项卡中，显示了 Microsoft SQL Server 2008 服务器的常规信息，包括 Microsoft SQL Server 2008 的版本、操作系统版本、运行平台、默认语言及内存和 CPU 等。

（3）在左侧的选项卡列表框中，选择【安全性】选项卡，展开安全性选项内容，如图 10.8 所示。在此选项卡中即可设置身份验证模式。

（4）通过在【服务器身份验证】栏下选择相应的单选按钮，可以确定 Microsoft SQL Server 2008 的服务器身份验证模式。无论使用哪种模式，都可以通过审核来跟踪访问 Microsoft SQL Server 2008 的用户，默认时仅审核失败的登录。

当启用审核后，用户的登录被记录于 Windows 应用程序日志、Microsoft SQL Server 2008 错误日志或两种之中，这取决于如何对 Microsoft SQL Server 2008 的日志进行配置。可用的审核选项如下。

① 无：禁止跟踪审核。
② 仅限失败的登录：默认设置，选择后仅审核失败的登录尝试。
③ 仅限成功的登录：仅审核成功的登录尝试。
④ 失败和成功的登录：审核所有成功和失败的登录尝试。

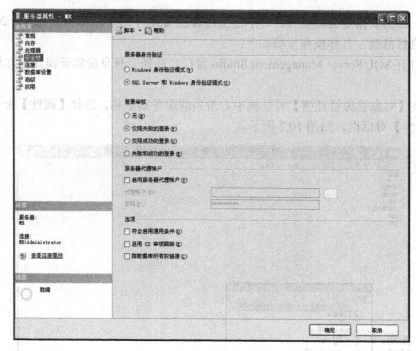

图 10.8 【安全性】选项卡

2．管理登录账号

与两种验证模式一样，服务器登录也有两种情况：一种是可以使用域账号登录，域账号可以是用户账户（包括域或本地用户）及组账户（包括本地组或通用的和全局的域组账户）；另一种是可以通过指定唯一的登录 ID 和密码来创建 Microsoft SQL Server 2008 登录，默认登录包括本地管理员组、本地管理员、sa、Network Service 和 SYSTEM，以下分别进行说明。

（1）系统管理员组：Microsoft SQL Server 2008 中管理员组在数据库服务器上属于本地组。这个组的成员通常包括本地管理员用户账户及任何设置为管理员本地系统的其他用户。在 Microsoft SQL Server 2008 中，此组默认授予 sysadmin 服务器角色。

（2）管理员用户账户：它是管理员在 Microsoft SQL Server 2008 服务器上的本地用户账户。该账户提供对本地系统的管理权限，主要在安装系统时使用它。如果计算机是 Windows 域的一部分，管理员账户通常也有域范围的权限。在 Microsoft SQL Server 2008 中，这个账户默认授予 sysadmin 服务器角色。

（3）Sa 登录：它是 SQL Server 系统管理员的账户。在 Microsoft SQL Server 2008 中采用了新的集成和扩展的安全模式，sa 不再是必需的，提供此登录账户主要是为了针对以前 SQL Server 版本的向后兼容性。与其他管理员登录一样，sa 默认授予 sysadmin 服务器角色。在默认安装 Microsoft SQL Server 2008 的时候，sa 账户没有被指派密码。

（4）Network Service 和 SYSTEM 登录：它是 Microsoft SQL Server 2008 服务器上内置的本地账户，对于是否创建这些账户的服务器登录，依赖于服务器的配置。例如，若已将服务器配置为报表服务器，此时将有一个 NETWORK SERVICE 的登录账户，这个登录将是 master、msdb、ReportServer 和 ReportServerTempDB 数据库的特殊数据库角色

RSExceRole 的成员。

在服务器实例设置期间，NETWORK SERVICE 及 SYSTEM 账户可以是被 SQL Server、SQL Server 代理、分析服务和报表服务器所选择的服务账户。此时，SYSTEM 账户通常具有 sysadmin 服务器和角色，允许其完全访问以管理服务器实例。

只有获得 Windows 账户的用户才可以建立与 Microsoft SQL Server 2008 的信任连接。如果正在为其创建登录的用户无法建立信任连接，则必须为他们创建 SQL Server 账户登录。

以下操作将用来创建两个标准登录，以供后面使用。具体操作过程如下：

（1）打开 Microsoft SQL Server Management Studio，打开【服务器】节点，然后打开【安全性】节点。

（2）右键单击【登录名】节点，从弹出的菜单中选择【新建登录名】命令，将打开【登录名—新建】对话框，然后输入登录名为"shop_Manage"，同时，选择【SQL Server 身份验证】单选按钮，并设置密码，如图 10.9 所示。

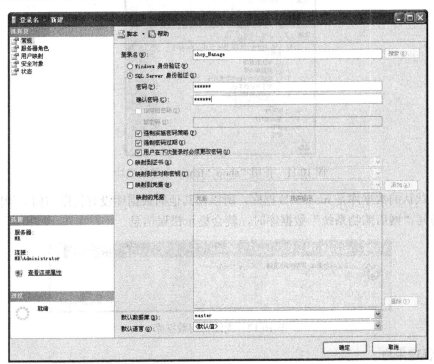

图 10.9　创建 SQL Server 登录账号

（3）单击【确定】按钮，完成 SQL Server 登录账户的创建。

为了测试创建的登录名是否成功，下面用新的登录名"shop_Manage"来进行测试，具体步骤如下：

（1）在 SQL Server Management Studio 中，单击【连接】|【数据库引擎】命令，将打开【连接到服务器】对话框。

（2）从【身份验证】下拉列表中，选择【SQL Server 身份验证】选项，【登录名】文本框中输入"shop_Manage"，【密码】文本框输入相应的密码，如图 10.10 所示。

（3）单击【连接】按钮，登录服务器，如图 10.11 所示。

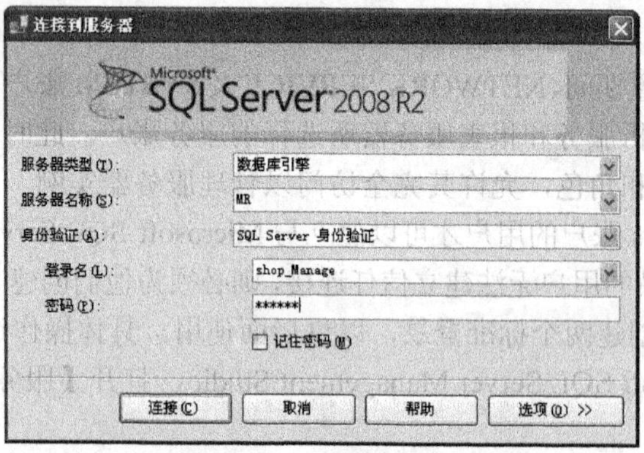

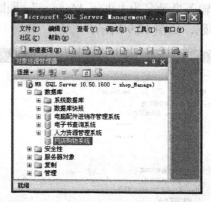

图 10.10　连接服务器

图 10.11　使用 "shop_Manage" 登录成功

由于默认的数据库是 master 数据库，所以，其他的数据库没有权限访问。如图 10.12 所示，访问 "网店购物系统" 数据库时，就会提示错误信息。

图 10.12　无法访问数据库

3. 管理用户

为了访问某一特定的数据库，必须要有用户名。用户名在特定的数据库内创建，并关联一个登录名（当一个用户创建时，必须关联一个登录名）。通过授权给用户来指定用户可以访问的数据库对象的权限。如果假设 SQL Server 是一个包含许多房间的大楼，那么每一个房间就可以代表一个数据库，房间里的资料就可以表示数据库对象。登录名就相当于进入大楼的钥匙，而每个房间的钥匙就是用户名。房间中的资料则可以根据用户名的不同而有不同的权限。

在前面介绍了创建登录账户。为了安全起见，创建的登录账户并不会为该登录账户映射相应的数据库用户，因此，该登录账户无法对数据库进行访问。通常情况下，用户登录 SQL Server 实例后，并不具备访问数据库的条件。在用户可以访问数据库之前，管理员必须为该用户在数据库中建立一个数据库账号作为访问该数据库的 ID。这个过程就是将 SQL Server 登录账号映射到需要访问的每个数据库中，这样才能够访问数据库。如果数据库中没有用户账户，则即使用户能够连接到 SQL Server 实例也无法访问到该数据库。

下面介绍通过使用 SQL Server Management Studio 来创建数据库用户账户，然后给用户授予访问数据库"网店购物系统"的权限。具体步骤如下：

（1）打开 SQL Server Management Studio，并打开【服务器】节点。

（2）打开【数据库】节点，然后再展开【网店购物系统】节点。

（3）再打开【安全性】节点，右键单击【用户】节点，从弹出菜单中选择【新建用户】命令，打开【数据库用户—新建】对话框。

（4）单击【登录名】文本框旁边的【选项】按钮，打开【选择登录名】对话框，然后单击【浏览】按钮，打开【查找对象】对话框，选择刚刚创建的 SQL Server 登录账户"shop_Manage"，如图 10.13 所示。

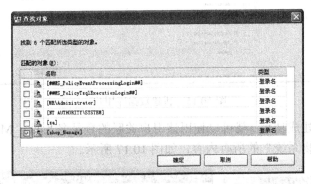

图 10.13　选择登录账户

（5）单击【确定】按钮返回，在【选择登录名】对话框就可以看到选择的登录名对象，如图 10.14 所示。

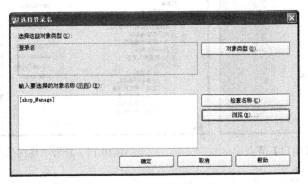

图 10.14　【选择登录名】对话框

（6）单击【确定】按钮返回。设置用户名为"WD"，选择架构为"dbo"，并设置用户的角色为"db_owner"，具体设置如图 10.15 所示。

（7）单击【确定】按钮，完成数据库用户的创建。

（8）为了验证是否创建成功，可以刷新【用户】节点，用户就可以看到刚才创建的 WD 用户账户，如图 10.16 所示。

图 10.15 新建数据库用户

数据库用户创建成功后，就可以使用该用户关联的登录名"shop_Manage"进行登录，可以访问"网店购物系统"的所有内容，如图 10.17 所示。

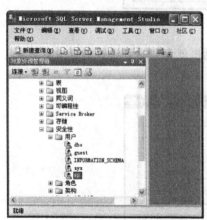

图 10.16 查看【用户】节点

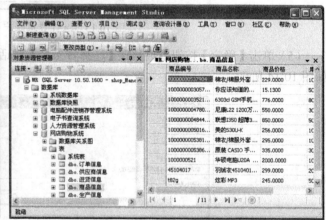

图 10.17 查看"场馆信息"表

10.3.2 Microsoft SQL Server 2008 角色安全管理

角色是 Microsoft SQL Server 2008 中用来集中管理数据库和服务器的权限的。数据库管理员首先把操作数据库的权限赋予角色，然后再将角色赋给数据库用户或登录账户，从而使数据库用户或登录账户拥有相应的权限。角色的安全管理包括固定服务器角色、固定数据库角色、应用程序角色及用户自定义角色，下面分别进行说明。

1. 固定服务器角色

为方便管理服务器上的权限，SQL Server 提供了若干的"角色"。"角色"类似于 Microsoft Windows 操作系统中的"组"。

服务器级角色也称为"固定服务器角色"，因为无法创建新的服务器级角色。服务器级角色的权限作用域是服务器范围。可以向服务器级角色中添加 SQL Server 登录名、Windows 账户及 Windows 组。固定服务器角色的每个成员都可以向其所属角色添加其他登录名。

用户可以指派给 8 个服务器角色之中的任意一个角色。以下是 8 个服务器角色的简要介绍。

（1）sysadmin：该角色的成员可以在 Microsoft SQL Server 2008 中执行任何任务。不熟悉 Microsoft SQL Server 2008 的用户可能会意外地造成严重问题，因此，给这个角色批派用户时应该特别小心。通常情况下，这个角色仅适合数据库管理员（DBA）。

（2）securityadmin：该角色的成员将管理登录名及其属性，可以 GRANT、DENY 和 REVOKE 服务器级权限，也可以 GRANT、DENY 和 REVOKE 数据库级权限。另外，它们可以重置 Microsoft SQL Server 2008 登录名的密码。

（3）serveradmin：该角色的成员可以更改服务器范围的配置选项及关闭服务器。例如，Microsoft SQL Server 2008 可以使用多大的内存或关闭服务器，此角色可以减轻管理员的一些管理负担。

（4）setupadmin：该角色的成员可以添加和删除链接服务器，并且也可以执行某些系统存储过程。

（5）processadmin：Microsoft SQL Server 2008 能够多任务化，即可以通过执行多个进程做多件事件。例如，Microsoft SQL Server 2008 可以生成一个进程用于向高速缓存写数据，同时生成另一个进程用于从高速缓存中读取数据。这个角色的成员可以结束进程。

（6）diskadmin：该角色用于管理磁盘文件。它适合于助理 DBA。

（7）dbcreator：该角色的成员可以创建、更改、删除及还原任何数据库。它不仅适合助理 DBA 的角色，也可以适合开发人员的角色。

（8）bulkadmin：该角色的成员可以运行 BULK INSERT 语句。该语句允许成员从文本文件中将数据导入 Microsoft SQL Server 2008 数据库中。

在 Microsoft SQL Server 2008 中可以使用系统存储过程对固定服务器角色进行相应的操作，表 10.4 列出了可以对服务器角色进行操作的各个存储过程。

表 10.4　使用服务器角色的操作

功　能	类　型	说　明
sp_helpsrvrole	元数据	返回服务器级角色的列表
sp_helpsrvrolemember	元数据	返回有关服务器级角色成员的信息
sp_srvrolepermission	元数据	显示服务器级角色的权限
IS_SRVROLEMEMBER	元数据	指示 SQL Server 登录名是否为指定服务器级角色的成员
sys.server_role_members	元数据	为每个服务器级角色的每个成员返回一行
sp_addsrvrolemember	命令	将登录名添加为某个服务器级角色的成员
sp_dropsrvrolemember	命令	从服务器级角色中删除 SQL Server 登录名、Windows 用户或组

例如，若想要查看所有的固定服务器角色，可以使用系统存储过程 sp_helpsrvrole，具体的执行过程及结果如图 10.18 所示。

图 10.18 查看固定服务器角色

下面将运用上面介绍的知识，将一些用户指派给固定服务器角色，进而分配给他们相应的管理权限。具体步骤如下所示：

（1）打开 SQL Server Management Studio，在【对象资源管理器】对话框中展开【安全性】|【服务器角色】节点。

（2）双击 sysadmin 节点，打开【服务器角色属性】节点，然后单击【添加】按钮，打开【选择登录名】对话框。

（3）单击【浏览】按钮，打开【查找对象】对话框，启用 [shop_Manage] 选项旁边的复选框，如图 10.19 所示。

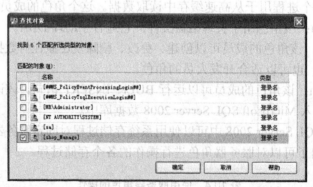

图 10.19 添加登录名

（4）单击【确定】按钮返回到【选择登录名】对话框，可以看到刚刚添加的登录名 [shop_Manage]，如图 10.20 所示。

（5）单击【确定】按钮返回【服务器角色属性】对话框，在角色成员列表中可以看到服务器角色 sysadmin 的所有成员，其中包括刚刚添加的 shop_Manage，如图 10.21 所示。

（6）用户可以再次通过【添加】按钮添加新的登录名，也可以通过【删除】按钮删除某些不需要的登录名。

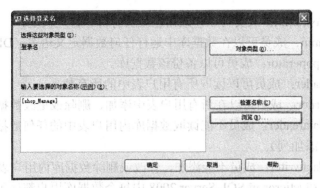

图 10.20 【选择登录名】对话框

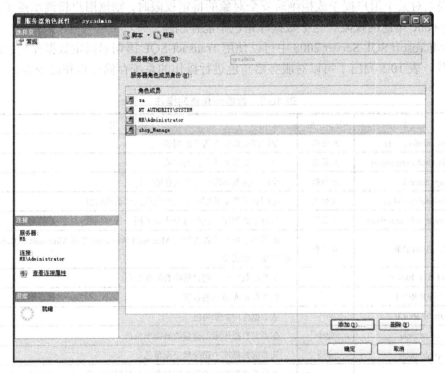

图 10.21 【服务器角色属性】对话框

(7) 添加完成后,单击【确定】按钮关闭【服务器角色属性】对话框。

2. 固定数据库角色

固定数据库角色存在于每个数据库中,在数据库级别提供管理特权分组。管理员可将任何有效的数据库用户添加为固定数据库角色成员。每个成员均获得应用于固定数据库角色的权限。用户不能增加、修改和删除固定数据库角色。

Microsoft SQL Server 2008 在数据库级设置了固定数据库角色来提供最基本的数据库权限的综合管理。在数据库创建时,系统默认创建了 10 个固定数据库角色。

(1) db_owner:进行所有数据库角色的活动,以及数据库中的其他维护和配置活动。该角色的权限跨越所有其他的固定数据库角色。

(2) db_accessadmin:成员有权通过添加或删除用户来指定谁可以访问数据库。

（3）db_securityadmin：成员可以修改角色成员身份和管理权限。
（4）db_ddladmin：成员可以在数据库中运行任何数据定义语言（DDL）命令。
（5）db_backupoperator：成员可以备份该数据库。
（6）db_datareader：成员可以读取所有用户表中的所有数据。
（7）db_datawriter：成员可以在所有用户表中添加、删除或更改数据。
（8）db_denydatareader：成员不能读取数据库内用户表中的任何数据，但可以执行架构修改（如在表中添加列）。
（9）db_denydatawriter：成员不能添加、修改或删除数据库内用户表中的任何数据。
（10）public：在 Microsoft SQL Server 2008 中每个数据库用户都属于 public 数据库角色。当尚未对某个用户授予或拒绝对安全对象的特定权限时，则该用户将继承授予该安全对象的 public 角色的权限。这个数据库角色不能补删除。

在 Microsoft SQL Server 2008 中可以使用 Transact-SQL 语句对固定数据库角色进行相应的操作，表 10.5 列出了可以对服务器角色进行操作的系统存储过程和命令等。

表 10.5 数据库角色的操作

功能	类型	说明
sp_helpdbfixedrole	元数据	返回固定数据库角色的列表
sp_dbfixedrolepermission	元数据	显示固定数据库角色的权限
sp_helprole	元数据	返回当前数据库中有关角色的信息
sp_helprolemember	元数据	返回有关当前数据库中某个角色的成员的信息
sys.database_role_members	元数据	为每个数据库角色的每个成员返回一行
IS_MEMBER	元数据	指示当前用户是否为指定 Microsoft Windows 组或 Microsoft SQL Server 数据库角色的成员
CREATE ROLE	命令	在当前数据库中创建新的数据库角色
ALTER ROLE	命令	更改数据库角色的名称
DROP ROLE	命令	从数据库中删除角色
sp_addrole	命令	在当前数据库中创建新的数据库角色
sp_droprole	命令	从当前数据库中删除数据库角色
sp_addrolemember	命令	为当前数据库中的数据库角色添加数据库用户、数据库角色、Windows 登录名或 Windows 组
sp_droprolemember	命令	从当前数据库 SQL Server 角色中删除安全账户

注意：由于所有数据库用户都自动成为 public 数据库角色的成员，因此给这个数据库角色指派权限时需要谨慎。

下面通过将用户添加到固定数据库角色中来配置其对数据库拥有的权限，具体步骤如下所示：

（1）打开 SQL Server Management Studio，在【对象资源管理器】对话框中展开【数据库】|【网店购物系统】|【安全性】节点。

（2）接着展开【角色】|【数据库角色】节点，双击 db_owner 节点，打开【数据库角色属性】对话框。

（3）单击【添加】按钮，打开【选择数据库用户或角色】对话框，然后单击【浏览】按钮打开【查找对象】对话框，选择数据库用户［admin］，如图 10.22 所示。

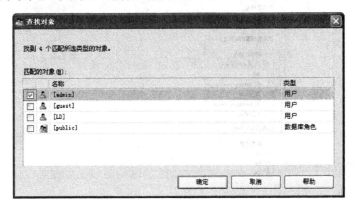

图 10.22　添加数据库用户

（4）单击【确定】按钮返回【选择数据库用户或角色】对话框，如图 10.23 所示。

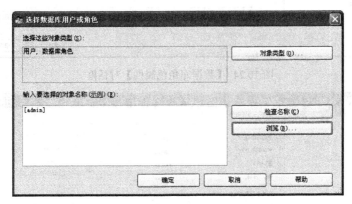

图 10.23　【选择数据库用户或角色】对话框

（5）单击【确定】按钮，返回【数据库角色属性】对话框，在这里可以看到当前角色拥有的架构及该角色所有的成员，其中包括刚添加的数据库用户 admin，如图 10.24 所示。

（6）添加完成后，单击【确定】按钮关闭【数据库角色属性】对话框。

3. 应用程序角色

应用程序角色是一个数据库主体，它使应用程序能用其自身的、类似用户的特权来运行。使用应用程序角色，可以只允许通过特定应用程序连接的用户访问特定数据。它不同于数据库角色的是，应用程序角色默认情况下不包含任何成员并且不活动。应用程序角色使用两种身份验证模式，可使用 sp_setapprole 激活，且需要密码。因为应用程序角色是数据库级别的主体，所以它们只能通过其他数据库中授予 guest 用户账户的权限来访问这些数据库。因此，任何已禁用 guest 用户账户的数据库对其他数据库中的应用程序角色都不可访问。

创建应用程序角色的过程与创建数据库角色的过程一样，图 10.25 为应用程序角色的创建对话框。

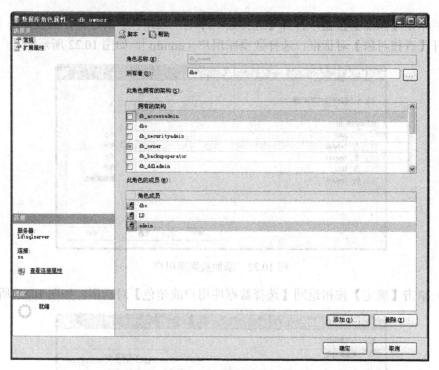

图 10.24 【数据库角色属性】对话框

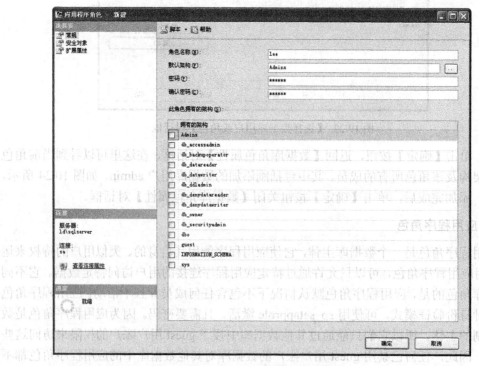

图 10.25 创建应用程序角色

应用程序角色和固定数据库角色的区别有如下 4 点。
（1）应用程序角色不包含任何成员。不能将 Windows 组、用户和角色添加到应用程序角色。

（2）当应用程序角色被激活以后，这次服务器连接将暂时失去所有应用于登录账户、数据库用户等的权限，而只拥有与应用程序相关的权限。在断开本次连接以后，应用程序失去作用。

（3）默认情况下，应用程序角色不活动，需要密码激活。

（4）应用程序角色不使用标准权限。

4．用户自定义角色

固定数据库角色有时候无法满足需要。例如，有些用户可能只需数据库的选择、修改和执行权限。由于固定数据库角色之中没有一个角色能提供这组权限，所以需要创建一个自定义的数据库角色。创建自定义数据库角色的步骤如下所示：

（1）打开 SQL Server Management Studio，在【对象资源管理器】对话框中展开【数据库】|【网店购物系统】|【安全性】|【角色】节点，右击【数据库角色】节点，在弹出的菜单中选择【新建数据库角色】命令，打开【数据库角色—新建】对话框。

（2）设置角色名称为 TestRole，所有者选择 dbo，单击【添加】按钮，选择数据库用户 admin，如图 10.26 所示。

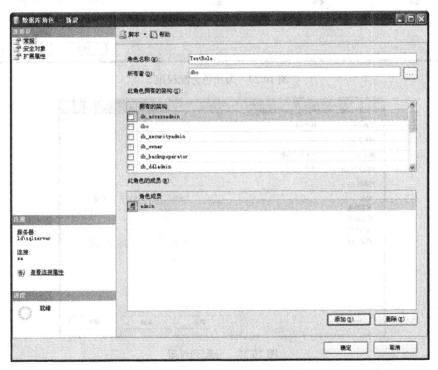

图 10.26 【数据库角色—新建】对话框

（3）选中【安全对象】选项，打开【安全对象】选项页面，单击【搜索】按钮，添加"商品信息"表为"安全对象"，选中【选择】后面【授予】列的复选框，如图 10.27 所示。

（4）单击【列权限】按钮，还可为该数据角色配置表中每一列的具体权限，如图 10.28 所示。

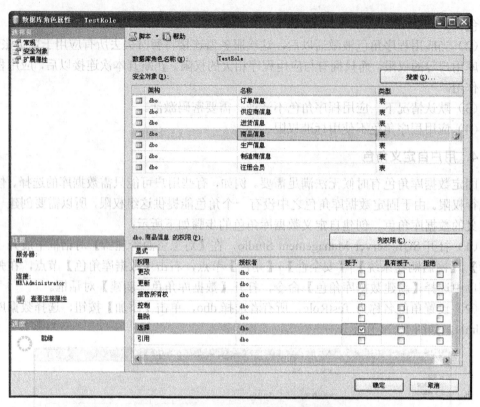

图 10.27　为角色分配权限

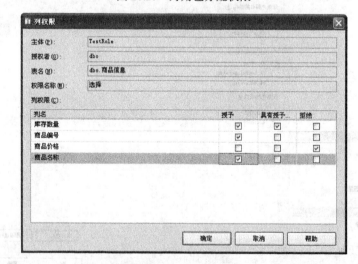

图 10.28　分配列权限

（5）具体的权限分配完成后，单击【确定】按钮创建这个角色，并返回到 SQL Server Management Studio。

（6）关闭所有程序，并重新登录为 admin。

（7）展开【数据库】|【网店购物系统】|【表】节点，可以看到表节点下面只显示了拥有查看权限的【商品信息】表。

（8）由于在【列权限】对话框设置该角色的权限为：不允许查看【商品信息】表中的"商品价格"列，那么在查询视图中输入下列语句将出现错误，如图 10.29 所示。

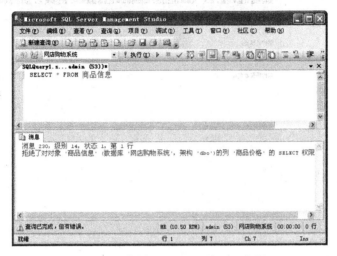

图 10.29　使用 SELECT 语句验证权限

10.3.3　Microsoft SQL Server 2008 构架安全管理

架构是对象的容器，用于在数据库内定义对象的命名空间。它们可以简化管理和创建可以共同管理的对象子集。架构与用户分离，用户拥有架构，并且当服务器在查询中解析非限定对象时，总是有一个默认的架构提供给服务器使用。

架构有很多好处。由于用户不再是对象的直接所有者，所以从数据库中删除用户是非常简单的任务，不再需要在删除创建对象的用户之前重命名对象。多个角色可以通过在角色或 Windows 组中的成员资格来拥有单个架构，从而使管理表、视图和其他数据库定义的对象变得更简单，并且多个用户能共享单个默认架构，从而使得授权访问共享对象变得更容易。

1．创建架构

在创建表之前，应该谨慎地考虑架构的名称。架构的名称可以长达 128 个字符。架构的名称必须以英文字母开头，在名称中间可以包含下画线"_"、@符号、#符号和数字。架构名称在每个数据库中必须是唯一的。在不同的数据库中可以包含类似名称的架构，如两个不同的数据库可能都拥有一个名为 Admins 的架构。

创建架构的方法有两种：使用图形化界面创建和使用 Transact-SQL 命令创建。这里只介绍图形化界面创建的方法。

在 SQL Server Management Studio 工具中，可以通过下面的步骤来创建一个新的架构。

（1）在 SQL Server Management Studio 中，连接到包含默认的数据库的服务器实例。

（2）在【对象资源管理器】中，展开【服务器】|【数据库】|【体育场管理系统】|【安全性】节点，右击【架构】节点，在弹出的菜单中选择【新建架构】命令，弹出【架构—新建】对话框，如图 10.30 所示。

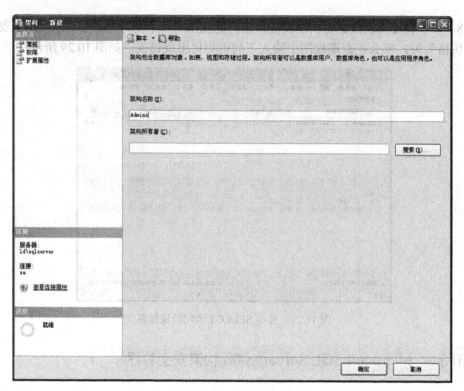

图 10.30 【架构—新建】对话框

（3）在【常规】页面可以指定架构的名称及设置架构的所有者。单击【搜索】按钮打开【搜索角色和用户】对话框，如图 10.31 所示。

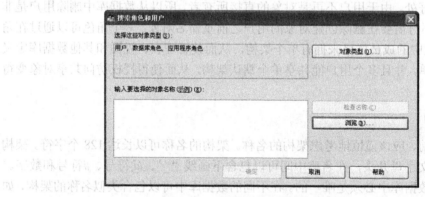

图 10.31 【搜索角色和用户】对话框

（4）在【搜索角色和用户】对话框中，单击【浏览】按钮，打开【查找对象】对话框。在【查找对象】对话框中选择架构的所有者，可以选择当前系统的所有用户或角色，如图 10.32 所示。

（5）选择完成后，单击【确定】按钮则完成了架构的创建。

注意：要指定另一个用户作为所创建架构的所有者，必须拥有对该用户的 IMPERS-ONATE 权限。如果一个数据库角色被指定作为所有者，当前用户必须是角色的成员，并且拥有对角色的 ALTER 权限。

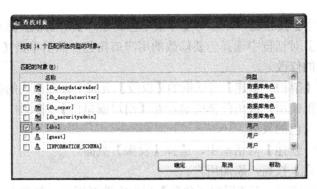

图 10.32 查找对象

2．修改架构

如果所有者不能使用架构作为默认的架构，也可能想允许或拒绝基于在每个用户或每个角色上指定的权限，那么就需要更改架构的所有权或修改他的权限。需要注意的是，架构在创建之后不能更改其名称，除非删除该架构，然后使用新的名称创建一个新的架构。

在 SQL Server Management Studio 工具中，可以更改架构的所有者，具体步骤如下所示：

（1）在 SQL Server Management Studio 中，连接到包含默认的数据库的服务器实例。

（2）在【对象资源管理器】对话框中，展开【服务器】|【数据库】|【体育场管理系统】|【安全性】|【架构】节点，找到上面所创建的名称为 Admins 的架构。右击该节点，从弹出的菜单中选择【属性】命令，打开【架构属性】对话框，如图 10.33 所示。

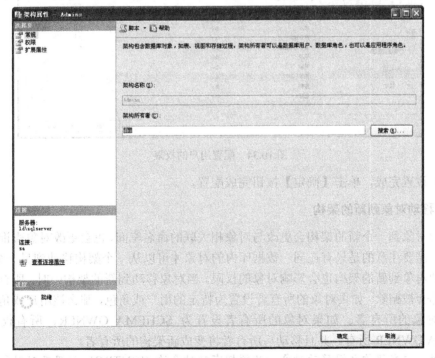

图 10.33 【架构属性】对话框

（3）单击【搜索】按钮就可以打开【搜索角色和用户】对话框，然后单击【浏览】按钮，在【查找对象】对话框中选择想要修改的用户或角色，然后单击【确定】按钮两次，完成对架构所有者的修改。

用户还可以在【架构—新建】对话框的【权限】页面中管理架构的权限。所有在对象上被直接地指派权限的用户或角色都会显示在【用户或角色】列表中，通过下面的步骤，就可以配置用户或角色的权限。

（1）在【架构—新建】对话框中，选择【权限】页面。

（2）单击【搜索】按钮，添加用户。

（3）添加用户完成后，在【用户或角色】列表中选择用户，并在下面的权限列表中启用相应的复选框就可以完成对用户的权限的配置，如图 10.34 所示。

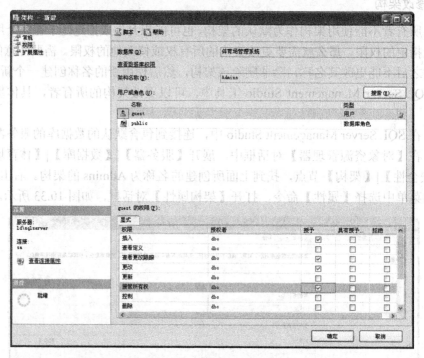

图 10.34　配置用户的权限

（4）设置完成，单击【确定】按钮完成配置。

3．移动对象到新的架构

移动对象到一个新的架构会更改与对象相关联的命名空间，也会更改对象查询和访问的方式。需要注意的是只有在同一数据库内的对象才可以从一个架构移动到另一个架构。

移动对象到新的架构也会影响对象的权限。当对象移动到新的架构中时，所有对象上的权限都会被删除。如果对象的所有者设置为特定的用户或角色，那么该用户或角色将继续成为对象的所有者。如果对象的所有者设置为 SCHEMA OWNER，所有权仍然为 SCHEMA OWNER 所有，并且移动后所有者将变成新架构的所有者。

注意：要在架构之间移动对象，必须拥有对对象的 CONTROL 权限及对对象的目标架构的 ALTER 权限。如果对象上有"EXECUTE AS OWNER（以所有者执行）"的具体要求,并且所有者设置为 SCHEMA OWNER,则必须也拥有对目标架构的所有者的 INPE-RSONATION 权限。

在 SQL Server Management Studio 工具中,移动对象到新的架构中,可以使用如下具体步骤:

(1) 在 SQL Server Management Studio 中,连接到包含默认的数据库的服务器实例。

(2) 在【对象资源管理器】对话框中,展开【服务器】|【数据库】|【体育场管理系统】|【表】节点,右击【客户信息】表,在弹出的菜单中选择【设计】命令,进入表设计器。

(3) 在【视图】菜单中,选择【属性窗口】命令,打开【客户信息】表的属性窗口。

(4) 在表的【属性】窗口中,在【标识】下单击【架构】,在弹出的下拉列表中选择目标架构,如图 10.35 所示。

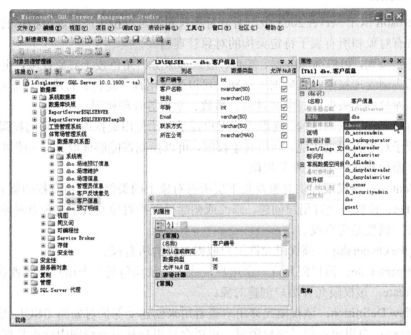

图 10.35 修改架构

(5) 修改完成后保存对表的修改,即可完成移动该对象到新的架构的操作。

4. 删除架构

如果不再需要一个架构,可以删除该架构,把它从数据库中清除。要删除一个架构,首先必须在架构上拥有 CONTROL 权限,并且在删除架构之前,移动或删除该架构所包含的所有对象,否则删除操作将会失败。

在 SQL Server Management 工具中删除一个架构,可以通过以下步骤来实现:

(1) 在 SQL Server Management Studio 中,连接到包含默认的数据库的服务器实例。

(2) 在【对象资源管理器】对话框中,展开【服务器】|【数据库】|【体育场管理系统】|【安全性】|【架构】节点,找到前面创建的名称为 Admins 的架构。

(3) 右击该架构,在弹出的菜单中选择【删除】命令,弹出【删除对象】对话框,单击【确定】按钮就可以完成删除操作。

10.3.4 Microsoft SQL Server 2008 权限安全管理

数据库权限指明用户所拥有的数据库对象的使用权，以及用户能够对这些对象执行何种操作。用户在数据库中拥有的权限取决于两方面的因素，它们分别是：用户账户的数据库权限和用户所在角色的类型。

权限提供了一种方法来对特权进行分组，同时控制实例、数据库和数据库对象的维护和实用程序的操作。用户可以具有授予一组数据库对象的全部特权的管理权限，也可以具有授予管理系统的全部特权但不允许存取数据的系统权限。

1. 对象权限

在 Microsoft SQL Server 2008 中，所有对象权限都可以授予，可以为特定的对象、特定类型的所有对象和所有属于特定架构的对象管理器。

在服务器级别，可以为服务器、端点、登录和服务器角色授予对象权限，也可以为当前的服务器实例管理权限；在数据库级别，可以为应用程序角色、程序集、非对称密钥、凭据、数据库角色、数据库、全文目录、函数、架构等管理权限。

一旦有了保存数据的结构，就需要给用户授予开始使用数据库中数据的权限，可以通过给用户授予对象权限来实现。利用对象权限，可以控制谁能够读取、写入或以他方式操作数据。下面简要介绍 12 个对象权限。

（1）Control：该权限提供对象及其下层所有对象上的类似于主所有权的能力。

（2）Alter：该权限允许用户创建、修改或删除受保护对象及其下层所有对象。他们能够修改的唯一属性是所有权。

（3）Take Ownership：该权限允许用户取得对象的所有权。

（4）Impersonate：该权限允许一个用户，或者登录模仿另一个用户，或者登录。

（5）Create：该权限允许用户创建对象。

（6）View Definition：该权限允许用户查看用来创建受保护对象的 T-SQL 语法。

（7）Select：当用户获得了该权限时，可以允许用户从表或视图中读取数据。当用户在列级上获得了该权限时，可以允许用户从列中读取数据。

（8）Insert：该权限允许用户在表中插入新的行。

（9）Update：该权限允许用户修改表中的现有数据，但不允许添加或删除表中的行。当用户在某一列上获得了该权限时，用户只能修改该列中的数据。

（10）Delete：该权限允许用户从表中删除行。

（11）References：表可以借助于外部关键字关系在一个共有列上相互链接起来；外部关键字关系设计用来保护表间的数据。当两个表借助于外部关键字链接起来时，该权限允许用户从主表中选择数据，即使它们在外部表上没有"选择"权限。

（12）Execute：该权限允许用户执行被应用了该权限的存储过程。

2. 语句权限

语句权限用于控制创建数据库或数据库中的对象所涉及的权限。只有 sysadmin、db_

owner 和 db_securityadmin 角色的成员才能够授予用户语句权限。

在 Microsoft SQL Server 2008 中的语句权限主要如下。

CREATE DATABASE：创建数据库。

CREATE TABLE：创建表。

CREATE VIEW：创建视图。

CREATE PROCEDURE：创建过程。

CREATE INDEX：创建索引。

CREATE ROLE：创建规则。

CREATE DEFAULT：创建默认值。

可以使用 SQL Server Management Studio 授予语句权限。例如，为角色 TestRole 授予 CREATE TABLE 权限，而不授予 SELECT 权限，然后执行相应的语句，查看执行结果，从而理解语句权限的设置。具体操作步骤如下：

（1）打开 SQL Server Management Studio，在【对象资源管理器】中展开【服务器】节点，然后再展开【数据库】节点。

（2）右击数据库【体育场管理系统】，从弹出菜单中选择【属性】命令，打开【数据库属性】对话框。

（3）选中【权限】选项，打开【权限】选项页面，从【用户或角色】列表中单击选中 TestRole。

（4）在【TestRole 的权限】列表中，启用 CREATE TABLE 后面【授予】列的复选框，而 SELECT 后面的【授予】列的复选框一定不能启用，如图 10.36 所示。

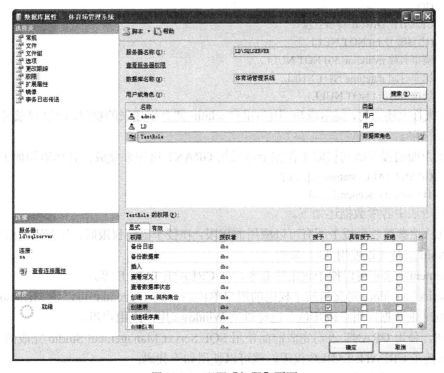

图 10.36 配置【权限】页面

（5）设置完成后，单击【确定】按钮返回 SQL Sever Management Studio。

（6）断开当前 SQL Server 服务器的连接，重新打开 SQL Sever Management Studio，设置验证模式为 SQL Server 身份验证模式，使用 admin 登录，由于该登录账户与数据库用户 admin 相关联，而数据库用户 admin 是 TestRole 的成员，所以该登录账户拥有该角色的所有权限。

（7）单击【新建查询】命令，打开查询视图。查看【体育场管理系统】数据库中的客户信息，结果将会失败，如图 10.37 所示。

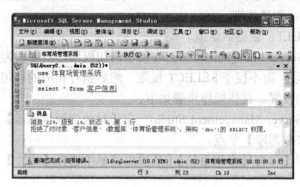

图 10.37 SELECT 语句执行结果

（8）消除当前查询窗口的语句，并输入 REATE TABLE 语句创建表，具体代码如下所示：

```
USE 体育场管理系统
GO
CREATE TABLE 赛事安排
(比赛编号 int NOT NULL,
赛事名称 nvarchar(50) NOT NULL,
比赛时间 datetime NOT NULL,
场馆编号 int NOT NULL)
```

（9）执行上述语句，显示成功。因为用户 admin 拥有创建表的权限，所以登录名 admin 继承了该权限。

其实上面的授予语句权限工作完全可以用 GRANT 语句来完成，具体语句如下所示：

```
GRANT {ALL | statement[,…n]}
TO security_account[,…n]
```

上述语法中各参数描述如下。

ALL：该参数表示授予所有可以应用的权限。在授予语句权限时，只有固定服务器角色 sysadmin 成员可以使用 ALL 参数。

statement：表示可以授予权限的命令，如 CREATE TABLE 等。

security_account：定义被授予权限的用户单位。security_account 可以是 Microsoft SQL Server 2008 的数据库用户或角色，也可以是 Windows 用户或用户组。

例如，使用 GRANT 语句完成前面使用 SQL Server Management Studio 完成的为角色 TestRole 授予 CREATE TABLE 权限，就可以使用如下代码：

```
USE 体育场管理系统
```

```
GO
GRANT CREATE TABLE
TO TestRole
```

3. 删除权限

通过删除某种权限可以停止以前授予或拒绝的权限。使用 REVOKE 语句可以删除以前的授予或拒绝的权限。删除权限是删除已授予的权限，并不是妨碍用户、组或角色从更高级别集成已授予的权限。

撤销对象权限的基本语法如下：

```
REVOKE [GRANT OPTION FOR]
{ALL[PRIVILEGES]|permission[,...n]}
{
[(column[,...n])]ON {table|view}|ON {table|view}
[(column[,...n])]
|{stored_procedure}
}
{TO|FROM}
security_account[,...n]
[CASCADE]
```

撤销语句权限的语法是：

```
REVOKE {ALL|statement[,...n]}
FROM security_account[,...n]
```

其中对各个参数的介绍如下。

ALL：表示授予所有可以应用的权限。其中在授予命令权限时，只有固定的服务器角色 sysadmin 成员可以使用 ALL 关键字；而在授予对象权限时，固定服务器角色成员 sysadmin、固定数据库角色 db_owner 成员和数据库对象拥有者都可以使用关键字 ALL。

statement：表示可以授予权限的命令，如 CREATE DATABASE。

permission：表示在对象上执行某些操作的权限。

column：在表或视图上允许用户将权限局限到某些列上，column 表示列的名字。

WITH GRANT OPTION：指示被授权者在获得指定权限的同时还可以将指定权限授予其他主体。

security_account：定义被授予权限的用户单位。security_account 可以是 SQL Server 的数据库用户，可以是 SQL Server 的角色，也可以是 Windows 的用户或工作组。

CASCADE：指示要撤销的权限也会从此主体授予或拒绝该权限的其他主体中撤销。

注意：如果对授予了 WITH GRANT OPTION 权限的权限执行级联撤销，将同时撤销该权限的 GRANT 和 DENY 权限。

例如，删除角色 TestRole 对客户信息表的 SELECT 权限，可以使用如下代码：

```
USE 体育场管理系统
GO
REVOKE SELECT ON 客户信息
FROM TestRole
GO
```

本 章 小 结

本章简要介绍了数据库安全的概念,数据库系统的安全威胁和隐患,数据库安全的常见攻击手段和安全技术,主要介绍了 SQL 注入攻击的原理及防范手段,描述了 Microsoft SQL Server 2008 的安全新特性,讲述了 Microsoft SQL Server 2008 的服务器安全管理、角色安全管理、构架安全管理和权限安全管理。

本 章 习 题

一、填空题

1. 数据库安全就是保证数据库信息的_____、_____、_____和_____。
2. 对数据库系统构成的威胁主要包括_____、_____和_____。
3. 数据库系统安全通常包括_____、_____、_____和_____。
4. 数据库备份的方法包括_____、_____和_____。
5. SQL 注入攻击是指攻击者利用_____,把恶意的 SQL 命令插入到 Web 表单的输入域。
6. 数据库恢复技术的三种策略分别是_____、_____和_____。

二、简答题

1. 试分析数据库安全的重要性,说明数据库安全所面临的威胁。
2. 简述 SQL 注入攻击的原理及防范措施。
3. 数据库安全的典型安全隐患有哪些?如何解决?
4. 数据库管理系统的主要职能有哪些?
5. 简述常用的数据库的备份方法和恢复技术。
6. 说明目前主流市场常用的数据库类型及其版本。

实训 10 SQL 注入攻击的实现

一、实训目的

本实训模拟某网站被 SQL 注入攻击获取用户名和密码的过程,要求理解 SQL 注入攻击的原理、攻击方法,掌握典型的 SQL 注入攻击工具的使用及防范手段。

二、实训要求

1. 熟悉 SQL 注入的原理。
2. 熟悉 SQL 注入的防范方法。

三、实训环境

操作系统:Windows 7 或 Windows Server 2008 系统。
应用程序:动网论坛 6.0 版本、啊 D 注入工具。
网络结构:如图 10.38 所示。

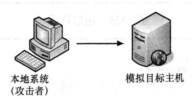

图 10.38　实训网络结构

四、相关知识

SQL(Structured Query Language)即结构化查询语言,是一种数据库专用语言,包括了对数据库进行操作的一系列命令。SQL 注入攻击实际上是网站的前台应用程序和后台数据库连接之间存在的一种漏洞,攻击者通过添加额外的 SQL 语句来达到获取用户密码、掌握后台管理员权限等非法目的。从理论上来讲,所有基于 SQL 语言标准的数据库系统都易受到此类攻击,目前,以 ASP、JSP、PHP、Perl 等技术与 Oracle、SQL Server、MySQL、Sybase 等数据库相结合的 Web 应用程序均发现存在 SQL 注入漏洞。因此,需要在充分理解 SQL 注入攻击原理的基础上,有针对性地采用防范手段,降低 SQL 注入攻击的风险。

五、实训步骤

假设本地主机为攻击者,模拟目标主机为被攻击者。在模拟目标主机上安装动网 6.0(由于未做任何安全配置,因此,存在 SQL 注入漏洞),并设置其 IP 地址为"192.168.100.1",同时,设置本地主机(后文均用攻击者表示)IP 地址为 192.168.100.2。

1. 获取后台用户名

在攻击者主机的地址栏输入"http://192.168.100.1/index.asp"可访问论坛首页,通过图 10.39 可以看到有两位注册会员。

由于论坛的统计功能是通过 tongji.asp 来进行显示,因此,此时在地址栏输入"http://192.168.100.1/tongji.asp?orders=2&N=10"后,将会显示如图 10.40 所示页面。

通过该页面可以推测该论坛的两位注册用户的用户名分别是 admin 和 user1。

2. 获取后台用户的身份信息

继续在地址栏中输入"http://192.168.100.1/tongji.asp?orders=2&N=10%20userclass",(注意此处输入命令 userclass 后面的逗号),将得到如图 10.41 所示页面。

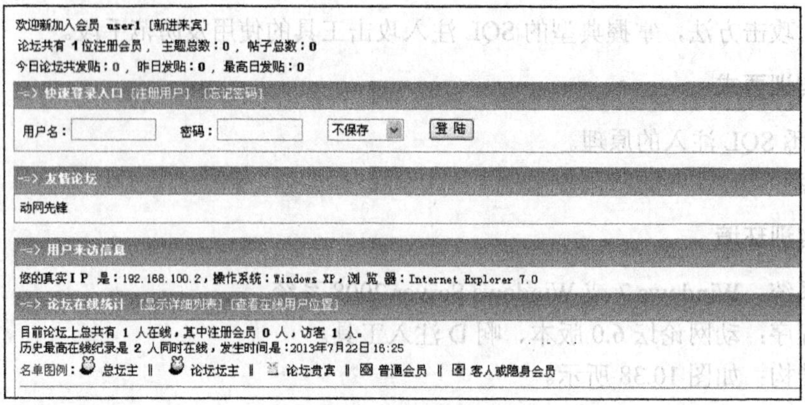

图 10.39 论坛首页

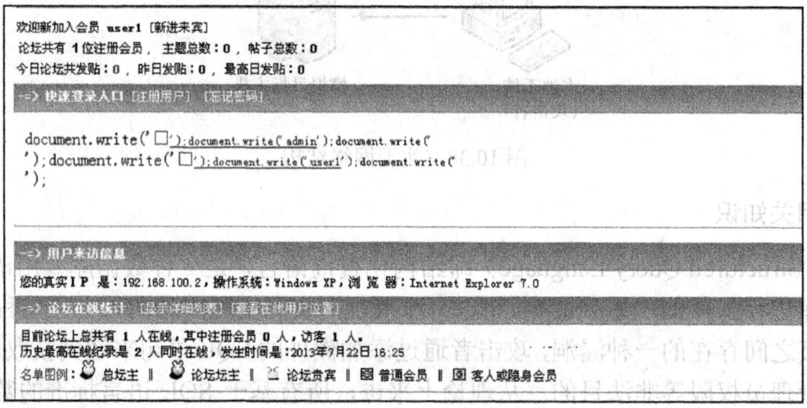

图 10.40 获取后台用户名页面

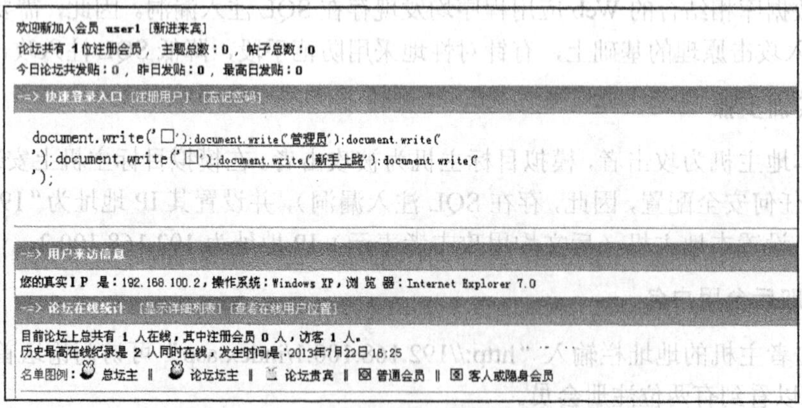

图 10.41 获取后台用户身份信息页面

通过该页面可以推测论坛的 admin 用户为管理员身份，user1 为一般用户身份。

3．显示论坛中用户的注册顺序

继续在地址栏中输入"http://192.168.100.1/tongji.asp?orders=2&N=10%20userid,"（注意此处输入命令 userid 后面的逗号），将得到如图 10.42 所示页面。

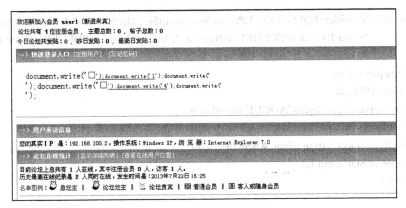

图 10.42 获取后台用户注册顺序信息页面

通过该页面可以推测论坛的 admin 是第一个注册的用户，因此，该用户必为管理员。

4．获取论坛中用户的密码

继续在地址栏中输入"http://192.168.100.1/ tongji.asp?orders=2&N=10%20userpassword"，(注意此处输入命令 userpassword 后面的逗号)，将得到如图 10.43 所示页面。

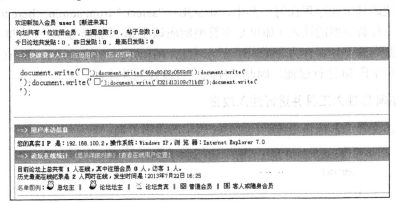

图 10.43 获取后台用户密码信息页面

由于论坛使用了 MD5 进行加密，因此只能得到进行加密了以后的密码。

显然，由于难以对加密的密码进行解密，因此，还难以达到攻击者的目的，所以需要继续构造 SQL 注入点进行攻击。

5．构造 SQL 注入点

为了方便实训，需要构造一个存在 SQL 注入漏洞的 asp 页面，假设其文件名为"test.asp，"代码如下：

```
<%
strSQLServerName = "."  '数据库实例名称 （说明："."表示本地数据库。）
strSQLDBUserName = "sa" '数据库账号
strSQLDBPassword = "123456" '数据库密码
strSQLDBName = "test" '数据库名称
Set conn = Server.createObject("ADODB.Connection")
```

```
strCon = "Provider=SQLOLEDB.1;Persist Security Info=False;Server=" & strSQLServerName &
        ";User ID=" & strSQLDBUserName & ";Password=" & strSQLDBPassword &
        ";Database=" & strSQLDBName & ";"
conn.open strCon
dim rs,strSQL,id
set rs=server.createobject("ADODB.recordset")
id = request("id")
strSQL = "select * from admin where id=" & id
rs.open strSQL,conn,1,3
rs.close
%>
Test!!!!
```

一般在写 ASP 程序的时候，会反复调用数据库，为了管理方便，所以把这个连接数据库的语句和配置写成一个独立的文件，需要用的时候再引用。后来此方法被广泛使用，也就是 conn.asp 文件，全称为 connection，表示连接的意思。一般为了防止 SQL 注入，会在 conn.asp 文件中对行动态调用的变量进行一些关键字或符号过滤。如果在 conn.asp 文件中没有对这些符号或关键字进行过滤，当在进行动态调用的时候就可出现注入点从而实现注入。

上面的代码基于此原理而写。其中，strSQL = "select * from admin where id=" & id 可以判断这是一种数字型的注入（如果是字符型则应该在 id 后加撇号'）。在这里，我把这个写好的存在漏洞的文件保存为 test.asp，放入实验台中动网 6.0 的根目录中。在该文件中，并没有对变量字段 id 进行过滤。因此该注入点可被找到并注入。

6. 启动啊 D 注入工具并进行注入攻击

直接单击【登录】按钮进入如图 10.44 所示的攻击界面。

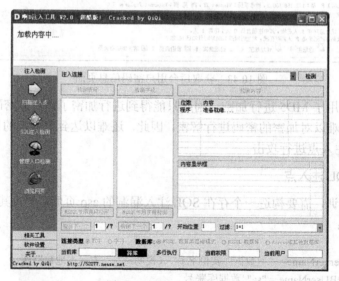

图 10.44 啊 D 注入工具

在检测网址输入框中输入前面构造的 SQL 注入点"http://192.168.100.1/test.asp?id=1"，此时可以看到该工具已经检测出注入点，并用红色的字体标出，如图 10.45 所示。

图 10.45 检测到 SQL 注入点

选择【SQL 注入检测】，如图 10.46 所示。

图 10.46 进行 SQL 注入检测

此时，单击【检测】按钮，可以得到如图 10.47 所示对话框。

图 10.47 SQL 注入检测结果对话框一

在该对话框单击【检测表段】、【检测字段】按钮，则会显示出之前所建立的表和字段，然后再单击点【检测内容】，就会把所构造的表中的所有信息全显示出来，如图 10.48 所示。

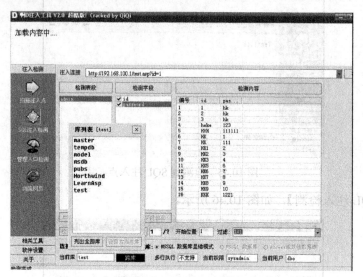

图 10.48　SQL 注入检测结果对话框二

从列表中选择某个数据库，然后单击【检测表段】、【检测字段】、【检测内容】，所选数据库中的所有内容都可以被显示出来，如图 10.49 所示。

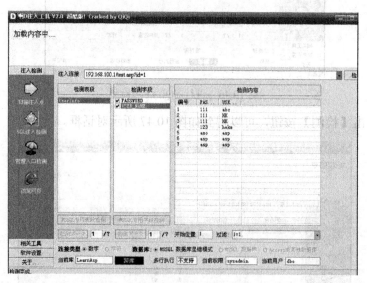

图 10.49　SQL 注入检测结果对话框三

到此为止，SQL 注入攻击成功，可以通过此种方法获得后台的大部分信息，甚至获得管理员权限，控制整个后台的运行。

六、思考题

1. 简述 SQL 注入攻击的原理及步骤。
2. 请思考为了防止 SQL 注入攻击，在程序编写方面有哪些方法？

参考文献

[1] 史蒂文斯. TCP/IP 协议详解卷 1：协议. 范建华译. 北京：机械工业出版社，2000.
[2] 党齐民，李晓聪. 电子商务与信息处理技术. 上海：上海人民出版社，2003.
[3] 吴功宜，吴英. 电子商务关键技术. 北京：经济科学出版社，2002.
[4] 吴英. 电子商务导论，北京：经济科学出版社，2002.
[5] 辜川毅. 计算机网络安全技术，北京：机械工业出版社，2005.
[6] 蔡立军. 计算机网络安全技术，第 2 版. 北京：中国水利水电出版社，2005.
[7] Willian Stallings. 密码编码学与网络安全：原理与实践：（第 5 版）. 北京：电子工业出版社，2011.
[8] 胡建伟，网络安全与保密. 西安：西安电子科技大学出版社，2003.
[9] 张仕斌. 网络安全技术. 北京：清华大学出版社. 2004.
[10] 迈克卢尔. 黑客大曝光：黑客安全机密与解决方案（第 6 版）. 北京：清华大学出版社，2010.
[11] 钟晨鸣，徐少培. Web 前端黑客技术揭秘. 北京：电子工业出版社. 2013.
[12] David Kenaedy. Mctasploit 涌透测试指南. 葛建伟译. 北京：电子工业出版社，2012.

反侵权盗版声明

电子工业出版社依法对本作品享有专有出版权。任何未经权利人书面许可，复制、销售或通过信息网络传播本作品的行为；歪曲、篡改、剽窃本作品的行为，均违反《中华人民共和国著作权法》，其行为人应承担相应的民事责任和行政责任，构成犯罪的，将被依法追究刑事责任。

为了维护市场秩序，保护权利人的合法权益，我社将依法查处和打击侵权盗版的单位和个人。欢迎社会各界人士积极举报侵权盗版行为，本社将奖励举报有功人员，并保证举报人的信息不被泄露。

举报电话：（010）88254396；（010）88258888
传　　真：（010）88254397
E-mail：　dbqq@phei.com.cn
通信地址：北京市万寿路173信箱
　　　　　电子工业出版社总编办公室
邮　　编：100036